창의적 제품설계

川面 恵司·須賀 雅夫 공저　오환섭 · 원시태 · 이 원 공역

도서출판 인터비전

저 자 서 문

이 책은 [공업제품과 생활용품을 보다 편리하게 만들기 위해 어떻게 하면 좋은가?]에 관한 입문서로 공학도들의 학습교재 혹은 기업내의 실무기술자들의 연구교재로 제공될 수 있도록 편집되어 있다.

[설계하다]라는 것은 제작 따위에서 그 목적과 설계법에 따라 실제적인 계획을 세워 명시하는 일로 현대에서는 "가치분석(VA)" 또는 "가치공학(VE)"에 대해 유럽에서 연구된 것들을 폴과 바이츠가 수집하여 "체계적 접근에 의한 공학설계"로 정리하였고 최근 일본에서 주목받고 있는 구소련에서 체계화 된 "TRIZ"는 보다 더 간략하고 사용하기 쉽게 고안된 "USIT"로 이러한 것들은 모두 공학 설계법과 설계 문제해결법에 한 것이며 "타구치 메소드"는 제품의 기능을 가장 효과적으로 할 수 있도록 제품 개발 단계에서 석계 파라미터를 최적치로 설정하기 위한 일종의 실험계획법인데 이 모두가 오늘날 주목받고 있는 것들이다.

독창적인 설계를 지원함에도 우수한 방법이 구비되지 않으면 안된다. 기능적인 면으로는 첫째 아이디어를 개발하고 둘째, 설계자 자신의 지식과 방법을 폭 넓게 사용할 수 있어야 하며 셋째 설계를 위한 물품이나 방법을 제공할 수 있어야 하고 마지막으로 제안된 순서에 따라 설계하면 완벽한 설계가 이루어 질 수 있어야 한다.

앞에서 말한 방법은 저마다 특징이 있는데 각각 힘을 실어 주어야 한다. 그리고 새로운 것을 만들기 위해서는 공학 설계의 기초적인 단계에 큰 역점을 두어 지원할 필요가 있다. 이 책은 개념 설계와 그 전 단계에 초점을 맞추어 정리한 것으로 설계 할 때 그대로 이용할 수 있는 실용서이다.

1장은 발명과 공학 설계에 관한 몇 가지를 개론적으로 설명하고 있고 2장은 위의 방법의 특징을 설명하고 있으며 3장에서는 이들 방법을 실용적으로 사용할 수 있도록 기술되어 있다.

9장에서는 폴과 바이츠의 공학 설계와 TRIZ를 적용한 설계사례를 그리고 부록에서는 규정과 방법, 원리등을 정리한 것으로 설계 할 때 자주 사용하면 도움이 될 것이다. "연습으로 숙달 된다."라는 말이 있는데 이 책에 있는 여러 가지 방법 중에서 나에게 가장 적합한 것을 적용하여 자주 사용하면 좋은 결과가 있을 것이다.

마지막으로 집필에 도움을 주신 도쿄대학 명예교수이신 中島尙正선생님과 養賢堂출판사에 감사를 드린다.

저자대표
川面惠司, 須賀雅夫

이 책의 차례...

발명, 아이디어발상, 공학설계

CHAPTER 1

공학설계는 창작이다. 공학설계는 자연현상을 교묘히 이용하여 지금까지는 없었던 것을 인공물로서 구현하는, 즉 인간의 활동 중에서 가장 고도하고 창조적인 사고행위이다. 또 신제품의 개발에는 반드시 어떤 형태로든지 발명 또는 아이디어 발상이 선행되어 이루어지는 경우가 많다. 근래에 신제품이나 경쟁력 있는 제품의 개발에 필요한 창조력, 아이디어 발상력, 또는 발명의 능력이 설계자에게 강력하게 요구되고 있다.

그래서 본 장에서는 우선 「발명이란 무엇인가?」, 「발명의 천재적인 자질이란 무엇인가?」, 「발명의 메카니즘」 등 발명을 여러 가지 관점에서 언급한다.

그리고 「설계란 무엇인가?」, 「설계자에게는 어떤 자질이 필요한가?」, 「설계자가 가져야 할 마음가짐은 무엇인가?」등 설계에 관한 모든 요소에 대하여 설명한다.

1.1 창조와 발명

창조(creation)라는 단어는 자연과학, 공학 기타 과학일반에서 예술방면까지 넓게 일반적으로 사용되고 있는데 비해 발명(invention)이라는 단어는 주로 공업제품에 사용되고 있지만 창조와 발명은 본질적으로는 같다. 본서에서는 설명하는 위치에 가장 어울리는 표현을 사용하기로 한다.

1.1.1 발명의 정의

"발명"은 과학이나 기술을 발전시키는 하나의 요소로서 "발견"과 함께 사용하는 표현이지만 명확한 정의는 없다. 일반적으로 발명이라고 하면 어떤 목적을 실천하기 위하여 자연과학적 지식이나 법칙을 이용하여 새로운 방법이나 수단을 창조하는 것이며 인간적 모든 활동의 발전에 있어서 "가치 창조"의 기초를 이루고 있다. 한편 "발견"이란 어원적으로「커버를 제거한다(discover)」의미가 있듯이 자연에 있는 사실이나 법칙은 본래 실존하고 있으며 지금까지 그것이 알려지지 않았던 것은 단지 사람의 눈에 띄지 않았을 뿐이라는 사고에 기본을 두고 있다. 이런 점에서 지금까지 존재하지 않았던 것을 새롭게 탄생시키는 "발명"과는 구별된다. 최근에는 고분자나 반도체 등 천연에 존재하지 않는 화합물을 합성하거나 유전자공학에 의해서 천연에는 존재하지 않는 생물을 만들어낼 수 있게 되었기 때문에 양자의 구별은 분명하지 않게 되었다.

발명의 과정을 분석하면 획기적 발명과 축적적 발명으로 크게 나눌 수 있다.

(1) 획기적 발명

획기적 발명으로는 Galileo의 천체망원경, Watt의 증기기관, Edison의 백열전구와 축음기, 쇼클리(Shockley)의 트랜지스터 등이 있다. 대부분은「새로운 현상이나 원리의 발견에 근거한 시드지향(seed oriented)인 것」다시 말하면 "발명은 필요의 어머니"라고 할 수 있다. 발명된 것은 과거에 예상되어 있던 것이 아니기 때문에 한번 발명된 기술은 계속해서 새로운 기능이나 용도로 발전되어간다. Watt의 증기기관의 경우는 과거의 동력원과 다르다. 수차와 같이 지형적 낙차나 인력·마력·풍력 등과 같은 자연력을 필요로 하지 않기 때문에 일반 공장이나 자동차에 탑재하여 증기기관차의 동력원으로 사용할 수가 있었다.

그러나 시드지향이라고는 하여도 Watt의 증기기관과 같이 탄광의 물을 좋은 효율로 퍼내고자하는 사회적 요구나 뉴코멘기관과 같은 선구적인 것이 존재한다. Watt의 증기기관이 획기적인 발명인 것은 뉴코멘의 엔진이 대기압을 주역으로 한 것을「수증기가 에너지를 가지고 있다는 것을 알고」, 수증기가 에너지원인 엔진으로 변환하였다고 하는 페러다임[1]의 전환을 가져오게 하였다는데 있다.

(2) 축적적 발명

원리 등을 잘 알고 있어서 대부분은「그 시대의 일반적인 사회적 요구에 대응하는 니드지향(need oriented)인 것」다시 말하면 "필요는 발명의 어머니"로 표현할 수 있다. 이 타입의 발명은 기술의 목적이나 기능 · 용도가 처음부터 명확하기 때문에 발명이 완성된 다음에 새로운 용도가 전개된다는 것은 거의 기대할 수 없다.

또한 획기적 발명은 지금까지의 기술을 모두 사용한 다음에 지금까지의 기술 시스템을 변혁하는 형태로 등장하며 그 후에 새로운 기술이 등장할 때까지 사용한다. TRIZ(Theory of the Solution of Inventive Problem 의 러시아어의 약칭,「문제의 발명적 해결 이론」의 의미 6장 참조) [1~3] 에서는「기술진화」는 S자 곡선을 따른다고 하지만 이 사이에 다른 획기적 발명이나 축적적 발명을 이용함으로써 제품의 수명을 연장하고 있다.

이상은 주로 문헌 4), 5)를 참조하였다.

1.1.2 발명의 7원칙

(1) 제 1 원칙 : 발명은 기존의 요소에 대한 새로운 조합이다.

von · Funje는「창조한다는 것은 기존의 요소를 새롭게 조합하는 것이다」라고 정의하고 있으며[6, 7], J. Young[2]도「아이디어란 기존의 요소의 새로운 조합 그 이상도 그 이하도 아니다」라고 말하고 있다.[8] 또 수학자 Poincar, 수학자 Hadamard, 경제학자 Noguchi도「발상은 기존 아이디어의 새로운 조합으로 이루어진다. 모방없이는 창조도 없다」고 말하고 있다.[9~11]

TRIZ의 창시자 Altshuller 등은 수많은 특허를 분석한 결과 발명의 대부분이 기존에 존재하는 기술의 조합이며, 순수하게 새로운 발명이나 발견은 1%에도 못 미친다는 결론을

1] 과학자들이 공통으로 이해하고 있는 일련의 사고방식 "지식의 틀"을 의미한다.

2] J. Young은 미국 최대의 광고 대리점에서 광고 제작에 훌륭한 소질을 보인 후 부사장으로 근무하고 수많은 공직에서 활약을 하였다. 광고대리업은 아이디어를 가장 많이 요구하는 비즈니스이며 그 경험을 바탕으로 "아이디어를 만들어 내는 방법"을 저술하였다.

얻었다.[1, 2](6장 참조)

"Copernicus적 대전환"이라는 지동설은 Copernicus의 독창적인 생각에 의한 것이 아니라 쿠라코프의 학생시절에 들은 Ficino의 태양론이 바탕이 되었으며, Kepler는 지동설을 근거로 프라에에서 이끌어낸 혹성의 운동에 관한 정밀한 관측 데이터를 이용하여 혹성의 운동에 관한 유명한 "Kepler의 3법칙"을 유도하였다.[12] 또한 Newton은 Hooke와의 편지 왕래를 통해 천체와의 사이에는 거리의 제곱에 반비례하는 힘이 작용한다는 것을 나타내는 "Newton의 만유인력의 법칙"을 구하여 "Kepler의 3법칙"을 설명하고, 더 나아가서 "Galileo의 관성의 법칙"을 포함한 고전역학을 집대성을 할 수 있다.[12~15] 이와 같이 계속 연이어 기존의 발명이나 발견을 조합하여 새로운 발명이나 발견이 이루어지고 있다.

"종의 기원"을 저술한 Darwin도 마찬가지이다. 저서에서 그는 지층중의 상부에 있는 생물의 화석일수록 복잡한 형태를 하고 있는 것에 주목하여 "생물진화론"을 주장하였다. 그러나 이 화석으로부터의 증거는 이미 여러 고생물학자에 의해 얻어져 있던 것으로서 Darwin이 새롭게 발견한 것은 아니다. 당시의 박물학계에서는 다종다양한 생물이 나타나서는 사라져가며, 전멸은 불리한 환경변화에 적응하지 못하는 것 때문이라고 믿고 있었다. 그러나 새로운 생물이 어디서 태어나는가 하는 것은 가장 큰 의문이었다. Darwin은 가라파고스 섬에서의 체험으로부터 「새로운 종(種)은 오래된 종으로부터 환경변화에 적응할 수 있도록 유전의 변화 과정으로부터 생긴다」는 결론을 얻었다. 이 경우도 기존의 요소를 조합함으로써 「생물진화론」을 수립하게 되었다.[12, 16]

(2) 제 2 원칙 : 기존의 요소를 새로운 하나의 조합으로 유도하는 재능은 사물의 관련성을 찾아내는 재능에 의존하는 바가 크다.[8]

사실은 각각 분리된 지식의 한 조각인 경우도 있으며, 하나의 사실이 일련의 지식의 사슬속의 한 부분인 경우도 있다. 후자의 경우에는 하나의 사실은 다른 사실과 관련성과 유사성을 가지며 하나의 사실이라고 하기 보다는 사실 전체에 적용되는 종합적 원리로부터 이끌어낸 한 예이다. 따라서 하나하나의 사실을 연결하여 지식의 사슬을 만드는 곳에 발명이나 발견이 있다.

앞에서 말한 Kepler, Newton, Darwin은 하나하나의 사실을 연결하여 특히 가설을 설정하여 사실로 입증함으로써 발명이나 발견을 이루어 내었다.

이와 같은 재능은 연마함으로써 향상시킬 수 있는 것으로 알려져 있다.

(3) 제 3 원칙 : 발명에는 정석이 있다.

J. Young과 Wallace[8, 15, 16] 는 각각 발명이나 새로운 아이디어를 만들어내는 창조적 행위에는 표 1.1과 같이 5단계 또는 4단계가 있다고 하였다.

표 1.1 〉〉 발명의 단계[문헌 7), 16)을 참고하였다]

단계	내용
제 1 단계	자료수집 · 준비단계
제 2 단계	자료의 검토(노력집중)단계
제 3 단계	부화(휴식)단계
제 4 단계	계시(아이디어 탄생)단계
제 5 단계	검증(아이디어 구체화)단계

※ Wallace는 제1단계와 제2단계를 합하여 준비단계라고 했다.

Poincar나 Hadamard는 같은 5단계설을 최초로 주장하였다. Poincar는 특히 "부화단계"에 있어서 무의식 또는 잠재의식 상태를 중요시하고 아이디어를 숙성시키는 것은 사람이 무의식인 상태에 있을 때라고 보고 「얼마간 긴 무의식 상태적 활동 후에 돌연히 일종의 계시와 같이 정신에 떠올라 오는 조합이(무수한 조합 중에서 단시간에 심미적 감각으로 선택한 것) 일반적으로 유용하고도 값어치가 있는 조합이다」라고 기술하고 있다. 또 「무의식 상태적 활동의 전후에서는 의식적 활동에서 집중하여 사고하지 않으면 효과는 없다」고 한다. 인간은 계속하여 생각함으로써 연상이 연상을 낳으며, 생각들이 계속하여 뒤얽히게 된다. 여기서 가장 불가사의하게 생각되는 것은 인간이 의식적인 노력을 멈춘 후에도 무의식속에(유의식과 무의식의 중간의 의식 상태에 있다는 가설도 있다) 문제해결쪽으로 과정이 진행하여 어느 날 갑자기 눈이 번쩍 띄이는 순간이 되어 나타나게 된다는 것이다.[9, 10]

Hadamard는 "부화단계"의 마지막에는 "아이디어 탄생(계시)"의 직전 상태(그의 말을 빌리면 「아이디어는 "대기실"에서 대기하고 있으며 기회만 있으면 언제든지 튀어나올 수

있다」상태)에 있다고 하고 있다.[10)]

Helmholtz는 「좋은 아이디어는 불시에 inspiration과 같이 찾아왔다. 또 나의 마음이 지쳐있을 때나 내가 책상 앞에 앉아 있을 때에 찾아 온 적은 없었다」고 서술하고 있다.[9, 11)]

Abe는 선종의 득도의 경지가 Poincar가 말하는 무의식 상태적 활동의 상태와 통하는 바가 있다고 주장하고 있다.[17)]

그러나 좋은 아이디어가 휴식 중에 찾아오는 경우가 많다고 하여도 역시 그것은 그 이전까지 꾸준히 생각해온 결과이지 문제를 계속하여 부둥켜 안고 있지도 않았는데 해결책이 떠올랐다고 보기는 어렵다.

예를 들면 Archimedes는 왕관의 순금 함유량을 알아내기 위하여 열중하고 있던 중 욕조에 들어갔을 때 물이 넘치는 것을 보는 순간 체중이 가벼워졌다는 것을 느끼고 "부력의 원리"를 발견한 경우, Newton이 사과가 떨어지는 것을 보고 지구상에 중력이 존재한다는 것을 느끼고 "만유인력의 법칙"을 발견한 경우, Poincar가 승합마차의 스텝에 발을 올렸을 때 훅스함수를 정의하는데 이용한 변환은 비유그리트 기하학의 변환과 같다는 착상이 떠오른 경우, Watt가 세탁소를 지나 축사까지 왔을 때 실린더와 폐기류(지금의 복수기)를 파이프로 연결하면 수증기가 폐기류에 세차게 흘러들어오는 이미지가 갑자기 떠오른 경우, 과학자 Kekule가 유기화합물의 구조식을 결정하기 위하여 고민하고 있었는데 마차에서 꾸벅꾸벅 졸고 있을 때 6사람의 난장이가 손을 잡고 춤을 추고 있는 꿈을 꾸고 여기에 힌트를 얻어 환상구조 "Benzene 고리"를 착상한 경우. 어느 경우나 아이디어가 "대기실"에서 대기하고 있다가 어떤 기회를 맞아 돌연히 inspiration이 되어 나타난 것은 아닐까?[11, 12)]

(4) 제 4 원칙 : 마지막까지 깊이 생각한 끝에 아이디어가 탄생한다.

앞에서 열거한 Kepler, Newton 등은 깊은 사고의 끝에 새로운 아이디어를 빚어내고 있다. 「깊은 생각」에 의해서 새로운 착상을 얻는 것은 천재뿐만이 아니다. Asakawa는 다음과 같이 적고 있다.[30)] 「내가 근무하고 있던 어느 기업의 연구실에서는 착상력이 풍부할 뿐만 아니라 교육에 열심인 상사가 있었다. 신인 연구자에게 『머리가 터질 정도로 깊이 생각해 봤는가』, 『머리가 얼마나 좋은가 보다는 머리가 얼마나 강한가이다』, 『한가지 일에 대해서 언제까지나 깊게 생각하는 집착심을 가져라』, 『호기심이야말로 발상의 원점이다』, 『자기 전에 연필과 종이를 베게머리에 두고 꿈속에 나타난 아이디어를 바로 기록하라』 등 등 매일 말, 숨소리, 행동에 접하면서 일을 하게 하여 저절로 발상력도 단련되는 것을 실감하였다. 그 후 이 연구실에서 계속하여 회사의 업적이나 학회에 공헌하는 연구자가 배출되었다」. 또 노벨상 수상자 Asakawa와 Fukui도 베게머리에 연필과 종이를 두고 아이디어가 떠올랐을 때마다 메모를 했다고 한다. 이러한 상황에 대해서는 여러분의 주변에서도 있음직한 일이다.

(5) 제 5 원칙 발명에는 반드시 실행이 수반된다.

깊게 생각만 하는 것으로는 안된다. 「생각한다」는 것과 그 결과를 「실행한다」것을 반복함으로써 생각을 더욱 깊게 가져갈 수 있다.

Edison은 「1%의 발상과 99%의 노력이 없으면 발명은 실현할 수 없다」는 말을 했다. 노벨상 수상자 Shirakawa 츠쿠바대학 명예교수, Tanaka 연구원도 연구를 실행하였기 때문에 발명이 가능했던 것이다.

Shirakawa 박사는 Polyacetylene의 합성실험 시에 잘못하여 1000배 농도의 촉매를 이용하여 도전성이 높은 박막 프라스틱을 만들고, Tanaka 연구원은 잘못하여 코발트분말에 글리세린용액을 혼합해버린 쿠션재를 이용하여 단시간에 그것도 고정밀도로 단백질 분자의 구조를 파괴시키지 않고 질량을 측정하는 방법을 고안하였다.

Nakagawa 동경대학 명예교수는 다음과 같은 유명한 격언을 인용하여 "실행의 중요성"을 지적하고 있다.

"百聞而不如一見"

"百見而不如一考"

"百考而不如一行"

(6) 제 6 원칙 : 발명에는 강한 motivation 이나 문제의식이 필요하다.

발명의 동기로는 진리를 추구하고 싶다거나 호기심에 사로잡히거나 공명심에 사로잡히는 등 동기는 여러 갈레다. 과거에는 이러한 동기에 의해 우수한 발명이 이루어진 경우도 많이 있으며 motivation은 발명의 강한 추진력이 되었다. 그러나 현재에는 기업내에서 테마가 결정되어 프로젝트로서 집단으로 연구개발을 추진하는 예가 많다. 이 경우에는 프로젝트의 각 멤버에 어떻게 motivation뿐만 아니라 문제의식을 가지게 할 것인가 하는 것이 경영자나 리더에게 있어서 커다란 책무가 된다. 이것이 없어서는 각 멤버가 어려움을 극복하고 성공적인 연구수행을 기대한다는 것은 어렵다.

(7) 제 7 원칙 : 이것만으로는 발명하는데 충분하지 않다.

발명의 정석에는 몇가지 문제가 있다.

① 제 3 원칙에서 설명한 바와 같이 무의식 상태적 활동에 의해서 얻어지는 직감이라고 할 수 있는 아이디어는 그것이 필요한 때에 적절하게 얻어진다고만은 할 수 없다.
② 아이디어의 내용은 개인의 재능이나 경험에 의존하는 바가 아주 크다.
③ 아이디어의 내용이 개인이 받아온 특정 훈련이나 경험에 의해서 제약을 받는다는 위험이 따를 수 있다.

그럼에도 불구하고

④ "발명의 정석"의 내용은 간단하지만 실제로 실행하게 되면 아주 곤란한 지적활동을 필요로 하기 때문에 누구나 사용할 수 있는 것은 아니다.

이러한 이유에서 훌륭한 발명가 또는 아이디어맨으로 불리는 인간은 한정되어 있다.

발명이나 아이디어 발상에 있어서 위에서 설명한 바와 같은「직감적 사고뿐만이 아니라 추론적 사고를 병용함으로써 발명 프로세스의 효율을 개선하고 질적 향상에 도움을 주는 것은 아닐까?」라고 하고 있으며 다양한 방법들이 제안되고 있다. 추론적 사고 수단으로서의 방법을 소개하는 것이 본서의 주제이다.

1.1.3 발명의 정석

J. Young의 정석을 참고하여 그림 1.1과 같이 구체적으로 소개한다.[8, 11)]

(1) 제 1 단계 : 자료의 수집

자료에는 2종류가 있다. 하나는 특수자료라고 하여 대상으로 하고 있는 사물과 직접관

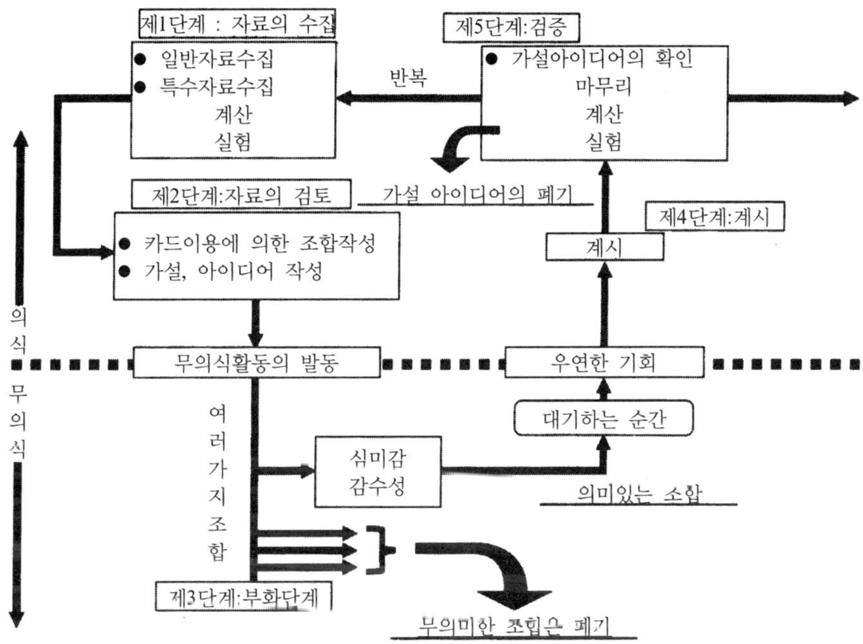

그림 1.1 》 발명의 정석[문헌 11) 참조]

련이 있는 자료이다. 이 자료에는 문헌조사 등과 같이 타인들에 의하여 만들어진 자료와 계산, 실험과 같이 스스로 만든 자료가 있다. 그 밖에는 일반적인 사물에 관한 자료이며, 이러한 자료수집은 항시 일상적으로 계속하여 이루어져서 지식을 풍부하게 쌓아둘 필요가 있다. 기술자라면 전문분야뿐만이 아니라 항상 계몽서적이나 기술전문잡지의 구독, 제품 카탈로그의 탐독, 주변의 제품을 관찰하거나 전시회에서 "제품의 동향"을 관찰하는 것도 필요하다.

아이디어는 특수지식과 일반지식의 새로운 조합에 의하여 탄생한다.

(2) 제 2 단계 : 수집한 자료의 검토(노력집중)단계

이 단계는 정리·분류한 정보들간의 관계를 도형 puzzle을 맞추듯이 모든 정보가 정확하게 조합되어 정리되도록 조립하는 것이다. 정보를 정확하게 직시하여 의미를 찾는 것이 아니라 "의미의 소리"에 귀를 귀울이는 것이 바람직하다. 창조력이 풍부한 사람들은 이 단계에서 마음이 불안정한 상태가 된다고 한다. Poincar나 Newton 등은 이 단계에서는 「몸과 마음을 다하여 몰두하였다」고 한다. 이 단계에서 아이디어가 떠오를 수도 있지만 갑작스럽게 떠오른 불완전한 아이디어라고 생각되어도 반드시 카드에 기록해 두면 좋다. 이것은 지금부터 탄생하게 될 진짜 아이디어의 전초이다. 기록해둠으로서 아이디어 작성과정이 전진한다. puzzle의 조합을 끝내고 이 단계는 완료한다.

J. Young이나 물리학자 Takeuchi는 자료를 정리하고 분류하는데 카드를 유용하게 이용할 것을 권하고 있다. 화학자 Mendeleev는 그 당시까지 알려져 있던 65개의 원소에 대하여 알고 있는 정보를 빠뜨리지 않고 모두 수집하였다. 그는 원소의 속성을 각각 1장의 카드에 기록하고 카드를 이리저리 배열을 바꾸어가며 생각에 몰두한 끝에 주기율표를 생각해 내었다고 한다. 이 예는 이 단계에서의 훌륭한 데이터 정리를 보여주는 견본이다. Kawakita이 발명한 K-J법에서는 카드의 이용은 중요한 요소이다.

(3) 제 3 단계 : 부화단계

이 단계에서는 직접적으로는 아무런 노력을 할 필요가 없다. 몰두하고 있는 문제를 잊고 방치해두어도 좋다. 제 3 원칙에서 설명한 바와 같이 무의식적 활동이 작용하여 아이디어가 숙성하는 것을 기다리면 된다.

(4) 제 4 단계 : 계시(inspiration)

이 단계에서는 아이디어가 도래하기를 기다리면 된다. 돌연히 착상이 떠오른다. 몇가지 예를 제 3 원칙에서 설명한다.

(5) 제 5 단계 : 검증(마무리)단계

떠오른 아이디어가 정말로 좋은 것인지 어떤 것인지를 음미 · 검토하고 마무리하여 문서화 할 것인지 아니면 실험이나 계산을 보충하여 확인하거나 실제로 그 아이디어에 의한 제품을 만들어 실증해 본다.

제 1단계에서 제 5단계까지 일직선으로 진행하는 것은 아주 행운인 경우라고 할 수 있으며 보통은 제 1단계에서 제 5단계까지를 반복하게 된다. 특히 제 2단계와 제 4단계를 되풀이하게 될 것이다. 별로 큰 노력을 하지 않고도 좋은 아이디어를 얻는 경우도 있고 오랜 시간 노력하여도 아무런 결과를 얻지 못하는 경우도 있을 것이다.

1.1.4 발명은 시드 지향인가 니드 지향인가?

Blockman이 그의 저서에서 발명에 대하여 기술한 것을 소개한다.[19)]

(1) 발명가란 사회가 직면하고 있는 문제를 해결하고자 하는 인간이라는 것은 오해이다.

발명가는 순수하게 발명하는 것을 좋아한 뿐이고 자신이 고안한 작품이 어떻게 도움이 되는지에 대해서는 생각하지도 않거나 이 후에 발명품의 역할을 찾아내려고 고민한다.

발명에 의해서 이때까지 우리가 생각지도 못했던 필요한 사항을 새돕세 민들어낸다. 다시 말하면 "발명은 필요의 어머니"라고 하는 것이 맞다. Edison은 축음기를 발명하여 아메리카의 모든 시민들의「교향곡을 감상하고 싶다」는 요망에 응답하려고 한 것이 아니며 축음기를 무엇에 사용하는가 하는 물음에 20가지 정도의 용도를 생각하였지만 그 중에 음악감상이나 어학연습은 포함되어 있지 않았다. 전구를 고안했지만 시장을 개척하기 위해 자신이 발전회사의 경영에까지 참여해야 했다. 당시 Gutenberg가 책을 대량으로 인쇄하는 신방식을 발명해야할 정도로 요구가 있었던 것은 아니었다. 트랜지스터는 미국에서 발명되었지만 당시의 전자 산업계는 진공관 제품에 투자한 자금을 회수해야 했기 때문에 트랜지스터를 무시했다. 그 바람에 트랜지스터 라디오분야에서는 Sony에게 선점되고 말았다. 발명은 발명에 의해서 환기되는 니드에 대한 해결책을 제공함에도 불구하고 환영 받기보다는 보통은 무시되는 경향이 많다.

(2) 발명이 시장을 창조하는데는 기술적 인프라가 정비되어 있을 필요가 있다.

Gutenberg가 인쇄술을 발명하기 전 기원전 1700년경 크레타섬에서 가동활자(1글자씩 분리되어 있는 활자)에 의한 인쇄술이 발명되어 있던 사실을 증명하는 유적이 발견되었다. 1040년 경 중국의 연금술사, shēhg은 점토를 아교로 굳혀서 구운 가동활자를 고안하였다. Gutenberg에게 인쇄술의 발명31(shēhg)의 명예를 부여하는 것은 포도 짜는 기계에서 힌트를 얻어 인쇄에 프레스를 사용하는 아이디어, 기존의 기술에 부가한 몇가지 개량(주형을 이용하여 금속활자를 대량생산하는 기술, 활자용의 납과 주석의 신합금이나 유성 잉크의 개량 - 어느 경우나 기존에 알고 있는 것들의 조합이다)이 있지만 이러한 개량을 가능하게 한 기술적 인프라가 당시 유럽에는 이미 존재하였다.

(3) 발명에 의해서 니드가 환기되어야 한다.

(1), (2)에서 알 수 있듯이 발명에 의해서 그때까지 생각지도 못했던 니드를 새롭게 만들어 내지만 이 니드를 만들어 내어 시장을 창조하기 위한 기술적 인프라 이외에 사회적 인프라가 정비되어 있어야 한다.

(4) 니드 지향인 발명도 있다.

전형적인 예가 청색발광 다이오드의 발명이다. 이미 적색과 녹색 발광 다이오드가 개발되어 있기 때문에 3원색으로서 청색발광 다이오드의 발명이 요구되고 있었다. 또 DVD 등 광디스크의 대용량화의 열쇠를 쥐고 있는 반도체 레이저에 대해 각 회사의 연구자가 개발에 몰두하고 있었고 레이저광의 파장이 짧을수록 빛은 가늘어 진다는 점에 착안하여 디스크의 기억실장률을 높일 수 있게 되었다.

1.1.5 발상법의 분류

다음은 문헌 20)을 참조하여 그림 1.2와 같이 신제품의 개발이나 제품의 진화와 결부되어 있는 아이디어 발상의 동기에 의해 분류해 보자.

(1) 번개 발상법

A) 병렬발상

「저쪽(경쟁기업)에서 하니까 우리도 질수 없으니 하자」라는 발상법은 여성용 수영복 등에 잘 나타난다. 1995년 쿠라래라는 기업이 물이 침투하지 않는 하얀색 수영복을 판매

3] 오히려 개량이라고 해야겠지만 그는 선인의 발명을 알지 못한 것으로 생각된다. block 인쇄판을 실수로 조각조각 파손되어 결과적으로는 가동활자를 발명하게 되었다는 설이 있다.

발상법	세부	예
(1) 번개 발상법	A) 병렬발상	경쟁사가 하니까 우리도 한다.
	B) 즉흥적인 발상	전자소켓
	C) 우연한 발견·발명	액정디스플레이, 전자레인지, Post-it, 페니실린의 발견, 인조가죽
(2) 개량형 발상법	A) 부분개량형 발상법	Headphone stereo(tape→CD→MD···)
	B) 결점개량형 발상법	Jar(대형→···)→전기 포트
(3) 장점 조장형 발상법		Headphone stereo
(4) 타 분야의 아이디어 응용	A) 우수한 기술의 응용	인쇄술
	B) 아이디어의 응용	형상기억합금, 풍동, 휴대형 트랜지스터 라디오
(5) 법칙이나 원리의 응용		컴퓨터, 액정디스플레이, 초임계유체
(6) 아무도 안하는 것을 시도		청색발광다이오드(청색레이저)
(7) Sales Point(부가가치)를 포함시킨다		턴테이블 장착 전자레인지
(8) 틈새시장을 노린다		전동하이브리드자전거

그림 1.2 〉〉 발상법의 분류

하였다. 폴리레스터에 세라믹를 부착시킨 것으로서 수영복의 불투명성을 실현하였다. 한편 Tore사에서도 나일론제 흰색 수영복을 판매하였다. 이것은 흰색을 바탕으로 꽃무늬를 배합한 것과 물방울모양 등 흑백의 contrast의 선명함을 내세운 것들이다. 이것은 "흰색"이라는 병열발상으로 이 형태에는 비티니나 나이론 등이 있다.[20)]

이러한 발상은 냉장고, 세탁기, 청소기 등의 가전제품에 많이 보인다. 선행 메이커가 무언가 새로운 아이디어를 새로운 상품에 적용하면 바로 다른 메이커에서 따라서 하게 되는 것이 아주 많다.

B) 즉흥적인 발상

포트에 콘센트와 소켓가 있다. 구멍과 소켓을 각각 凹凸모양으로 하여 소켓의 도선부분을 마그네틱으로 한 것이다. 이렇게 함으로써 콘센트 옆에 소켓을 가지고 가서 마그네틱의 힘으로 어두운 곳에서도 자연스럽게 사용할 수 있다.[20)]

C) 우연한 발견·발명

이러한 예는 무수히 많다. 세균학자 Flaming이 감염병의 세균을 죽이는 화학물질을 찾아내려고 하고 있을 때 우연히 푸른 곰팡이가 포도상구균을 죽이는 것을 발견하고 항생물질인 페니실린을 발견했다. 그는 「페니실린의 발견은 우연의 산물에 불과하다」라는 평가에 대해 「우연은 준비되어 있는 사람에게만 나타난다. 준비되어 있지 않은 사람에게는 구원의 손길이 다가와도 눈에 보이지 않는다.」고 노력의 필요성을 강조하고 있다. 이와 같은 발견 · 발명은 흔히 있는 일이다. 앞에서 설명한 츠쿠바대학 Shirakawa 명예교수, Tanaka 연구원의 연구도 이러한 분류에 속한다고 볼 수 있다.

인조가죽 클라리노(artificial leather)가 있다. 소재는 안쪽이 가벼운 합성섬유로서 「표면은 단단하지만 전체적으로는 보들보들한」특성을 살려서 천연가죽을 모방하여 만든 값이 싼 재료이다. 이 섬유는 우연히 탄생한 것이다. 다른 목적으로 합성섬유의 2종류 원료를 혼합하여 실모양으로 뽑아서 원료의 한쪽 성분을 녹여서 제거하는 실험을 하고 있던 중 단면이 연근과 같은 모양으로 섬유가 남는다는 것을 발견하였다. 그리하여 이것을 서로 얽히게 하여 고무와 같은 신축성이 좋은 폴리우레탄을 첨가하여 "인조가죽"을 만들었다.[20)]

이와 같은 우연한 발견이 제품으로 연결되는 예는 많이 있다. 액정디스플레이[21)]나 전자레인지[22)], Post-it도 이 그룹에 속한다. Post-it는 3M에서 새로운 접착제를 개발하고 있던 중 당초의 계획보다 접착력이 약한 것이 만들어져 버렸다. 접착제로서는 실패작이었지만 이것을 버리지 않고 이 "약한 접착력의 풀"의 용도를 회사내에 공모하였다. 평소 「책갈피가 자주 떨어지는 것에 대해 어떻게 할 수 없을까」하고 문제의식을 가지고 있던 부서가 이 특성에 착안하여 「여러 번 붙였다가 떼었다가 할 수 있으며 종이에 손상을 주지 않는」 신제품으로 판매하게 되었다.

(2) 개량형 발상법

A) 부분 개량형 발상법

부분적으로 조금씩 우수한 것으로 바꾸어줌으로서 제품을 진화시켜가는 발상법이다.

헤드폰 스트레오(Walk man)는 최초 기억·재생장치로서 테이프 레코더를 이용하여 발매되었다.[21] 계속하여 기억매체의 발달과 더불어 Compact Disk(CD), Mini Disk(MD)로 바뀌고 더욱 콤팩트한 기억용량을 증폭한 제품으로 진화하고 있다.

B) 결점 개량형 발상법

결점을 개량하여 제품을 진화시켜가는 발상법이다. 보온병을 예를 들어 "제품의 진화"를 설명한다.[22] 소형보온병으로는 자주 물을 채워야 한다. → 대형으로 한다. → 크게 하면 마개를 열고 뜨거운 물을 따르는 것이 불편하다. → 놓여 있는 상태로 뜨거운 물을 따를 수 있도록 압입식 펌프 또는 전동 펌프를 부착한다. → 이것이 지금 현재 사용하고 있는 보온통이다. 대형화하면 장시간 뜨거운 상태를 유지해야 하기 때문에 식어지기마련이다. 따라서 → 단열성을 강화한나. 또는 전기 히터를 내장하여 전기 포트가 탄생했다.

(3) 장점 강조형 발상법

결점 개량형과는 정반대의 발상법이다. 앞에서 말한 워크맨의 진화는 이 그룹에 속한다고 볼 수 있다. 「가볍고 기억용량이 크다」의 특징을 살려서 제품을 진화시켜가는 발상법이다.

(4) 타 분야의 아이디어 응용(표 6.1 #3 참조)

다른 분야에서 이미 사용되고 있는 아이디어나 기술을 대상제품으로 응용하는 발상법이다. Gutenberg가 당시에 포도를 짜는데 사용하고 있던 포도짜는 기계를 응용하여 강력한 압축력을 낼 수 있는 인쇄용 프레스기를 고안하였다. 이와 같이 타 분야에서 이용되고 있는 것의 유사한 특성이나 아이디어를 응용하는 예를 주변에서 많이 볼 수 있다.

A) 우수한 기술의 응용

어떤 온도에서 형상을 기억하게 하면 그 다음에는 온도변화가 있어도 원래의 온도로 되돌리기만 하면 원래의 모양으로 되는 금속 다시말하면 형상기억합금이 미국에서 발견되었다. 이 성질을 이용하여 금속을 천에다 삽입하여 자택에서 세탁이 가능하며 다림질이 필요 없는 셔츠 등의 형상기억상품이 개발되어 있다. 또 소니가 트랜지스터를 시작으로 라디오에 응용하여 소형 휴대형 라디오를 개발하였다.

B) 아이디어의 응용

항공기의 양력, 공기저항 등의 공기역학특성을 계측하기 위해서는 현재도 풍동이 자주 이용되고 있다. 대상인 항공기를 소형이면서 정밀하게 모형을 만들어 풍동내부에 설치하고 역으로 공기를 흘러 보내면서 특성을 계측하는 방법이다. 이렇게 「실제하고는 반대로 움직이고 있는 것을 고정하고 정지하고 있는 것을 움직이게 한다」와 같은 “역발상”을 이용하고 있다. 수영선수를 물이 흘러가는 작은 풀장에서 훈련하는 방법은 풀장의 공간을 작게 하여 유속을 바꾸어줌으로서 훈련의 효율을 높일 수 있으며 코치는 앉은 채로 선수의 훈련상태를 지도할 수 있는 이점이 있다. 움직이는 보도와 같은 벨트 상에서 환자를 걷도록 하여 운동부하를 측정하여 이용하는 심전도 검사법 다시 말하면 treadmill도 같은 발상에 근거를 하고 있다.

(5) 법칙이나 원리의 응용(표 6.1 #4, #5 참조)

이 발상법은 이미 사용되고 있거나 새롭게 발명 · 발견된 법칙이나 원리를 응용하여 「아무것도 없는 상태에서 새로운 것을 만들어낸다.」는 것이다. 요구되는 발상의 레벨이 상당히 높고 실용화를 위해서는 상당한 수준의 전문지식이나 경험을 토대로만 연구가 필요하다.

이에 대한 예로서는 컴퓨터[23], 액정 디스플레이[21], 등 「물질은 에너지이다」라고 한 Einstein의 상대성원리에 근거하여 핵분열을 이용한 원자력 발전도 있다. 최근 화제가 되고 있는 초임계유체에 의한 세척, 다이옥신의 무해화 등에 대한 실용화 연구도 이루어지고 있다.

(6) 아무도 안하는 것을 시도

전화기를 발명한 Alexander Graham Bell의 말 「가끔은 길을 벗어나 숲속으로 들어가보라. 그 곳에서 당신이 지금까지 보지 못한 뭔가 새로운 것을 틀림없이 발견할 수 있을 것이다.」이 벨 연구소의 벨 흉상 좌대에 새겨져 있다. 「아무도 하지 않는 짓」을 하면 획기적인 발명으로 연결되는 경우가 많다. 예를 들면 「진공관을 아무리 개량하여도 트랜지스터가 만들어 질 수는 없다.」는 것이다.

앞에서 말한 것처럼 Nakamura는 품질이 양호한 소자를 만들기에는 적합하지 않다고 생각하여 아무도 처다보지도 않았던 질화 갤륨(nitric gallium)을 이용하여 청색 발광 다이오드를 개발하였다.

(7) Sales Point(부가가치)를 포함시킨다

제품의 부가가치를 가지게 하기 위하여 타 회사에는 없는 기능을 부가한다. 예를 들면 전자레인지에 불균일하게 가열되는 것을 막기 위하여 회전판을 설치한 기업의 제품이 잘 팔렸기 때문에 다른 회사도 이에 질세라 따라서 모든 기업의 제품들이 회전 테이블을 설치하였나. 최근에는 실내의 청소를 쉽게 할 수 있도록 sales point를 부각시켜 회전 테이블을 제거한 제품이 판매되고 있다.

(8) 틈새시상(Niche)을 노린다

기존 시장간의 틈새를 겨냥하는 제품을 개발한다. 예를 들면 전동 하이브리드 자전거이다. 이 자전거는 인력으로 운전하는 자전거와 동력이 붙어 있는 자전거의 중간 특성을 갖는 기계로서 이점에 마켓을 노린 시스템이다.

1.1.6 발명의 천재적 자질

창조력이 있는 사람은 다음과 같은 특색이 있기 때문에 이것을 이해해야할 뿐만 아니라 창조력 양성을 위한 교육법의 작성에 활용하면 좋다.[7)]

(1) 지능지수와 창조력의 관계

기술자 그룹에 대하여 수행된 조사결과에서 지능지수가 어느 정도(IQ=약120) 이상이 되면 기술자의 발명 소질과 지능지수 사이에는 특별한 상관은 없고 너무 높은 지능지수에서는 발명의 소질과 지능지수 사이에는 음의 상관이 나타난다. 예를 들면 Kepler, Kant, Watt는 IQ가 135, Newton은 125, Galilei, Descartes는 145, Pascal은 175, Leibniz, Goethe

는 185라고 한다.[24, 25]

(2) 평가의 차이

발명에 소질이 있는 그룹의 사람들과 그렇지 않는 사람들이 각각 「무엇을 높게 평가할까」를 조사한 결과 전자는 이론적인 것과 미적인 것에 흥미를 보이고 이것을 높게 평가하는 반면, 경제적인 것과 사회적인 것에는 그다지 흥미를 보이지 않는다는 사실을 밝혀내었다.[7] 「창조성은 사회적 적응성과 반대의 상관을 가진다.」[27]는 설을 뒷받침하고 있다.

(3) 비판욕구와 지식욕구

발명에 소질이 있는 그룹과 그렇지 않은 그룹에 관하여 비판욕구와 지식욕구 중에서 어느 쪽이 강한가를 조사한 결과 전자는 지식욕구가 강하고 후자는 비판욕이 강한 것으로 보고되고 있다.[27]

지식욕구가 강한 사람은 새로운 사태에 접하였을 때 우선 그것이 어떠한 것인가 어떤 기능을 가지고 있는가에 대하여 아주 자세하게 알고 싶어한다.

비판욕구가 강한 사람은 새로운 사태에 접하였을 때 바로 그것이 좋다든가 나쁘다든가 그것은 어때야 한다는 것 등에 자신이 판단을 내리는 것을 좋아한다.

(4) 감각

여러 가지를 생각하여 판단하는 기술자보다 감으로 판단하는 기술자에게 발명에 대한 소질을 보이는 사람이 많다고 보고되고 있다.[24]

(5) 직감력

직감력이 우수한 기술자에게 발명의 소질이 있는 사람이 많다는 보고도 있다.[27]

(6) 편집성

과학・철학적 천재에게는 편집성이 있는 사람이 많다고 한다. 한 가지 생각만을 강력하게 고집하여 세상 사람들이 모두 비난하여도 흔들림 없이 자신의 사고를 발전시켜나가는 타입이다. 큰 창조는 간단한 것이 아니라 많은 어려움에 부딪치므로 이것을 완수하기 위해서는 편집광으로 잘못 불릴 정도로 집념이 필요하다는 것을 이해할 수 있다.[24)]

Gutenberg는 유복한 귀족 출신이었지만 도를 넘은 발명광이어서 여러 가지 발명에 손을 댄 나머지 마지막에는 무일푼으로 전락하였다. 인쇄술 특허를 다른 사람에게 팔아 넘기면서까지 연구를 계속하였다고 알려지고 있다.[24)]

앞에서 말한 것 중에서 (2)와 (3)은 발명가는 기초연구에는 관심이 있지만 응용연구에 별로 관심을 갖지 않는 것과 깊은 관계가 있는 것 같다.

또 발명의 천재가 가지고 있는 자질에는 다음과 같은 것이 있다고 알려져 있다.[27)]

(7) 감수성·관찰력이 예리함

문제에 대한 감수성이 예리하고 문제점을 가장 빠르게 게다가 가장 정확하게 포착하는 능력이 우수하다. 이 자질은 기존의 설계해를 평소부터 관찰하는 "발명에 대한 마음가짐"을 가짐으로서 어느 정도 연마할 수 있다.

(8) 지적 호기심이 왕성함

여러 가지 일에 관심을 가지고 여기서 얻은 경험이나 지식을 자기의 것으로 만든다.

(9) 아이디어가 풍부하며 발상의 관점이 다면적임

문제점을 발견하면 해결책인 아이디어가 연달아서 떠오른다. 후반에서 설명하는 "체계적 공학 설계법[28)](이하 P&B법이라고 한다. 3장 참조)"이나 VE(4장 참조)에서의 개념설계에서는 기계시스템을 하위 기능으로 분할하고 예를 들면 여기에 물리작용을 적용하는 작업을 한다고 하면 적용작업에서 광범위한 물리작용 중에서 최적인 것을 찾아내야 한다. 보통사람은 이미 사용하고 있는 물리작용을 적용하려고 하는 진부한 아이디어밖에 구사하지 못하는 경우가 많지만 천재는 과거의 "아이디어의 관성"에 얽매이지 않고 다면적으로 발상의 날개를 자유롭고 높게 펼칠 수가 있다. TRIZ(6장 참조)는 아이디어를 끌어내는데 아주 큰 도움이 된다고 알려져 있다.

(10) 분석력·종합력이 뛰어남

대형 문제를 포괄하여 처리할 수 없는 경우에는 이것을 세분화하여 처리하는 방식을 택하게 된다. 우리도 천재와 동일한 방법을 선택하지만 가장 문제해결을 쉽게 하기 위하여 어느 정도로 세분화하면 좋을까를 정확하게 판단할 수 있는 것이 천재이다. 더욱 세분화된 문제에 대하여 아이디어 발상을 수행한다. 세분화된 상태에서의 아이디어로는 부분적인 문제해결밖에 되지 않는다. 부분적인 문제헤결안은 반드시 종합한 해결책으로 정리하여야 한다. 여기서도 천재는 능력을 발휘한다.(P&B법이나 VE 등에서는 기술시스템을 하위기능으로 분해하는 것은 여기서 설명한 세분화에 해당한다. 더 나아가서 설계대체안으로 종합하여 이 안을 평가하는 framework을 제공한다.)

1.1.7 창조력 양성 방법

여기서는 창조활동을 활발하게 하기 위하여 필요한 창조력 양성을 위하여 알아야할 사항을 열거한다.[7)]

(1) 우선 받아드릴 것

자신의 아이디어이건 다른 사람의 아이디어이건 제안된 아이디어를 너무 서둘러 비판한 나머지 「쓸모없다.」고 하여 버려버리는 일이 없도록 하는 것이 좋다.

우선 싹이 돋아난 아이디어를 받아드려 자유롭게 성장시킬 수 있는데까지 성장시키는 것이 좋다. 비판·검토도 물론 중요하지만 이것은 제출된 많은 아이디어 중에 어느 것을 실행에 옮길 것인가 하는 최후의 단계에서 이루어져야 한다.

브레인 스트밍(Brain storming)에서는 「상대방의 생각을 무시하는 행위」를 금지하고 있는데 "무시행위"에 의하여 아이디어 발상이 나올 수 없게 되기 때문이다(부록 A 참조).

(2) 적극적인 불만족

현재 상태에 만족하는 기분은 발명에 지장을 주는 것은 분명하다. 「무슨 문제는 없는가」 현재의 설계에 대한 결점을 찾아서 개량하고자 하는 적극적인 기분을 계속적으로 유지하는 것이 양질의 발명을 위하여 효과가 있다.

(3) 기성 개념으로부터의 탈피

인간은 기존의 개념에 안주하기 쉬운 법이다. 공업제품의 설계에 있어서도 지금까지 세상에 수없이 존재하고 있는 원리나 방식에서 탈피하기 어렵다. 현재 존재하는 것도 선인들이 고생하여 얻은 성과이므로 많은 장점을 가지고 있기 마련이다. 그러나 결코 현재의 것이 유일한 것이라고 생각해서는 안된다. TRIZ에서는 이것을 "심리적 관성"이라고 하며 금지하고 있다. 다른 가능성에 대해서 두루 생각하여 우리들의 관점을 이동시켜 생각해 보는 것이 바람직한 것이다.

(4) 자신감

창조라는 것은 원래 난관이 많은 것이므로 하나하나의 실패에 간섭을 받아서는 아무리 해도 끝까지 해내기 어렵다. 「이미 1000개에 대하여 안된다는 것을 알았기에 그만큼 진보한 것이다.」라는 Edison의 유명한 말을 인용할 필요도 없이 하나하나의 시도는 실패로 끝나도 실패에 도달하기 까지의 경과 과정에서는 단순히 지나가는 단편적인 학습에서는 얻지 못하는 깊은 지식을 얻을 수 있다. 이것이 진정한 "창조 학습"이다.

(5) 낙관론

낙관론은 발명·발견에 있어서 아주 중요하다고 알려져 있다. 비관론이 강할 때에는 새로운 아이디어의 가능성이 충분히 고려되지 않은 상태에서 버려질 위험이 있다. Post-it의 예와 같이 다른 사람이 버린 아이디어를 주워서 완성하는 예는 많이 있다.

이상과 같이 설명한 것을 정리하면 서로 모순되는 성질이 있는 것이 있다. 그러나 이것이 창조과정의 특색이라고도 할 수 있다. 단순한 것도 일관된 원칙으로 처리할 수 없는 것이 창조의 특색이다

본 서에서 취급하고 있는 각 종 방법은 일부 천재적인 자질을 대행하는 것처럼 되어 있다. 이와 같이 우수한 발명법이나 설계법은 천재적 자질을 적극적으로 대행하지 않으면 안된다.

1.2 「설계한다」는 것은?

어떤 새로운 제품 또는 기술시스템을 「설계한다」는 것은 「이것이 사용되는 환경과 사용자의 행동을 항상 생각하여 인간-기계계(man-machine system)로서 검토하고 사용목적을 달성하기 위한 기능과 성능을 갖는 기계・장치・하드웨어 및 운용방법・소프트웨어 등을 도면과 문서로 표현하는 것이다.」 또 설계실무의 관점에서 보면 「설계한다」는 것은 「주어진 목적의 품질을 갖춘 제품 또는 시스템을 만들기 위해서는 새로운 착상을 얻어 새로운 몇가지 요소를 만들고 이것을 조합하여 종합한다.」를 뜻한다. 설계활동을 더욱 넓게 정의하면 「 주어진 목적의 품질을 갖춘 제품 또는 시스템을 창조하고 해석하여 해석결과를 바탕으로 몇가지 설계대체안을 만들고 그 중에서 최적인 안을 결정한다.」고 할 수 있다.[26)]

Dixon[27)]에 의하면 「 공학설계란 주어진 문제(사양)를 여러 가지 제약조건하에서 최적으로 만족하도록 기기의 전체, 시스템 또는 프로세스의 구체적 구조를 만들어 내는 것이다.」고 정의하고 있다.

또 「 설계한다」는 것은 간단하게 「 개개의 기능을 구현하는 요소를 선택하고 이것들을 조합하여 종합한다」고도 정의할 수 있다. 더욱 구체적으로 말하면 「 동력으로서 전기계 또는 유압계를 사용하고, 센서에는 광학계나 전자기계를 사용하고, 기구에는 링크 기구나 캠구동을…, 이와 같은 상태로 개개의 기능을 실현하는 방식이나 요소를 선택하고 이러한 방식이나 요소를 통합하여 몇가지 설계대체안을 구상한다. 궁극적으로 이 설계대체안 중에서 기능・성능과 비용의 관점에서 최적이라고 생각되는 설계안을 선택한다」고 할 수 있다.

1.2.1 설계자에게 요구되는 자질

설계를 완수하는 설계자에게는 다음과 같은 능력이 요구된다.[7)]

(1) 창조성

주어진 목적을 달성하기 위하여 새로운 유용한 아이디어를 만들어 내는 능력.

(2) 공학해석력

주어진 시간적 제약 속에서 목적을 달성하기 위하여 필요하고 충분한 정밀도로 설계상의 문제를 해결하는 능력.

(3) 기초공학의 지식

적어도 대학에서 습득하는 지식은 기초부터 폭 넓고 깊게 기초공학을 이해해 둘것.

(4) 전문분야의 지식

당연힌 것이지만 대상으로 하는 전문분야에 관하여 깊은 지식을 가지고 있을 것.

(5) 타 전공 분야영역에서의 능력

전문분야 이외의 지식과 진문분야 지식과의 중간 영역을 개척하는 능력.

(6) 수학의 지식

최근의 공학에서는 점점 더 수학지식이 요구되고 있다. 현재로서는 불가피한 지식이다.

(7) 결단력

많은 설계대체안이 제출되거나 불명확한 문제에 직면하였을 때 조화를 이룬 결과를 도출하기 위하여 단기간내에 의사 결정하는 능력.

(8) 제조법의 지식

공학설계의 성과는 최종적으로는 구체적으로 제작되는 것이므로 설계자가 공작법에 대한 지식을 가지고 있는 것이 대단히 중요하다.

(9) 표현능력

자신이 설계한 것 또는 자신에게 떠오른 아이디어를 다른 사람에게 설명하고 이해시킬 수 있는 능력.

(10) 컴퓨터 관련지식

PC나 필요한 소프트웨어를 자유자재로 사용할 수 있고 경우에 따라서는 단기간에 필요한 소프트웨어를 작성할 수 있는 능력.

1.2.2 설계자의 자세

문헌 20), 26)을 참조하여 설계자가 알아야할 항목을 정리하였다.

(1) 호기심을 잃지 않을 것

설계를 위해서는 호기심 광의 인간이 되어야 한다. 예를 들면 ○○쇼, □□기기전을 견학하고「××기기는 어떠한 메카니즘으로 구성되어 있을까?」, 「다른 방법으로 구사하는 것이 간단하고 싸게 만들 수 있을텐데」, 「저 기술은 우리에게는 ◇◇에 사용이 가능하다」와 같은 형식의 힌트를 얻는 경험을 쌓으면 좋다.

(2) 행동력을 발휘할 것

설계자는「뭔가 다른 방법은 없을까?」, 「더 잘 팔리는 상품은 없을까?」를 평소 늘 생각하고 있다. 어떤 재미있는 아이디어가 떠올랐다고 하면 지구상의 어딘가 다른 곳에서도 같은 발상을 하고 있는 인간이 있다고 생각해야 한다. 곧 바로 특허를 출원하든가 사업화하지 않으면 선수를 빼앗길 수 있기 때문이다.

(3) 건전한 불만을 가질 것

새로운 것을 생각할 때「왜 이런 짓을 하는가?」하는 의문을 가지는 것에서 개혁하는 수단이나 장치를 생각하고 여기서 발명이 태어난다. 과거 우리나라와 같은 농경사회에서는 의문을 제기하고 개선하는 방법을 제안하는 인간은 "이상한 놈"취급을 하는 관습이 있다. 건설적인 불만은 발명에 있어서 아주 중요하다.

(4) 유연성을 유지할 것

설계자는 착상을 항상 염두에 두고 있다가 기회가 있으면 이것을 실현하고자 생각하고 있다. 그러나 자신의 아이디어에 너무 집착한 나머지 모처럼의 기회를 놓쳐버리는 경우도 있다. 제품을 설계하는 경우는 자신의 아이디어뿐만 아니라 타사 제품이나 비슷한 제품을 참고하고 주위의 동료들로부터도 아이디어를 모으는 유연성이 필요하다.

(5) 초지일관의 자세를 유지할 것

「인생에는 기회가 3번 온다」고 한다. 자신이 「이것을 설계하고 싶다 반드시 대박이 터질거야」라고 생각하고 있어도 신제품이 시장 수요가 저조하거나 자금이 모자라거나 여러 가지 이유로 인하여 잘 팔리지 않는 경우가 많다. 그러나 언젠가는 기회가 오기 마련이며 포기하지 말고 다음 기회를 기다려 기회가 왔을 때를 대비하여 배수진을 쳐주는 것이 바람직하다.

(6) 고객은 정보의 원천이라고 생각할 것

자사에서 설계・개발하여 출하한 제품의 사용자는 그 제품에 관한 "정보의 보고"이며 타사 제품과 비교한 자사 제품의 장점이나 단점을 알 수 있다. 따라서 사내에 사용자의 정보를 수집하여 관련부서에 전달하는 의사전달 창구를 확립해 두어야 한다. 사용자의 요구를 취급하는 framework을 "동시공학(Concurrent Engineering)"의 QFD(5장 참조)를 제공하고 있다.

(7) 신기성(새롭고 기묘한 성질)을 마음에 두고, 수나 범위를 축소할 것

어떤 새로운 설계를 하려고 하면 설계아이디어도 새롭고 구조도 새롭다. 새로운 재료까지 고려하려고 하면 너무 지나치다고 볼 수 있다. 신기성을 추구하기 위해서 이것 저것 모두 겨냥하는 것도 좋지만 잘 되지 않았을 경우 손쓸 방법이 없이 막혀버리는 경우가 많다. 신기성은 하나로 축소하고 실패하여도 실적이 있는 설계로 대체할 수 있는 방책을 준비해 두는 것이 중요하다.

(8) 시행착오를 할 것

발명이든 창조이든 아이디어가 항상 가까이 있는 것은 아니며 여러 개의 아이디어(기업 현장이라면 어떤 간단한 제품이라고 할지라도 5개나 10개의 아이디어가 나타남) 중에 가장 양호한 아이디어라고 생각되는 것을 구체화하여 여러 번 반복하여 시행착오를 거쳐 수정하고 목적의 제품이 만들어진다. 특히 창조성이 높은 발명에서는 시간을 두고 창조에 걸맞는 만큼의 노력의 결과로서 양질의 아이디어가 탄생하는 것이다.

(9) 구입할 제품의 품질과 가격을 염두에 둘 것

독선적인 설계를 해서는 안된다. 당연한 일이지만 구매자의 요구에 맞는 품질과 가격을 우선해야 할 필요가 있다. 설계자에게 있어서 어떠한 기능을 갖는 것을 어떠한 원리로, 어떠한 기구로 설계할 것인가 하는 것이 관심사이지만 구매자 입장에서 보면 설계원리나 기구의 신기술보다 요구되는 기능, 품질, 가격, 신뢰성이 보증되어 있는 것이 훨씬 더 중요하다. 여기에는 QFD를 활용하는 것이 최적이다.

공학설계와 기술자의 마음가짐 등에 대하여 설명하였다. 창조성이 높은 제품의 개발에는 어떤 형태로든 발명이 관여하고 있기 때문에 최근에는 기술자에게도 더욱 "발명 능력"이 요구되고 있다. 그래서 다시 발명에 대하여 설명한다.

1.3 발명사고의 메카니즘

발명사고의 프로세스를 TRIZ[1~3], P&B법[28], VE와 문헌[29]을 참고하여 그림 1.3과 같이 전개하여 보자.

(1) 이상해와 현실해

보통「이런 것(또는 기술 시스템)이 있으면 좋을 텐데」,「이런 시스템을 만들었으면」,「이 제품보다 고성능이면서 가격이 싼 것을 만들 수는 없을까」와 같은 욕구가 초기단계에서는 존재한다. 또 이런 것들의 역할(또는 기능, 작용)을 구현하는데「새롭게 발견된 원리나 현상을 이용하고 싶다」, 또는 「기지의 원리나 현상이 있지만 지금까지 아무도 응용한 적이 없는 것에 대한 기능실현을 위하여 응용해보고 싶다」와 같은 욕구도 있다. 모든 것을 포함하여 대상물을 보다 넓게 취급하고 싶기 때문에 앞으로 제품, 상품 등을 일반적으로 기술시스템이라고 부르기로 한다.

「○○인 기술시스템을 만들고 싶다」고 하는 것은 어디까지나 이상적인 세계에서의 욕구이며 이것을 현실의 세상에서 실현하고자 하는 구체적인 시스템과의 사이에는 그림 1.4와 같은 갭이 반드시 존재한다. 이러한 갭을 없애기 위해 구체적인 현실 시스템으로 실현하기 위한 곳에 발명이 존재한다.

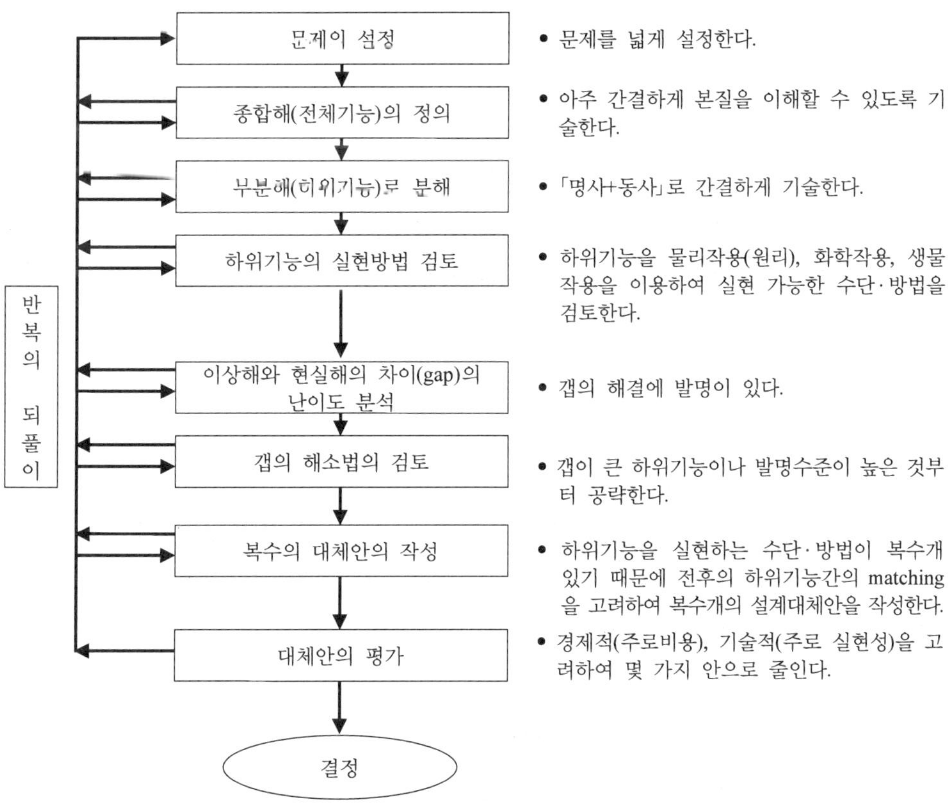

그림 1.3 〉〉 발명 사고의 프로세스

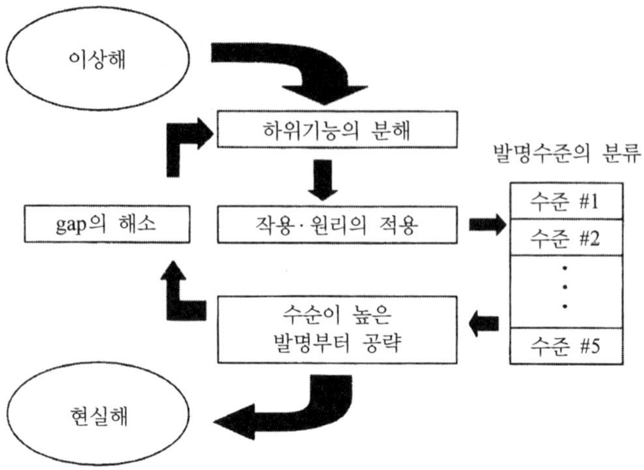

그림 1.4 〉〉 이상해와 현실해의 차이(gap) 해소 프로세스(발명의 수준은 표 6.1 참조)

실제로 발명하려는 사람은 과거의 자신 또는 타인의 지식이나 경험으로부터 얻어지는 여러 가지 기존의 원리나 현상, 기술시스템의 성질을 이용하고 기존의 것들에 대한 역할(기능)에 착안하여 조합하고 구하고자 하는 소요의 역할을 새로운 기술 시스템에 부여하려고 한다. 이것이 일반적으로 말하는 발명의 사고이다.

(2) 이상해의 체계적 확장

문득 떠오른 생각을 그대로 이상해 취급을 해서는 우수한 제품도 발명도 탄생하지 않는다. 문득 생각이 떠오른 기술시스템을 체계적으로 확장하여 보다 넓은 관점에서 기능을 갖게 하는 것이 좋다. 여기서 개발하고자 하는 기술시스템 전체의 역할을 "전체기능"으로 하여 짧고 간결한 문장으로 표현한다.

(3) 전체 기능의 하위 기능으로의 분해

전체기능을 몇 가지 개개의 기능(다시 말하면 "하위기능")으로 분해한다. 이렇게 함으로서 전체기능에는 부족함이 없이 실현하는데 필요한 "하위기능"을 명확하게 할 수 있다. 이 기능분해에는 P&B법 또는 VE가 편리하다.

(4) 하위 기능 실현법의 검토

다음은 개개의 하위기능에 대하여 기능 실현이 가능한 물리작용(또는 원리), 화학작용, 생물작용의 후보를 선택한다. 당연히 개개의 이상적인 하위기능과 이것을 실현하기 위하여 선택한 물리작용 등에 의해서 얻어지는 실제 작용과의 사이에는 갭이 존재한다. 하위기능의 실현에는 TRIZ나 USIT가 편리하다.

(5) 하위 기능과 실현 방법과의 갭 해소

갭을 없애고 이상적인 하위기능을 구현하는데 발명이 있다. 이 갭을 없애기 위하여 각 하위기능마다 각종 작용이나 원리를 선택(하위기능의 실현)해 간다. 일반적으로 이 과정을 반복하여 검토할 필요가 있다. 개개의 하위기능에 의해서 갭의 정도가 다르다. 이 갭을 매우기 위한 곳에 발명이 있다. 갭이 클 수록 큰 발명을 얻을 수 있다. 우선 갭이 큰 하위기능부터 검토를 해나가면 좋다. 여기에는 TRIZ와 USIT를 이용하면 편리하다.

(6) 종합해의 대체안 작성

하위기능의 실현 방법을 조합함으로서 몇 가지 대체안이 떠오른다. 여기에는 P&B법과 VE를 이용하면 편리하다.

(7) 대체안의 평가와 최종안의 결정

이 대체안을 기술적인 면과 비용 관점에서 평가하여 최종안을 결정한다. 여기에는 P&B법과 VE가 도움이 된다.

그림 1.3과 같이 (1)에서 (7)까지의 과정을 반복적으로 되풀이하여 설계하고자 하는 시스템을 이상해로 근접시켜간다. 이러한 반복 과정은 옛날부터 Design Spiral 이라고 하여 설계 시에 상용수단으로 되어 있다.

1.4 발명, 창조적 설계를 위한 framework

지금까지 설명한 것을 그림 1.5에 종합한다.

(1) 발명에 소질이 있는 기술자·연구자를 등용할 것

연구개발이나 설계의 상류부분을 담당하는 연구자 · 기술자는 "발명지향"의 인간이어야 한다. 상류부분을 담당하는 부서는 "아이디어가 있고 열정이 있는 곳"으로 구성되는 것이 이상적이다(1.1.5항~1.1.7항, 1.2.1, 1.2.2항 참조).

(2) 발명하는 습관을 몸에 익힐 것

모든 기회를 받아들여 기술시스템이 「어떤 원리를 이용하고 있는가」, 「어떻게 만들었는가」, 「어떻게 진화하여 왔는가」등을 탐구하고 「나라면 이렇게 할거야」와 같은 발명심을 갖는 습관을 몸에 익힌다.

(3) 물리적 현상의 적용에 익숙할 것

설계 대상이 되는 인공물의 기능은 반드시 물리 · 화학 · 생물의 작용이나 원리에 근거를 두고 있다. 따라서 좋은 발명을 위해서는 이러한 원리들을 깊이 이해하고 있어야 한다.

(4) 발명 트레이닝을 받을 것

최근의 스포츠 선수는 과학적으로 트레이닝함으로서 자신의 기록을 갱신하고 있다. 한편 기술자나 연구자는 자기 스타일 또는 소속부서에서 배양되어 습관이 된 방법으로 업무를 익숙하게 다루고 있는 경우가 많다. 발명의 경우에도 그냥 마구잡이로 「발명하자」고 해서는 효율이 나쁠 수 밖에 없다. 현재까지 나와 있는 여러 가지 발명법, 발명을 이끌어내는 방법, 창조적인 설계를 유도하는 방법이 개발되어 있다. 이러한 것을 잘 사용하여 수준이 높은 발명을 보다 효율이 좋게 실행하고 우수한 제품을 개발하는 발명법 등에 관한 트레이닝을 받을 필요가 있다(1.1.7항 참조).

(5) 목적에 맞는 발명법이나 설계법을 조합하여 이용할 것

이미 개발되어 있는 발명을 이끌어내는 방법, 창조적인 설계 등 이 중에서 목적에 가장 적합한 방법을 단독 또는 조합으로, 또는 자기 나름대로 궁리하여 이용하는 것을 권한다.

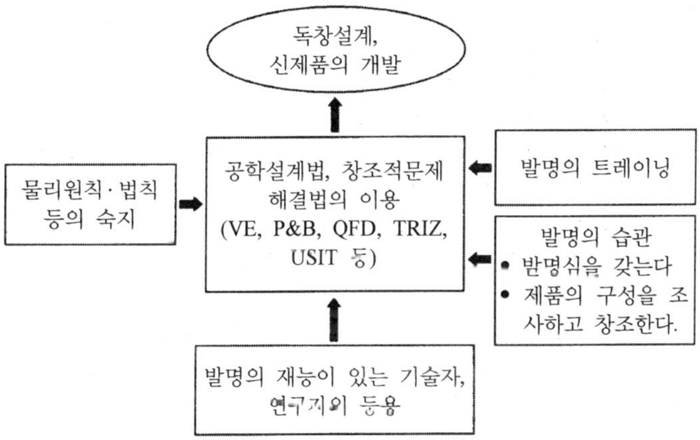

그림 1.5 〉〉 발명, 창조적 설계를 위한 framework

参고문헌

1) V. R. Fey & E. I. Rivin著, 畑村洋太郎, 実際の設計研究会編著 : TRIZ入門, 日刊工業新聞社 (1997) 14
2) G. Altshuller原著, L. Shulyak解説, 日経BP社訳編 : 超発明術TRIZシリーズ3, テクニック編「図解40の発明原理」, 日経BP社 (1999) 22, 23
3) 三菱総合研究所編, 山田郁夫監修 : 革新的技術開発の技法, 図解TRIZ, 日本実業出版社 (1999) 98
4) 平凡社編 : 平凡社大百科事典, 発明 (1985) 1215
5) 小学館編 : 小学館日本大百科事典, 発明 (1987) 845
6) V. ファンジェ著, 加藤・岡村訳 : 創造性の開発, 岩波書店 (1963) 1
7) 北郷　薫 : 設計工学基礎, 設計工学シリーズ1, 丸善 (1972) 30, 35, 37, 43, 45, 47
8) J. ヤング著, 今井茂雄訳, 竹内均解説 : アイデアのつくり方, ティビーエス・ブリタニカ (1988) 16
9) H. ポアンカレ著, 吉田洋一訳 : 科学と方法, 岩波書店 (1953) 58, 65-67
10) J. アダマール著, 伏見・尾崎訳 : 発明の心理, みすず書房 (1959) 35, 48, 52
11) 野口悠紀夫 :「超」発想法, 講談社 (2000) 28, 105
12) R. ポーター編, 市場泰男訳 : 大科学者たちの肖像, 朝日選書374 (1989) 57, 77, 117, 181, 221
13) 中島秀人 : ロバート・フック　ニュートンに消された男, 朝日選書565 (1996) 224
14) V. アーノルド著, 蟹江幸博訳 : 数理解析のパイオニアたち, シュプリンガー・フェアラーク東京 (1999) 1
15) R. ワイスバーグ著, 大浜幾久子訳 : 創造性の研究, リクルート出版 (1991)
16) 後藤尚久 : アイデアはいかに生まれるか, ブルーバックス, 講談社 (1992) 40
17) 阿部剛久 : 道元とポアンカレを結ぶもの一科学上の発見をめぐる考察, 芝浦工業大学工学部紀要 No. 11 (1976) 73-81
18) 川喜田二郎 : 発想法, 中公新書136 (1967) 65
19) J. ブロックマン著, 高橋健次訳 : 2000年間で最大の発明は何か, 草思社 (2000) 221
20) 小山田了三 : 日本人の創造力, 発想の転換とその成功例, 東京電機大学出版局 (1996) 89, 104, 120
21) 日刊工業新聞編 : モノづくり進化論, 第3巻 (1999) 30, 81, 86
22) 日刊工業新聞編 : モノづくり進化論, 第4巻 (1999) 54, 36
23) 坂村　健 : 痛快!コンピュータ学, 集英社インターナショナル (1999)
24) 宮城音弥 : 天才, 岩波書店 (1967) 103, 183
25) 市川亀久弥 : 独創的研究の方法論, 三和書房 (1960) 29, 97, 109
26) 岸本行雄 : 設計の方法, 創造的設計のアプローチ, 日科技連 (1988) 3, 25, 33
27) J. R. Dixon : Design Engineering, McGraw-Hill (1966) 24, 25, 29
28) G. Pahl & W. Beitz著, K. Wallace編 : Engineering Design, A Systematic Approach, Springer-Verlag (1977)
設計工学研究グループ訳 : 工学設計, 体系的アプローチ, 培風館 (1995) 32, 75, 120, 132
29) 梶山信是 : 発明する技術, 多元循環思考, 日本図書刊行会 (1998) 109, 137, 154
30) 淺川基男 : 創造力は教育できるか, 早稲田学生新聞2002年4月15日, 第514号

설계 지원법의 개요와 위치

CHAPTER 2

1장에서는 발명 천재의 특성, 발상법, 발명사고의 메카니즘, 「설계한다」는 것, 설계자에게 필요한 자질과 마음가짐 등 발명이나 설계에 관한 모든 요소에 대해서 설명하였다.

이 모든 것을 지원하는 framework을 제공하는 것이 지금부터 설명하려고 하는 설계 지원법이다. 따라서 이상적인 설계 지원법은 설계자에게 프로세스를 따라서 설계가 가능하도록 가이드하고 설계자에게 필요한 자질, 설계자의 마음가짐을 갖게하여 발명의 재능을 발휘할 수 있게 하는 것이어야 한다. 최근에는 「설계한다」는 행위를 가이드하거나 TRIZ와 같이 설계의 상위단계에서의 발명(또는 문제해결)을 지원하기 위한 상당히 실용적인 방법이 몇 가지 제안되어 있기 때문에 이러한 방법의 개요를 소개하고 특징과 위상을 표시한다. 또 실용적인 설계 지원법이 구비해야할 기능 등에 대해서도 설명한다.

2.1 체계적 어프로치에 의한 공학 설계법(P&B법)

구미에서 공학설계법에 관한 연구는 오래전부터 수행되어 왔으며 Pahl과 Beitz가 「체계적 어프로치에 의한 공학설계법(Engineering Design-Systematic Approach)」(이하 P&B법이라 한다)[1)]을 집대성하였다. 본 절의 내용은 대부분 문헌 1)에 의한 내용이지만 다른 자료나 저자의 의견을 부가하여 설명한다.

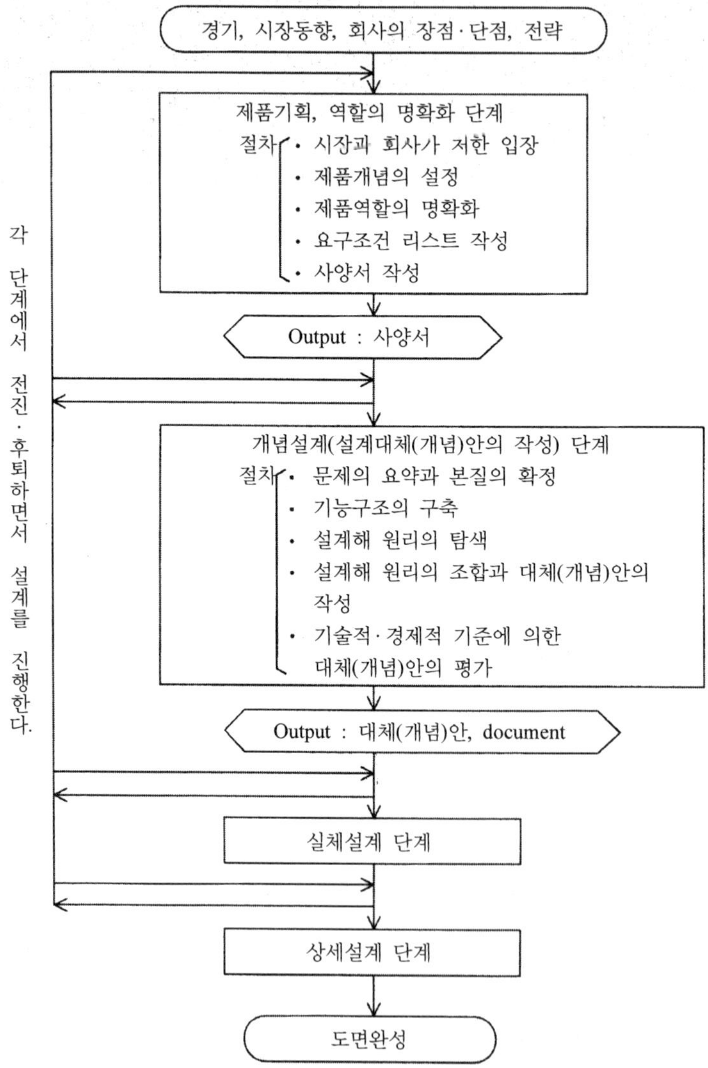

그림 2.1 〉〉 설계프로세스의 흐름[문헌 1)을 참조하였다]

(1) 기본적 개념

「기술시스템4]은 에너지, 물질, 정보 3요소 모두 또는 이 중에 어느 것을 입력하여 어떤 수단에 의하여 변환하여 다른 형태로 출력하는 장치이다」라고 표현 할 수 있다.

(2) 설계공정의 구체적 순서 입안

설계수단을 중요하게 취급하고 있다. 그림 2.1과 같이 설계프로세스를 구체적으로 단계와 절차로 분해하고 이 상태에서 무엇을 해야 할 것인지를 정의한다.

- 제품기획, 역할의 명확화 단계에서는 개발하고자 하는 기술시스템에 부여하는 역할을 명확하게 하여 사양을 결정한다.
- 「개념설계」 단계에서는 제품의 전체 기능이 수많은 하위기능(또는 부분기능이라고도 함)으로 구성되어 있다고 가정하고 우수한 대체안을 선정한다. 이를 위해서는 「문제의 설정 · 분석」, 「기능구조의 구축」, 「기능의 실현법 탐색」, 「설계대체안의 작성」, 「설계대체안의 기술적 · 경제적 평가」, 「설계대체안의 결정」의 절차를 실행한다.
- 「실체설계」 단계에서는 선택된 다수의 설계대체안을 실제 제품에 구현하기 위한 형태설계 등을 수행하고 설계해 후보를 계획도 수준까지 구체화한다. 다시 말하면 제품을 구성하고 있는 부품이나 조립품에 대하여 「어떻게 배치하면 좋을까(기하학적 배치)」, 「재료는 어떤 재료를 사용할까?」등에 대하여 검토한다.
- 「상세설계」 단계에서는 제조부문에 제조를 위탁할 수 있는 수준까지 끌어올려 대상제품에 대한 상세도, 제조 지시 문서, 조립 지시 문서 등을 결과물로 만들어낸다.

(3) 설계지원 도구(Tool)의 제공

가이드라인, 체크리스트, 원리, 규치, 수법, 양식(말하자면 도표) 등이 정비되어 있기 때문에 P&B법에 따라서 수행하면 기술계의 초심자라고 하드라도 어느 정도의 설계는 가능하다.

4] 기계시스템, 제품, 장치 등을 본 장에서는 일반적인 표현으로 「기술시스템」이라고 한다.

(4) 설계지원 시스템

TRIZ 등과 같은「발명 지원 시스템」은 아니기 때문에 기술자의 창조성을 이끌어낼 정도의 구체적인 발명 지원은 하지 않는다. 말하자면「설계 순서 지향 시스템」또는「설계 행위 지원 시스템」이다.

3장에서는 그림 2.1과 같은「제품기획, 역할의 명확화 단계」와「개념설계 단계」에 있어서 각 단계마다 설계를 실행하는 순서에 따라서 내용을 설명한다. 이 중에서 많은 지면을 할애하고 있는 것이 개념설계 단계이다.

2.2절에 대략 설명하고 있는 VE의 내용은 대부분 "체계적 어프로치에 의한 공학 설계법"과 유사하기 때문에 여기서는 깊이 다루지 않는다.

2.2 VE(가치공학)에 의한 제품설계

가치분석(Value Analysis; VA) 또는 가치공학(Value Engineering; VE)이라고 하는 방법은 Miles가 구매품의 원가절감을 목적으로 개발한 진보한 방법이다. 그는 GE사에서 이 진보된 방법에 의해 자료비를 큰 폭으로 경비 절감한 것이 사내에서 큰 화제가 되어 1954년에 미해군 선박국이 정식으로 이 방법을 도입하고 연이어 해군과 육군에서도 채용하게 되었다. 특히 국방예산의 원가저감 계획의 중심적 방법으로 이용하게 되고 구입품의 경비절감 방법으로서 민간 기업에도 널리 보급되었다.

일본에서는 VE법에 의한 개선 성과가 그대로 기업 이익으로 연결되며, 그 성과가 뛰어나다는 사실을 알았기 때문에 전기기기·수송기기·기계 등의 메이커에 1960년대에 급속하게 보급되었다. 당시에는 자재비의 원가저감이었지만 이 방법이 유효하다는 걸 인식한 이후 제품의 제조, 조립뿐만 아니라 제품기획이나 개발설계 단계로 적용범위가 넓어졌다. 여기서는 주로 개발 설계 단계에서의 VE 진행방법을 개략적으로 설명한다. 이하 문헌 2), 3)의 기본적인 순서를 참고하여 정리하여 설명한다.

(1) 대상 제품의 결정

이것은 VE의 대상제품의 결정이지만 바꾸어 말하면 개발 설계하는 신제품 그 자체이다.

(2) Team Design

VE활동에는 여러 가지 전문분야의 지식이 필요하다. 각각 다른 전문분야에서 선택된 복수의 멤버로 구성된 프로젝트 팀을 편성하고 이 팀이 중심이 되어 프로젝트 활동을 진행한다. 이것을 팀 디자인이라고 한다.

(3) 정보수집

VE활동의 각 단계에서 개발 설계하는 제품에 관련된 여러 가지 전문분야의 지식이 필요하다. 팀 활동에 필요한 정보를 원활하고 신속하게 수집할 필요가 있다. 정보는 개발설계의 각 단계에 따라서 팀 멤버가 분담하여 사내외의 정보원으로부터 합목적적으로 수집하는 것이다.

(4) 기능정의

제품을 구성하는데 있어서 필요한 기능을 원칙적으로 「명사+동사」와 같이 3장에서 설명하는 그림 3.7과 같이 간결하게 표현한다. 이것을 기능정의라고 한다. 명사는 구체적인 알루미늄, 나사 등의 물질명사(물품명을 나타내는 것)가 아니라 표 3.1과 같이 물성명사(계량 가능한 명사)를 이용하도록 하는 것이 중요하다. 이유는 기능정의에서 구체적인 물질명사를 이용하면 발상이나 아이디어가 제약을 받기 쉽고 자유로운 발상을 하기 어려워지기 때문이다.

(5) 기능체계도의 작성

기능체계도(기능계통도라고도 함)는 정의한 기능을 체계적으로 정리한 것이다. 개발 설계 단계에 있어서 기능체계도는 우선 처음에는 개발의도나 설계요구사항을 중심으로 상위의 기능을 대상으로 한 기능체계도를 작성한다. 다음은 개발설계활동이 진행되어 가면 하위의 기능이 명확해지므로 이것을 기능체계도에 추가하여 기능체계도를 완성한다. 이런 방법은 기능을 「목적과 수단」의 관계로 체계적으로 정리하는 것이다[문헌 2)의 그림 8.1 참조].

(6) 기능평가

기능체계도의 작성에 의해 기능분야가 명확하게 된다. 기능분야는 관련하는 기능의 집단이다. 기능평가는 기능분야를 평가하는 것이다. 기능평가의 주목적은 개발설계되는 신제품에 대하여 허용되어 있는 목표 경비를 각 기능분야로 배분하는 것이다. 그러므로 기능평가는 합리적이어야 하며 전략적이어야 한다.

(7) 설계안의 작성

개발의도, 설계요구사항, 기능체계도, 기능분야별 목표 경비 등에 근거하여 기능을 달성하기 위하여 아이디어를 발상한다. 아이디어를 취사선택하고 유효한 아이디어를 조합하여 복수의 설계안을 작성한다. 이때 다른 관련된 기능분야와의 유기적 결합이나 목표경비 달성가능성에 대해서도 고려할 필요가 있다.

(8) 설계안의 평가

이 평가에는 우선 설계안에 대해 기술적으로 실현가능 여부 측면에서 본 평가(기술성 평가)를 수행한다. 다음은 기술성 평가를 통과한 설계안에 대하여 목표 경비를 달성할 수 있을지 없을지 수지타산에 대한 경제성 평가를 수행한다. 이 결과를 가지고 채용 가능안을 결정한다. 채용 가능 안에 대해서는 경영전략 등의 관점도 포함하여 검토하고 최종적인 결정을 내린다.

2.3 품질기능 전개법(QFD)

“품질기능전개법”은 기존제품의 개량을 위한 구체적인 방법으로서 일본에서 개발되어 1970년대에 널리 보급되기 시작하였다. 그후 구미, 특히 미국에서 “Concurrent Engineering, CE, 협조공학”이라는 명칭으로 1980년대에 체계화된 방법이다. 당시까지 구미에서는 개발부문만으로 단독으로 모든 설계를 완료한 것을 제조부문에 제조를 지시하고 있었기 때문에 자칫하면 과대한 제조기술을 강제하게 되어 트러블 발생이나 스케줄 지연을 초래하는 경우가 많았다.

이에 대한 반성의 의미로 품질기능전개법을 CE라고 하여 체계화된 방법을 West Virginia 대학의 CERC(Concurrent Engineering Research Center)가 중심이 되어 미국내의 기업으로 보급하는 활동이 활발하게 되었다. 최근 화제가 되고 있는 다임러 클라이슬러(Daimler Chrysler)사제품인 콤팩트카 "Neon"은 CE에 따라서 설계되었다고 한다. 1980년대부터 일본에서는 "품질기능전개법"의 명칭으로 품질관리학회나 일본과학기술연맹의 지도하에서 독자적으로 발전하고 있다. 여기서는 이 방법을 간단하게 CE라고 부르기로 하고 특징이나 키가 되는 방법을 설명한다.

(1) CE의 정의

미국 IDA(Institute for Defense Analysis)의 보고서 R-338「Concurrent Engineering이란 제품과 이에 관계가 있는 제조나 지원을 포함하는 모든 프로세스에 대하여 협조하여 설계를 수행하고자 하는 체계적인 어프로치이다. 이 어프로치는 개발 초기부터 품질, 경비, 스케줄, 고객의 요구를 포함한 제품 긴셉의 기획부터 폐기에 이르기까지의 제품 라이프 사이클에 있어서의 모든 factor를 고려하여 반영한 것이다.」고 정의하고 있다.[8] 말하자면 CE는 제품 라이프 사이클의 모든 factor를 고려한 제품개발환경을 제공하는 방법이다.

또 CE는 다음과 같이 표현할 수 있다. market share의 확대를 목적으로「고객의 니드 요구와 희망사항을 최대한 수용하여 설계에 반영하고 "부문 간의 벽을 허문다"고 하는 관점에서 제품개발의 초기단계부터 관련된 부문을 결집하여 프로젝트 팀을 편성한다. 또 회사내외의 communication의 원활화를 시도하고 참가자 전원의 경험, 지식, know-how를 동원하여 제품개발 계획, 설계, 제조, 검사, maintenance 등의 제품 라이프 사이클에 걸친 품질의 향상, 수정횟수의 저감, 더 나가서 스케줄의 단축, 비용절감을 시도하는 기술」이다.

(2) CE의 특징

1) 팀 플레이의 중시

프로젝트 매니지먼트 팀(Project Management Team, PMT)을 편성하고 프로젝트를 1원화하여 관리하고 관련부문간의 장벽을 제거하고 communication의 원활화를 시도하면서

타 부문과 협조하여 작업을 진행한다. 과거의 water fall 형의 제품개발의 흐름에 비하여 스케줄이 큰 폭으로 줄어든다.

2) 고객의 요구사항을 최대한 수용하여 설계에 반영한다.

이 작업은 품질기능전개표(Quality Function Deployment, QFD)를 이용하여 체계적으로 수행한다.

3) 정보의 체계적인 수집

PMT를 중심으로 프로젝트에 참가하는 부문, 관계하는 회사 밖의 정보를 끊임없이 수집한다.

4) 설계의 초기단계에서 설계안을 확정한다.

PMT와 관련부문과의 철저한 팀 플레이에 의해 당초의 설계안의 개량・수정을 수행하여 설계안을 확정한다. 그 결과 공정 수가 줄고, 품질향상과 스케줄을 단축할 수 있다.

5) 지식·노하우·경험의 공유

팀 플레이에 의해 프로젝트를 수행함으로서 CE 그 자체를 경험하고 이해하는 것만이 아니고 프로젝트 그 자체의 지식・노하우・경험을 공유하게 됨으로 차기 CE활동을 원활하게 진행할 수 있다.

(3) 품질기능전개(Quality Function Deployment, QFD)

이 방법은 VE와 마찬가지로 기존제품의 개량을 목적으로 체계적으로 진행하는 방법이지만, VE에 비하여 매우 구조화되어 있다. 제품개량에 고객의 요구・희망(요구품질이라고 하는 market in의 사고방식)을 중시하고 이 목적을 실현하는 수단의 체계인 직접 품질특성(기술특성이라고도 한다)을 고려하여 양자의 관련을 매트릭스로 표현하여 목적에서 수단으로 전개해 간다. 특히 동일한 매트릭스를 이용하여 제품을 구성하는 unit 부품이나 기구의 선택, 비용평가, 신뢰성 평가같은 양상으로 설계, 제조, 조립으로 차례차례로 품질기능 전개표 같은 것을 이용하여 제조프로세스를 따라서 전개해 간다.

이 방법에서는 "고객의 요구나 희망을 확실하게 실현한 제품을 품질이 높은 제품"이라고 정의하고 있으며 실현 정도가 품질의 수준이라고 정의되고 있다. 이러한 요구나 희망은 다른 설계법과 마찬가지로 "명사+동사"나 "형용사+명사" 등의 형식으로 표현된다.

설계단계에서의 품질기능전개는 "품질설계"라고 하며 고객의 "구어체"식으로 표현된 니드를 기술용어로 변환하여 사양을 결정하기까지의 품질표를 이용하여 수행하는 체계적인 구조이며 기존제품의 개량설계에 최적이다. 이에 대해서는 5장에서 자세하게 설명한다.

2.4 TRIZ(문제의 발명적 해결 이론)

이상과 같은 3가지 방법은 서구를 중심으로 발달해온 방법이며 서로 영향을 받고 있기 때문에 비슷한 부분이 많다. 그러나 1997년 경 일본에서 주목을 받은 TRIZ라는 방법은 구 소련에서 50년 전부터 Genrich Altshuller가 중심이 되어 독자적으로 발달되어온 방법이며 앞에서 설명한 3가지 방법에 비하여 여러 가지 점에서 상이한 부분이 있다.

Altshuller는 많은 수의 특허를 조사한 결과 문제해결 방법(다시 말하면 발명의 방법)에 어떤 패턴이 있다는 것을 발견하고 「특허내용을 분석하여 체계화한 방법을 정비하고 이것을 이용함으로서 문제를 창조적으로 해결할 수 있는 힘(창조력)을 기를 수 있다.」는 관점에서 특허를 조사·분석하여 여기에서 귀납적으로 추출한 6장의 그림 6.1에 나타내는 발명원리, 도구, 방법으로 구성된 이론체계가 TRIZ이다. 따라서 TRIZ는 발명이나 설계의 최상위에 무게를 두고 있으며 상당히 구체적이면서 총망라적인 방법인 것이 특징이다.

최근에는 Altshuller가 중심이 되어 개발한 시대(1985년 경까지)의 TRIZ를 Classical(다시 말하면 고전판)TRIZ라고 부르고 있다. 당시에 Altshuller는 초등학생부터 기술자까지 폭넓은 연령층을 대상으로 강습회를 열고 흑판과 분필을 이용하여 TRIZ의 보급에 정열을 쏟았다.

냉전이 끝난 1970년경 서구에 공개된 이후 TRIZ는 주로 미국에서 독자적으로 개량되어 다양한 진화를 거듭하였다. 수년전부터 미국의 소프트 회사 Invention Machine사와 International Ideation사는 TRIZ를 더욱 진화시켜 "발명과 제품개발"을 지원하는 PC용 TRIZ 소프트웨어를 판매하고 있다. 이것을 현대판(contemporary) TRIZ라고 하여 구분하고 있다.

근래에는 미국뿐만 아니라 한국과 일본[5]에서도 TRIZ관련 서적이 다수 출판되고 있으므로 TRIZ를 이해하는데 많은 참고가 될 것이다[6장 참고문헌 1)~7) 참고].

여기서는 Altshuller가 중심이 되어 개발한 시대의 고전판 TRIZ에 대해 설명한다(그림 6.1 참조). 6장에서는 주로 고전판 TRIZ에 대해서 설명한다.

(1) 기술 시스템 진화의 법칙

기술시스템은 수많은 법칙에 의해서 진화하고 있으며 이러한 법칙을 적용함으로서 창조 프로세스를 지원하는 것이 가능하다고 보는 사고방식이다.

(2) 물질 - 장(場)분석

기술시스템에 있어서 구성요소와 요소들 간의 상호작용을 기호로 표현하는 모델화 기술이며 많은 전형적인 패턴이 준비되어 있다.

(3) 발명 문제에 대한 표준적 방법의 체계(표준해)

"물질 - 장 분석"과 「수많은 기술분야의 공학적 문제는 일반적인 방법으로 창조적으로 해결할 수 있다.」는 사고방식으로부터 도출되고 있다.

(4) 발명원리

발명 아이디어를 촉진하는 40가지 원리로서 이 원리를 힌트로 하여 구체적 아이디어를 창조할 수 있다.

5] 1. 알기쉬운 트리즈 Rantanen . Domb 저, 김병재 외 역 서울 인터비전
2. 무엇을 만들어야 하는가 김익철 서울 인터비전
3. Triz는 창의성의 과학이다. Genrich Altshuller 저, 박성균 역 서울 인터비전
4. Triz 창의공학의 길잡이 Victor Fey, Eugene Rivin 저, 박성균 역 서울 인터비전
5. 비즈니스 트리즈 한국트리즈협회 저 서울 트리즈협회
6. 창의성의 또다른 이름 트리즈 김효준 저 서울 트리즈협회

(5) 시스템 대립 해소의 전형적 방법(TOSC)

TOSC란 Typical Techniques for Overcoming System Conflicts의 약자로서 실제 기술시스템에 있어서의 각 특성간의 대립을 해소하는 방법을 말한다. 여기서는 「대립해소 매트릭스」와 「발명원리」를 병용한다.

(6) 목적 – 작용, 원리의 역 유도사전

예를 들면 목적 「액체를 움직이게 한다」로부터 후술하는 「지식 베이스」를 검색하여 다수의 물리작용이나 원리 등으로부터 이 목적에 적합한 예를 들면 「초음파」등을 선택하는 방식이다.

이 사전은 역 유도사전이라고 해야 하는 것으로서 물리적 및 화학적 작용이나 원리, 기하학적 효과에 관한 일종의 지식 베이스로서 이것을 이용함으로서 문제 해결이 쉽게 된다.

(7) 발명 문제 해결 알고리즘(ARIZ)

문제를 정의하여 모델화하고 문제점을 축소하여 이상해와의 갭이 작은 현실해를 도출하는 알고리즘으로서 본 방법의 중간 정도의 핵심적인 방법이다.

사용자는 TRIZ의 이러한 부품을 유기적으로 이용함으로서 문제를 해결할 수 있다.

2.5 USIT법 - 간이 TRIZ

TRIZ는 고도의 문제 해결법이지만 복잡하다는 이유로 인하여 1980년대 초에 TRIZ 전문가 필코프스키가 이스라엘에서 기업용의 체계적인 발명 사고법(Systematic Inventive Thinking, SIT)라고 하는 간이형 TRIZ를 고안하였다. 또 Ford사의 Sickafus가 이것을 대폭 개량하여 통합적 구조화 발명 사고법(Unified Structured Inventive Thinking, USIT)이라고 이름을 붙여 회사 내에 실천·보급하였다.

냉전 후에 TRIZ를 알게 된 서방측 여러 국가들에게 TRIZ는 깊이와 넓이를 가진 놀랄 수 밖에 없는 체계였다. 구소련에서 이주해온 TRIZ 전문가들과 같은 능력을 습득하면 기술혁신이 훨씬 빠르고 고도화 될 것으로 기대하였다.

그러나 미국에서의 10년 정도 동안(일본에서는 5년 정도)의 TRIZ 보급 활동은 반드시 순조로운 것은 아니었다. TRIZ의 지식베이스가 PC상에서 작동이 가능하게 되고 다수의 컨설턴트 기업이 활동하고 있지만 기업으로의 침투는 쉽지 않았다. 이유는 TRIZ의 지식 체계나 방법의 내용이 일상적인 연구개발 활동에 바쁜 기업의 기술자들에게 있어서는 신속하게 습득하기에는 너무 방대한 규모였다.

서사는 7장에서 TRIZ를 학습하는데 USIT법의 우수성을 인식하고 1999년 3월에 Sickafus의 USIT법의 제 1회 사외용 연수세미나를 수강하였다. 그 후 이 연수에서 실제로 저자 자신이 적용한 사례 2건을 발표하고 이후 USIT법의 연구와 보급을 계속하고 있다. 특히 일본에서 USIT법의 세미나를 지도하고 참가자가 가지고 오는 실제문제의 USIT법에 의한 문제해결을 수행하고 있다. 저자가 편집하는 WWW사이트「TRIZ 홈페이지」[6]가 USIT법과 TRIZ에 대해서 최신정보를 제공하고 있다. USIT법을 독립된 기법으로 취급하는 것이 아니라 TRIZ의 간이화 프로세스로서 TRIZ와 병행하여 학습하고 실천하는 것이 가장 생산성이 높다.

USIT법의 특징은 다음과 같이 정리할 수 있다.

(1) 기술시스템(또는 기술) 개발의 초기단계(특히 임의의 기술적 문제해결의 초기단계)인「컨셉 생성 과정」에 특화한 방법이다.

(2) 실제문제에 적용하여 복수의 컨셉을 신속하게 생성하는 것을 지향한다. Altshuller가 고도의 문제해결을 목적으로「발명한다」방법을 목표로 한 것과는 다르다. USIT법은 기업용의 실제문제를 창조적으로 해결하는 것이 목표이며 큰 발명은 이 중에서 자연적으로 나오게 된다고 생각한다(편집자: TRIZ가 정의하는 수준 #1～#4(표 6.1 참조) 정도를 생각하고 있다).

(3) 방법의 적용에 명확한 프로세스가 있다. 방법 전체는「문제정의」,「문제 분석」,「해결책 생성」의 3단계로 구성되어 있다(그림 7.1 USIT법의 flow chart 참조).

(4) 시스템을 기술하는데「대상」,「속성」,「기능」의 개념을 이용하여 명확하게 정의하고 있다.

6] http://www.osaka-gu.ac.jp/php/nakagawa/TRIZ/. 이 홈페이지에 관한 자료는 7장의 참고문헌에 정리되어 있다.

(5) 개별 방법은 단순화되어 있으며 가이드라인이 명시되어 있다. 예를 들면 해결책 생성법은 5종 뿐이며 대상(object), 속성, 기능의 개념에 대응하고 있다.

(6) 지식 베이스나 소프트웨어 도구를 전혀 사용하지 않는다. 기술자가 쉽게 학습하고 기억할 수 있는 방법이며 그룹으로 문제해결에 사용하는데 적합하다(개인이나 그룹의 지식이나 know-how를 넘어 문제해결을 추구하는 TRIZ의 장점은 별도의 시간에 보완하는 것이 좋다.).

(7) 기술의 상세, 수치, 도면, 사양, 비용, 납기 등은 이 단계에서는 고려하지 않는다. 가능하면 자유롭게 생각할 수 있도록 하기위해서이다. 컨셉 생성 후의 기술적 검토·비지니스적 검토 단계에서 이러한 요소를 고려하여 적절한 선택을 수행한 다음 수정한다.

(8) 개인으로도 적용이 가능하지만 그룹으로 적용하는 것이 좋다. 실지의 기술문제 담당자, 기술 그룹의 멤버, USIT법의 적용을 지도할 수 있는 자로서 여러명의 그룹을 조직하여 문제해결을 시도하면 좋다(그룹에 의한 문제해결을 적극적으로 추천하지 않는 TRIZ와는 이 점이 다르다).

TRIZ는 구조화된 아주 강력한 문제해결법이기는 하지만 복잡하고 여러 갈레로 나누어지기 때문에 내용을 학습하고 기억하는 것이 곤란하다. 또 TRIZ소프트웨어를 이용하면 여기에 빠지게 되어 자유로운 창조적인 사고로 발전할 수 없는 단점이 있다. 이것이 USIT를 고안한 이유이다. 그러나 이후로는 USIT법에 의한 문제해결 프로세스와 TRIZ의 소프트웨어도 도구화된 지식 베이스를 융합한 방법이 전개되어 갈 것으로 전망된다.

2.6 품질공학(다구찌법)

실험계획법은 "실험에 의한 기술정보의 취득효율을 높이기 위한 공통기술"이라고 할 수 있다. 그러나 실험계획법은 과학적 방법이지 기술적 방법은 아니다. 과거에 생물학·농사시험장에서 주로 이용되어온 실험계획법을 1950년대초부터 검토를 거듭하여 한계를 넘어서 기술문제에도 적용이 가능하도록 변혁한 것이다. 중심에는 Taguchi박사가 있기 때문에 "다구찌법" 또는 "로버스트 설계(안정 설계)"라고도 한다. 일본이나 미국의 산업계에서 급속도로 보급되고 있다.

한 가지 예를 들어 다구찌법을 설명해 보자. 「1953년 I사에서는 터널가마에서 타일을 구우면 가마내에 타일의 위치에 따라 구운 후의 타일의 치수가 달라진다」는 문제가 있었다. Taguchi 박사는 출력 (목적특성: 타일의 치수 차이, 다시 말하면 산포도)에 영향을 미치는 요인(제어 인자: 점토의 종류, 원석과 장석의 종류와 량, …)에 주목하여 타일의 소결장소의 상호작용(양자의 조합 효과)를 구하지 않고 타일의 성분 조건을 바꾸는 것만으로 상호작용에 의미를 주는 요인에 대해서 치수차이가 작은 조건을 구하였다.

이 사례에 대해서 Taguchi 박사는 타일 치수 자체를 대상으로 하기보다는 치수의 산포성을 출력으로 생각한 것, 직교표를 이용한 것, 소결장소를 노이즈 인자, 타일의 조합조건을 제어 인자라고 하고 상호작용의 크기를 나타내는데 S/N 비라고 하는 개념을 이용하고 있다. Taguchi 박사의 공적은 다음과 같은 것이 있다.

1) 과거의 개념설계에서 상세설계로 가는 사고방식을 바꾸어 그 중간 과정에 파리미터 설계과정을 두어 우선은 노이즈의 영향을 작게 하여 목표치는 나중에 조정하는 사고방식으로서 설계 개념을 바꾼 것.
2) S/N 비(기능성의 평가), 직교표(기술의 우선 순위 점검), 손실함수(경제적 최적화)라고 하고 3점 세트를 설치한 것(이 부분만을 다구찌법이라고 하는 경우도 있음).
3) 기술의 역할을 사회적 자유 총합의 확대를 목적으로 한 것.
4) 다원적 공간의 패턴 인식에 대해서 MT(마하라노비스 · 다구찌)시스템이라는 방법을 제안한 것.

2.7 설계지원법이 구비해야할 기능

2.7.1 각 방법에 공통인 사항

품질공학(다구찌법)을 제외하고 본서에서 취급하고 있는 방법(P&B법, VE, CE, TRIZ, USIT)을 비교해보자.

(1) 설계지향과 문제해결 지향

TRIZ와 USIT는 아이디어의 발상을 도와줌으로서 문제해결 지원을 하며, P&B법, VE, CE는 설계지원에 중점을 두고 있다. P&B법과 VE는 전자는 유럽에서, 후자는 미국에서 발달한 것이지만 매우 유사한 설계법이다. CE는 고객 니드에 중점을 두는 설계법이며 P&B법, VE와는 다르다.

(2) 집단에 의한 문제해결과 설계

P&B법, VE, CE는 명시적으로 프로젝트를 편성하여 그룹으로 문제를 해결하여 설계하는 것을 추천하고 있다. 그룹으로 아이디어 발상, 문제해결, 설계를 위한 브레인 스토밍, 635 method, 시네틱스(창조공학) 등을 이용한다(부록 A 참조). 한편 TRIZ에서는 특히 그룹에 의한 문제해결을 권하고 있지 않다. USIT는 TRIZ의 사고방법을 간략화 한 것이지만 그룹에서의 문제해결을 전제로 하고 있다.

(3) 기능지향형

어느 방법이나 어느 단계에서는 "기능의 정의"를 한다. 기능의 표현은 「명사+동사」로 간결하게 표현한다. P&B, VE, TRIZ, USIT에서는 각각 방법은 다르지만 계통적으로 기능을 정의한다. P&B에서는 기술시스템을 에너지, 물질, 정보의 변환장치라고 취급하며 이 3요소의 흐름을 기능구조도로 표현한다. VE에서는 상위에 "목적"을 두고, 하위에 목적 달성을 위한 "수단"을 두는 것을 반복하여 연결고리로 표현하는 기능계통도에 의해 기능을 표현한다. CE에서도 고객의 니드를 「명사+동사」로 표현하고 이에 대응한 기술대책을 "품질기능전개도"에 기입하여 문제점을 분명하게 한다. TRIZ에서는 대상 문제를 "물질 - 장"의 그림으로 표현하고 구성요소간의 "좋아지는 작용"과 "나빠지는 작용"의 작용도를 그려서 이것을 각종 표준 문제에 적용하여 문제점을 찾아낸다. USIT에서는 폐세계 다이아그램이 기능분석도이다.

(4) 순서에 따른 설계

P&B, VE, CE는 설계순서를 중요시하며 제안된 순서에 따라서 설계하면 최소한의 설

계가 수행되는 구조이다. 지원을 위한 도구, 가이드라인, 양식 등을 제공한다. TRIZ에서는 문제해결에 ARIZ라고 하는 문제해결 알고리즘을 제안하고 있으나 복잡하다. USIT는 문제해결의 모든 프로세스를 명쾌하게 플로차트(그림 7.1 참조)로 나타낸다.

(5) 아이디어 발상의 구조

TRIZ와 USIT는 설계의 최상위에서의 문제해결을 중요시하며 구체적으로 아이디어 발상을 지원하는 도구, 원리 등이 준비되어 있다(TRIZ에 대해서는 부록 B 참조). 다른 방법은 체크리스트나 개인 또는 집단에 의한 발상 지원법을 이용할 것을 추천하고 있다(부록 A 참조).

(6) 체계적인 사양의 결정

설계작업의 최초의 단계에서 개발하고자 하는 대상 제품의 사양을 결정한다. 고객의 요구정보로부터 사양의 개개의 항목을 이끌어내는 구조를 제공하는 것이 CE이다. 특히 CE에서는 기존의 제품의 개량에 고객의 요구·희망·클레임(claim)을 충실하게 사양에 반영하는 "품질기능전개(QFD)" 구조는 우수하다고 할 수 있다. P&B나 VE에서는 사양 결정을 위한 체크리스트와 양식이 준비되어 있다.

(7) 개념설계 단계에서의 기술적·경제적 평가에 근거한 개념설계안의 결정

P&B, VE, CE, USIT에서는 개념설계 단계의 마지막에 복수개의 개념설계안을 얻을 수 있으며 이 안에 대하여 기능이나 성능, 또는 하위기능의 실현성 관점에서 기술적으로 평가하고, 비용의 관점에서 경제적으로 평가한다.

2.7.2 우수한 설계지원법

설계를 지원하는 우수한 방법으로서 구비해야할 기능은 다음과 같다.

(1) 집단으로 설계할 수 있는 framework이 준비되어 있다.

(2) 아이디어를 유발하는 것일 것. 여기에는 하위기능을 추상적으로 「명사+동사」의 형

태로 표현한다.

(3) 설계자 개인의 지식이나 노하우를 넘어 넓게 다른 지식이나 노하우를 동원할 수 있는 것일 것. 여기에는 2가지가 있으며 하나는 가이드라인, 룰, 설계원리 등에 대한 설계법의 지식이며, 다른 하나는 기계장치라고 하면 물리작용 등 메카니즘, 재료 등에 관한 지식이다.

(4) 깜빡하여 놓치는 일이 없도록 최대한 빠짐이 없는 설계가 가능한 형식이나 방법을 제공하는 것일 것.

(5) 제안된 순서에 따라서 설계하면 초심자라도 어느 정도의 설계가 가능한 체계적인 방법일 것.

2.7.3 설계지원법은 어디까지나 설계가이드법

어느 지원법이나 획기적 발명은「새로운 현상이나 원리의 발견이나 발명에 입각한 시드 지향이다」이므로「이 발명을 탐색하여 설계해를 찾아내다」를 지원한다는 것은 사실상 거의 불가능하다. 한편 축적적 발명은「원리 등을 알고 있어서 대부분은 그 시대의 일반적인 사회적 요구에 부응하는 니드 지향의 발명이다」로부터 목적이나 기능・용도가 처음부터 명확하기 때문에 일반적으로 말해 지금까지 설명해온 설계지원법과 문제해결법을 적용하는 것이 가능하다.

축적적 발명을 이용하여 개발하는 신제품개발에는 크게 나누어 다음과 같은 것들이 있다.

(1) 초전도, 초임계유체, 화학, 광통신, 액정 등 새롭게 발견이나 발명된(이미 알고 있다) 현상이나 물리, 화학, 생물현상이나 작용을 이용하는 신제품개발(TRIZ의 발명수준 #4, 표 6.1 참조)

(2) 어떤 특정한 목적을 갖는 기능에 이미 알고 있는 물리적 현상 등을 새롭게 이용하여 부가가치를 부여하고 기존제품보다 성능이 우수한 신제품개발(발명 수준 #3, 표 6.1 참조)

(3) 새롭게 개발된 재료나 조립부품을 기존제품에 일부 적용하여 보다 성능이 개선된 신제품개발(발명수준 #3, 4, 표 6.1 참조)

(1)은 완전히 새로운 제품이므로 새로운(알고 있는)현상을 응용하는 것이 확정되어 있고 물리현상 등을 기묘하게 발생하게 하거나 이용하는 것이 주안점이다. 따라서 연구개발 요소가 극복해야할 어려운 과제가 수도 없이 존재하며 앞에서 설명한 지원법이 도움이 된다. (2), (3)에서 중요한 것은 목적에 가장 적합한 물리현상 등을 어떻게 하면 잘 선택할 것인가 하는 것이 중요하다. 여기서 「여기에 지원법이 도움이 될까?」에 대하여 생각해 보자.

전기회로의 차단에는 납합금제의 퓨즈(fuse)나 차단기(no fuse braker)가 이용된다. 전자는 과전류가 흐르면 퓨즈가 온도가 상승하여 녹아버림으로서 회로를 차단한다. 후자는 과전류가 흐르면 자력이 증가하여 스프링의 힘으로 누르고 있는 접점이 이탈하여 차단한다. 이에 대하여 한 업체에서 「영구 퓨즈」라고 부르는 신제품을 개발하였다. 이 신제품은 「상온에서 전기양도체인 액체가 과전류에 의해서 기화하여 이 가스가 전기절연체이면 회로를 열고, 정격 전류가 되면 가스가 다시 액화하여 회로를 닫는 작용을 하는」원리를 이용하고 있다.

눈이 많이 오는 추운지역에서는 송전선에 눈이 쌓여 단선의 원인이 되고 있다. 그래서 「큐리온도가 0도 근방인 자성체로 된 링을 송전선에 걸쳐 놓는다」와 같은 발명이 이루어졌다. 이것은 「기온이 큐리온도까지 내려가면 링이 상자성체에서 강자성체로 변태하여 열을 발생하여 눈을 녹인다」는 원리를 이용하고 있다.

TRIZ에서는 아이디어를 유발할 수 있도록 effect로서 「기화, 액화, 증발, 응고, 팽창, …, 강자성체, 상자성체, 큐리온도, …, 초음파, 토플러 효과, …」등의 물리작용을 힌트로 사용자에게 제시하게 되어 있지만 문제점 자체에 대한 구체적인 해를 제시해 주지는 않는다. 일반적인 물리작용의 제시와 구체적인 해결안의 발명 사이에 큰 간격이 있다. 이 간격을 매운다. 다시 말하면 「추상해(귀납해)에서 구체적인 해를 추출(연역)한다」는 것은 기술자의 경험·노하우·훈련이나 발명에 대한 적극적인 의욕이 필요하다. 그런 뜻에서 앞에서 열거한 지원법은 지향하는 바도 다르며, 문제해결을 가이드하는 것에 지나지 않으며, 문제해결에 "왕도"가 없음을 나타내고 있다.

그러나 기존제품의 부분이 「어떤 물리, 화학, 생물원리를 이용하고 있는가?」하는 "발명심"을 평소에 가지고 있을 것, 지원법을 숙지하고 사용방법을 익혀두는 것은 매우 중요하다.

참고문헌

1) G. Pahl & W. Beitz著, K. Wallace編, Engineering Design, A Systematic Approach, Springer-Verlag (1977)
工学設計研究グループ訳：体系的アプローチによる工学設計, 培風館 (1995)

2) 田中雅康：VE (バリュー・エンジニアリング, 価値分析), 考え方と具体的な進め方, マネジメント社 (1985)

3) 田中雅康：原価企画の理論と実践, 中央経済社 (1995)

4) 水野　滋・赤尾洋二編：品質機能展開, 全社的品質管理展開, 日科技連 (1990)

5) 赤尾洋二：品質管理入門, 日科技連 (1990)

6) 赤尾洋二：品質展開法, 日科技連 (1990)

7) 川面恵司他：エンジニアリング・ワークベンチの考え方, (27) (28) (29), 機械の研究, **44** (1992)

8) D. カーター　&　B. ベーカー著, 末次逸夫・大久保浩監訳, メンターグラフィックスジャパン訳：コンカレント・エンジニアリング, 顧客ニーズ対応の製品開発, 日本能率協会マネジメントセンター (1992) 14

9) V. Fey & E. Rivin著, 畑村洋太郎, 実際の設計研究会編著：TRIZ入門, 日刊工業新聞社 (1997) 12, 25

10) 日経BP社編：超発明術TRIZシリーズ3, テクニック編「図解40の発明原理」, 日経BP社 (1999) 22

11) 三菱総合研究所編：革新的技術開発の方法, 図解TRIZ, 日本実業出版社 (1999) 8

12) 中川　徹：創造的な問題解決の方法「TRIZ」を知ろう！, http://www.osaka-gu.ac.jp/php/nakagawa/TRIZ/Intro990901/Introduction990901.html

13) 中川　徹：やさしいUSITを使ってTRIZのエッセンスを訓練・適用した経験, TRIZ Con. 2002：Altshuller Institute, 第4回TRIZ国際会議, セントルイス, 2002年4月30日-5月2日 (英文)：和訳：TRIZホームページ (2002-1)

14) 中川　徹：USIT—簡易化TRIZによる創造的問題解決プロセス, 日本設計工学会誌 Vol. 35 No. 4 (2000)

15) 田口玄一：タグチメソッド, わが発想法, 株式会社経済界 (1999)

체계적 어프로치에 의한 공학설계법

CHAPTER 3

여기서는 설계의 상위단계인 「제품기획과 역할의 명확화」, 「개념설계」의 단계에 대해서 소개한다. 자세한 것은 문헌 1)의 2~5장을 참조하기 바란다.

3.1 제품기획과 역할의 명확화 단계

3.1.1 제품기획과 역할의 명확화 절차

제품 개발의 착수 방법으로 먼저 대상으로 하고 있는 제품의 위상, 부여하고자 하는 역할을 명확하게 한다. 이 절차에서는 다음과 같이 Q&A 형식으로 정보수집과 검토를 진행하면 좋다.

(1) 개발 대상인 제품은

① 무슨 문제에 관한 것인가?
② 명시되어 있지 않은 희망사항이나 기대는 있는가?
③ 설정되어 있는 제약조건이 실제로 존재하는가?

④ 개발을 위해서는 어떠한 방법이 있는가?

(2) 또 요구되는 설계의 해는

① 어떤 목적의 달성이 기대되는가?
② 어떤 특징을 가져야 하는가?
③ 어떤 특성을 가지면 안되는가?

(3) 특히 다음과 같은 질문에 대해서는

① 새로 개발하는 이유는 무엇인가?
② 새로운 기술이 이용되고 있는가?
③ 타 회사의 경합제품과 비교하여 특징은 있는가? 경쟁력은 있는가?
④ 과거의 제품에 비하여 진보하고 있는가? 가격은 어느 정도인가?
⑤ 과거 당사 제품의 제조 및 사용상의 문제에 대한 대책은 반영되어 있는가?
⑥ 본 설계에 관한 특허, 실용신안의 상황을 확인했는가?
⑦ 시작품에 대한 확인사항, 해석 · 시험의 내용과 그 결과를 본 설계에 피드백하고 있는 상황은 어떠한가?
⑧ 제조상의 문제점은 없는가?
⑨ 판매 시기는 언제로 할 것인가? 이에 대한 일정은 어떠한가?
⑩ 제조량은 어느 정도인가? 여기에 합당한 계획인가?
⑪ 중량의 견적은 적당한가?
⑫ 판매 가격은 적절한가?

이런 사항들을 위해서 국내외의 경제상황과 시장, 회사의 현재 상황, 경쟁회사에 대한 자사의 기술수준, 관련된 특허나 실용신안, 국내외의 규제, 경쟁회사의 장래 계획, 개발하고자 하는 제품의 장래성, 고객의 요구 · 희망에 응답할 수 있는 아이디어 개발 등을 조사한다.

3.1.2 사양의 결정 절차

이 단계에서 명확하게 되어 있는 내용을 사양으로 정리한다.

(1) 내용

사양서는 다음과 같이 작성 한다.

① 각 항목에 대응하는 요구나 희망인지를 명확하게 구분한다.
요구는 실현해야하는 기능·성능이며 희망은 비용 등의 제약조건 내에서 마무리할 수 있다면 실현해도 좋은 기능·성능이다.

② 가능하면 정량적으로 기술한다. 설계가 하위로 진행하여 구체화할 때까지 정량화할 수 없는 경우가 많다. 이 경우는 정성적으로 기술해 두고 가능하게 되었을 때 정량화 한다.

- 정량적 요구·희망: 최대중량, 출력, 성능 등의 수나 크기에 관한 데이터
- 정성적 요구·희망: 방수성, 내부식성, 내충격성 등과 같은 항복

③ 정량적 데이터는 예를 들면 출력은 ○○kW, 길이는 ××mm와 같이 구체적으로 기술한다. 정량적 데이터는 수치로 범위를 지정해야 한다.

④ 제안 내용이 명확하지 않은 경우에는 요구나 희망의 출처를 기록해 둔다. 이렇게 함으로서 문제가 발생하였을 때 제안 동기, 클레임 등의 내용을 확인할 수 있다.

⑤ 설계의 의도, 순서, 유의점 등 특별히 지시해 두고 싶은 사항이 있으면 모아서 기술해 둔다.

⑥ 반대 의견이나 수정안을 검토하고 필요하면 사양서에 기입해 둔다.

(2) 형식

요구와 희망사항은 사양서의 형식으로 정리해 간다. 그림 3.1은 사양서의 레이아웃 예이다. 이것은 다음과 같은 사항이 포함되도록 작성할 필요가 있다.

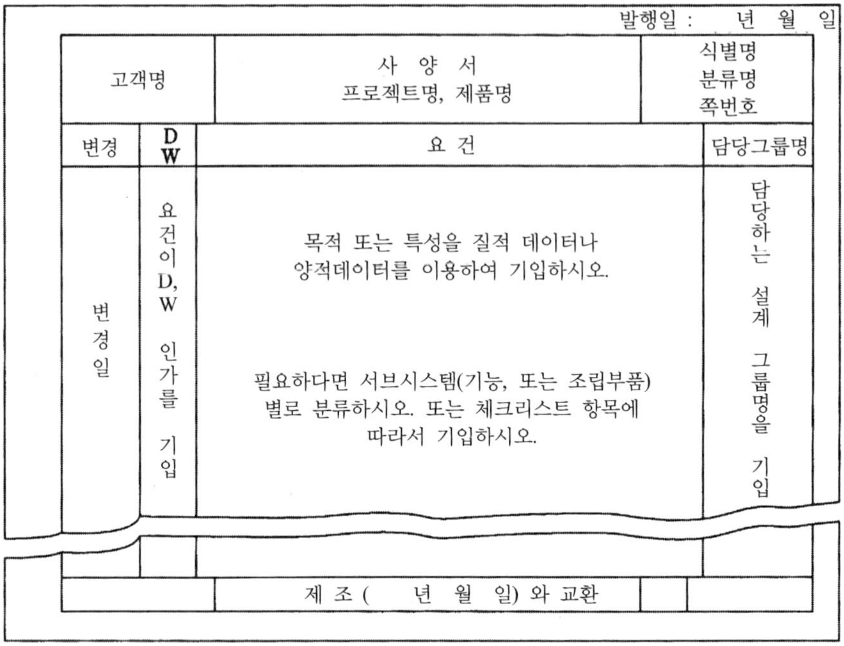

주) D : 요구, W : 희망

그림 3.1 〉〉 사양서의 레이아웃[1)]

① 설계회의를 할 때마다 사양을 재검토하여 수정·추가할 사항이 있으면 추가한다. 따라서 사양서에는 일연번호를 기입하고 날짜도 기록해둔다.

② 대형 기술시스템에서는 관련부서가 여러 갈레로 나누어지기 때문에 서브시스템(기능 또는 조립품)마다 내용을 나누어 담당부서도 함께 기록해 둔다. 승용차를 예로 들면 사양서의 대항목은 엔진, 트랜스 밋숀, 보디 등과 같이 분류하면 된다.

③ 사양서 작성책임자는 프로젝트 리더이다.

④ 최신 버젼의 사양서는 관련된 부서(관리, 판매, 원가계산, 연구개발 등을 담당하는 부서)에 배포한다.

⑤ 프로젝트가 진행되어감에 따라서 초기 사양에서 순차적으로 수행한 설계내용의 변경 등을 기술하고 추가할 수 있게 한다. 이렇게 함으로서 사양서는 개발상황을 반영하게 된다.

(3) 요건의 열거

1) 요건의 정리

표 3.1과 같이 체크리스트의 항목, 다시 말하면 1) 물성적 요소(형상 · 치수, 운동, 힘, …), 2) 기계적 요소(효율, 안전성, …), …, 6) 생산적 요소(작업성, 인간공학적배려, 원재료, …) 등 7개 항목에 따라서 사양을 작성한다. 문헌 1)의 「사양서 작성을 위한 체크리스트」에서 주요 항목은 표의 주요 항목 중에서 ○표시와 고딕으로 나타낸 항목이다. 표 3.1은 개념설계뿐만 아니라 실체설계 단계에서도 이용할 수 있다.

다음과 같이 질문에 답하는 형식의 개조식으로 서술한다.

○ 질문

3.1.1항 (1)~(3)과 같은 질문을 반복하고 사양을 재검토한다. 특히

○ 필요하다면 상세한 정보를 수집한다.

○ 가능하다면 희망을 중요도에 따라서 상, 중, 하로 나누어 정리한다.

2) 요건을 순서별로 정리한다.

○ 우선 중요한 목적과 중요한 특성을 정의한다.

○ 다음은 체크리스트의 주요 항목에 따라서 특정 가능한 서브시스템, 조립부품 등으로 분류한다.

3) 의견의 수용

○ 사양을 표준 양식의 사양서(예를 들면 그림 3.1)에 기입하고 프로젝트에 참가하고 있지는 않지만 관심이 많은 부서(고객정보와 접하고 있는 영업, 제안부서, 같은 제품을 개발하고 있는 부서, 특허부서 등)에 배포하고 참고의견이나 수정안을 수용하여 필요하다면 사양서에 기입한다.

표 3.1 〉〉 체크리스트(개념설계용)[문헌 1), 3), 4)를 참고하였다]

주 요 항 목	세 부 항 목
1) 물성적 요소	
○형상 · 치수	• 크기(폭, 높이, 길이), 요구되는 공간, 수량, 배치, 연결, 거리, 면적, 체적, 확장성
○운동	• 운동의 종류, 속도, 가속도, 지속시간
물리	• 질량, 밀도, 농도, 비중, 중량, 압력, 점도, 유량, 입도, 표면장력
○힘(역학)	• 힘의 크기 · 방향, 주파수, 중량, 하중, 변형, 변형률, 강성, 탄성, 관성력, 공진, 지속시간
○에너지	• 출력, 효율, 손실, 마찰, 압력, 온도, 가열, 내열, 환기 · 통기, 냉각, 공급, 저장, 용량, 열전달, 열저항, 엔트로피, 변환
광학	• 광도, 광량, 휘도, 조도, 파장, 광속, 굴절률, 투명, 차광, 액체광
음향	• 주기, 주파수, 파장, 음속, 음의 강도 · 크기, 음압, 음색, 차음, 음향출력, S/N 비
화학	• 내식, 불연, 내폭
전기	• 전류, 전압, 전기저항, 전력, 전하, 전기량, 절연, 전도, 유전
자기	• 자력, 자화, 자속, 기전력
○물질	• 물질(재료)의 흐름과 수송, 초기제품과 최종제품의 물리적 · 화학적 성질, 보조재료, 규제재료
○신호	• 입력과 출력, 형태, 표시, 제어, 장황성, 정보량, 정확성
2) 기능적 요소	
효율	• 에너지 효율, 취급의 용이성, 자동화
○안전성	• foolproof 설계, 직접적 보호 시스템, 조작상의 안전, 인간과 환경에 대한 안전(무해할 것)
기능의 다양화	• 단순기능, 다기능, 조합에 의한 다양화, 추가기능 부착 용이성
휴대의 용이성	• 이동성, 고정성
사용대상자	• 일반인용, 전문가용
3) 인간적 요소	
이미지	• 고급성, 지명도
희소성	• 특별주문품, 수입품, 천연품
습관	• 전통, 신제품
관능적 품질	• 마감성, 접촉성, 맛, 거주성
충실감	• 지적충실감, 정서적 충실감
과잉품질로의 지향	• 서비스, 다른 제품에 없는 사양

표 3.1 〉〉 체크리스트(개념설계용)[문헌 1), 3), 4)를 참고하였다](계속)

주 요 항 목	세 부 항 목
4) 시간적 요소	
내환경성	• 내한성, 내습성, 내분진성
시간적 효과	• 효과의 지속성, 속효성(速效性)
내구·보존성	• 내구년수, 고장률, 수리용이성
폐기·리사이클 용이성	• 폐기를 위한 배려, 리사이클하기 쉬운 구조, 재료의 선택
5) 경제적 요소	
○비용	• 최대허용제조 비용, 공구 비용, 투자와 감가
6) 생산적 요소	
○작업성(생산성)	• 공정 수가 적을 것, 수선 공정이 적을 것, 특수기능이 불필요, 작업표준이 탄력적, 공장의 제약, 최대가능치수, 우선하는 생산방법·수단, 달성 가능한 품질과 공차, 폐기물에 대한 배려
○인간공학적 배려	• man-machine 관계, 조작의 종류, 조작위치의 높이, 배치의 정연성, 앉기 편리함, 조명, 형상적응성
원재료	• 품질의 탄력성, 재고가 용이, 검사가 용이, 공정능력에 적합
○품질관리	• 시험과 계측의 가능성, 특정 규제와 표준 규격의 적용
○조립	• 특정의 규제, 설치 공간, 설비, 입지, 기초
○수송	• 리프트 장치 등에 의한 제약, 빈 공간, 수송 수단에 의한 크기·중량의 제약, 발송 성질과 조건
○조작환경	• 정숙할 것, 착의, 특수이용, 조작 장소의 분위기 (예를 들면 유황분위기, 열대지역, 한냉지역)
○보전	• 서비스 간격, 점검, 교환과 수리, 페인트 도장, 청소
수율(收率)	• 수율이 큼, 수리가 용이, 타 품종으로의 전환이 가능
○스케줄	• 개발의 최종기간, 프로젝트의 기획과 관리
7) 시장적 요소	
적시성	• 유행, 계절
품종의 다양성	• wide selection
신용	
구입결정 계기	• 각자의 기준으로 선택, opinion leader의 결정, 제3자의 결정
라이프 사이클	• life cycle이 길거나 짧은 것에 묘미가 있다

주 : 주요항목 중 ○표시는 문헌 1)의 「사양서 작성을 위한 체크리스트」의 항목이다.

3.2 개념설계 단계

이 단계는 명확하게 규정된 역할에 근거하여 이 역할을 구현하기 위한 시스템의 개략적인 설계해(설계개념이라고 한다)의 후보를 작성하고 가장 우수한 설계대체안을 선택하는 단계이다.

3.2.1 문제의 설정·분석(문제의 요약과 본질의 확정) 절차

(1) 문제설정의 체계적 확장

다음과 같은 순서에 따라서 "문제의 가지와 잎"부분을 잘라내어 문제를 요약함으로서 「문제의 본질」을 확인한다.

단계 1 : 설계자 개인의 기호는 배제한다.
단계 2 : 기능과 본질적인 제약에 직접 관계없는 항목은 생략한다.
단계 3 : 정량적 데이터는 정성화하고 데이터 양을 줄이고 본질적인 기술만으로 축소한다.
단계 4 : 이러한 기술을 일반화한다. 마지막으로
단계 5 : 문제에 사로잡히지 않는 일반적인 언어로 기술한다.

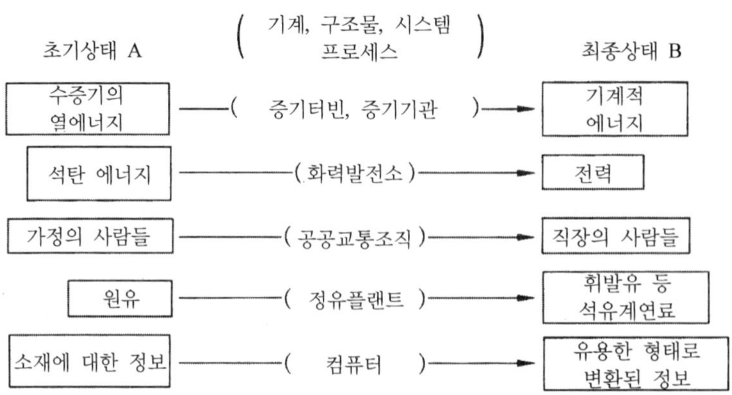

그림 3.2 〉〉 기술시스템의 초기상태와 최종상태[2)]

이렇게 함으로서 문제의 본질을 명확하게 할 수 있고 더욱 넓게 문제를 파악할 수 있기 때문에 보다 넓은 입장에서 문제해결 방책을 찾을 수 있다.

기술시스템에 의해서 초기상태(상태 A)에서 최종상태(상태 B)로 변환하는 방식으로 문제의 요약화와 체계적 확장을 진행하면 좋다.

(2) 사례: 볼트 배송 문제

「볼트 공장에서 제조된 볼트를 포장, 저장, 배송하는 비용을 가능한 한 작게하는 시스템을 설계한다」.

설계자는 이런 형태로 주어진 문제를 명확하게 재설정할 필요가 있다. 이때 문제설정 범위를 어디까지 넓힐 것인가? 다시 말하면 상태 A와 상태 B에 무엇을 설정할 것인가에 주목한다.

설정 (1) : 볼트를 상자에 넣고, 중량을 측정하고, 포장하고, 저장하고, 트럭에 싣는 프로세스 중에서 가장 경제적인 방법을 구하라.

설정 (2) : 나사 전조기에서 배출된 볼트(상태 A)를 상자포장하여 창고 내에 저장된 볼트(상태 B)로 하는데 가장 경제적인 방법을 구하라.

설정 (3) : 나사 전조기에서 배출된 볼트(상태 A)를 상자포장하여 배송용 트럭에 실은 볼트(상태 B)로 하는데 가장 경제적인 방법을 구하라.

설정 (4) : 나사 전조기에서 배출된 볼트(상태 A)를 상자포장하여 사용자 창고 내에 저장된 볼트(상태 B)로 하는데 가장 경제적인 방법을 구하라.

설정 (5) : 나사 제조 공장에 투입된 나사용 선재(상태 A)를 볼트상태로 하여 상자포장하여 배송용 트럭에 실은 볼트(상태 B)로 하는데 가장 경제적인 방법을 구하라.

설정 (6) : 나사 제조 공장에 투입된 나사용 선재(상태 A)를 볼트상태로 하여 상자포장하여 사용자의 창고에 저장한 볼트(상태 B)로 하는데 가장 경제적인 방법을 구하라.

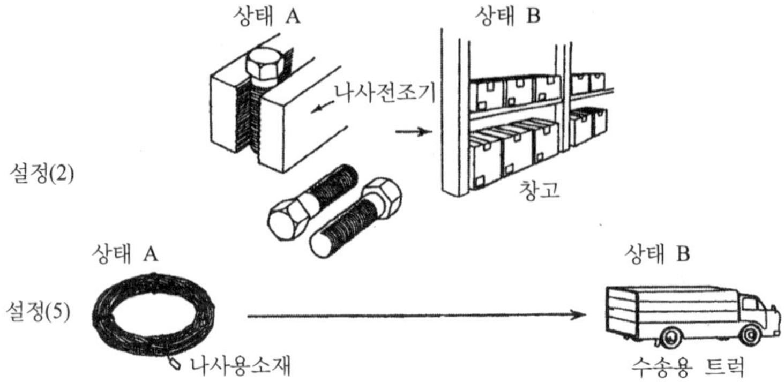

그림 3.3 〉〉 볼트 제조 공장의 배송 시스템[2)]

설정 (2)		상태 A 배출된 볼트 →	상태 B 창고내의 볼트	
설정 (3)		상태 A 배출된 볼트 →	상태 B 배송용트럭에 실은 볼트	
설정 (4)		상태 A 배출된 볼트 →	→	상태 B 사용자의 창고
설정 (5)	상태 A 나사용선재 →	→	상태 B 배송용트럭에 실은 볼트	
설정 (6)	상태 A 나사용선재 →	→	→	상태 B 사용자의 창고

그림 3.4 〉〉 볼트 배송 문제의 설정[2)]

이 중에서

설정 (1)에서는 설계자가 문제를 충분히 파악하고 있지 않고 있음을 나타낸다. 특히 상태 A와 상태 B를 분명하게 규정하지 않고 시스템으로서 문제를 파악하는 사고가 확실하지 않은 점이 좋지 않다.

설정 (2)에서는 설계자가 상태 A와 상태 B를 명확하게 하고 있는 점은 좋다. 그러나 시야가 좁은 것이 단점이다.

설정 (3)에서는 상태 B를 「상자포장하여 배송용 트럭에 실은 볼트」까지 시야를 넓힌 점은 설정 (2)보다 우수하다.

설정 (4)에서는 상태 B를 「상자포장하여 사용자 창고 내에 저장된 볼트」까지 시야를 넓히고 있다.

설정 (5)에서는 상태 B가 설정 (3)과 동일하지만 상태 A를「볼트용 선재」까지 넓히고 있다.

설정 (6)에서는 상태 A를 「볼트용 선재」까지, 상태 B를 「상자포장하여 사용자의 창고에 저장한 볼트」까지 시야를 넓히고 있다.

이러한 문제설정 중에서 어느 것을 선택할 것인가는 설계자가 결정한다. 설정 (4), (6)과 같이 상태 B를 「사용자의 창고」까지 넓혀서 생각하는 것은 사용자가 소수의 고객으로 제한되어 있는 경우에는 좋지만 사용자가 불특정 다수인 경우에는 적절하지 않으며 오히려 설정 (5)정도로 문제를 설정하는 것이 가장 타당하다. 설정 (2), 설정 (3)도 반드시 불가한 것은 아니지만 가능하면 설정의 범위를 넓혀서 생각하는 것이 일반적으로 합리적이다.

3.2.2 기능구조의 구축 절차

기술시스템은 에너지, 물질, 정보 3요소를 입력하여 어떤 방법에 의해 3요소를 변환한

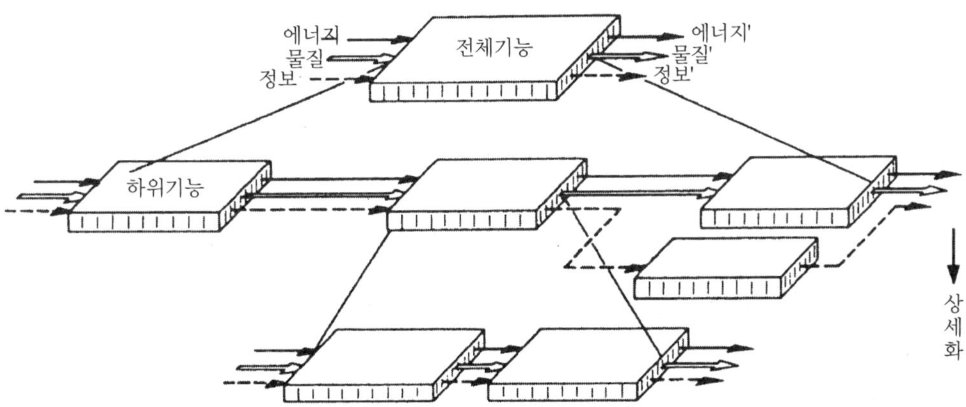

그림 3.5 〉〉 전체기능을 하위기능으로 분해하는 기능구조의 구축[1)]

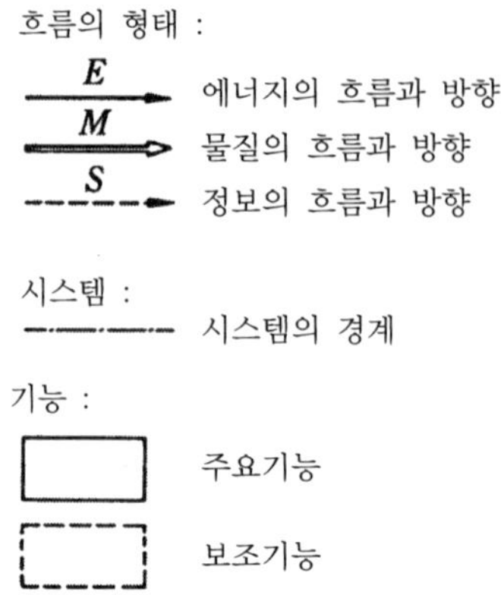

그림 3.6 〉〉 기능구조에 있어서 하위기능을 표시하는 기호[1)]

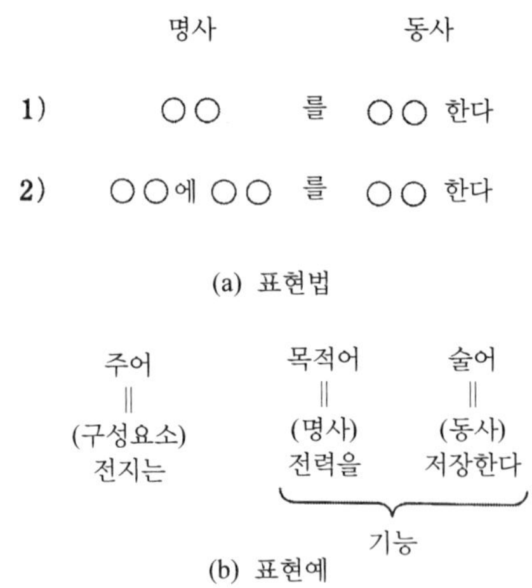

그림 3.7 〉〉 하위기능의 표현법[3)]

다는 목적을 갖는 장치라고 할 수 있기 때문에 기능구조도는 다음과 같이 그리면 좋다.

① 우선 전체구조도를 그린다. 입력쪽은 좌측, 출력쪽은 우측, 에너지, 물질, 정보 3요소가 좌에서 우로 흘러가듯이 그린다. 전체구조도에서는 그림 3.5와 같이 3.2.1(1)의 단계 5에서 선택한 기술을 전체기능(다시 말하면 역할)으로 도시한다.

② 그다음 그림 3.5와 같이 하위구조도는 대략적인 구조도에서 순차적으로 상세하게

그리면 좋다.

③ 대상으로 하는 기술시스템의 그림 3.5과 같이 중심에 놓여 있는 요소를 가운데 오도록 그린다.

④ 표시기호는 그림 3.6을 참조하여 간결하게 그린다.

문헌 3)에서는 하위기능은 그림 3.7과 같이 「명사+동사」의 형태로 간결하게 표현하는 형식을 추천한다. 또 같은 문헌 89쪽의 표에는 구체적인 동사표현 예를 나타내고 있다. 문헌 1)에서는 표 5.7과 같이 동사표현을 5개의 기본형으로 줄여서 표현하려는 시도를 하고 있지만 이것만으로는 설계자가 이 표현법을 이해하고 적응하는 것이 어려울 것으로 생각된다.

그래서 문헌 1), 3)을 참고하여 동사표현을 표 3.2～표 3.8에 분류하여 두었다.

(1) 동사의 표현법

a) 3요소(에너지, 물질, 정보)간의 변환이나 요소 타입에 관한 동사 : 대표적인 동사로서 요소와 요소타입을 「변환」을 나타내는 동사, 무에서 유를 발생시키는 동사 등.
예 : 3요소를 다른 요소로 「변환한다」, 아무것도 없는 상태에서 새로운 현상을 「발생하게한다」, 「(존재하는 것을)없게 한다」등.

b) 양에 관한 동사 : 대표적인 동사로서 양, 성분, 구성을 「바꾸다」등.

c) 수에 관한 동사 : 대표적인 동사로서 수를 「늘인다」, 「줄인다」, 「연결하여(수를 줄인다)」「분리하여(수를 늘인다)」등.

d) 장소 이동에 관한 동사 : 원래의 위치에서 「이동한다」는 의미를 포함한다. 「(물건을)전달한다」, 반대로 「(물건을)차단한다」등.

e) 시간에 관한 동사 : 「시간적으로 원래의 장소에 머문다」를 나타내는 동사, 「(일정한 장소에)보유한다」는 의미를 갖는 동사를 포함한다.

f) 기타에 관한 동사 : a)～e)로 분류할 수 없는 조작에 관한 동사를 이 항에서 분류한다.

g) 계측과 표시에 관한 동사 :

표 3.2 〉〉 요소의 변환·발생·제거 등에 관한 동사(a) 참조)

동사	중요한 동의어	중요한 명사(목적어)
발생시킨다	일으킨다, 낸다	토크를, 힘을, 마찰력을, 신호를, 규정출력을, 소리를
낸다		토크를, 힘을, 신호를, 출력을
얻는다		출력을, 전자파를
변환한다	바꾼다	빛을 전기로, 전류를 기계적 동작으로
제거한다	없앤다	소리를, 저항을, 진동을

표 3.3 〉〉 양에 관한 동사(b) 참조)

동사	중요한 동의어	중요한 명서(목적어)
바꾼다	변화시킨다	방향을, 속도를, 음량을
증가시킨다	증가한다, 크게한다	힘을, 면적을, 마찰을
감소시킨다	줄인다, 작게한다	소리를, 저항을, 음량을
올린다	상승시킨다	온도를, 압력을, 정밀도를
내린다	강하시킨다	온도를, 압력을, 주파수를
증폭시킨다	크게한다	신호를

표 3.4 〉〉 수에 관한 동사(c) 참조)

동사	중요한 동의어	중요한 명사(목적어)
증가시킨다	늘인다, 많게한다	부품수를
감소시킨다	줄인다, 작게한다	부품수를
접속한다	잇는다, 연결한다	파이프를, 회로를, 리드선을
나눈다	분리한다, 분지한다	힘을, 전류를, 물을

표 3.5 >> 장소에 관한 동사(d) 참조)

동사	중요한 동의어	중요한 명사(목적어)
이동시킨다	바꾼다	위치를, 방향을
공급한다	보낸다, 출력한다	전력을, 전류를, 물을
전달한다	보낸다	토크를, 전류를, 물을
흘려보낸다	통과시킨다	전류를, 물을, 기름을
유도한다	안내한다, 가이드한다	전류를, 증기를, 가스를
흐르게한다		전류를, 액체를
모은다	접속한다	빛을, 기체를, 자속을
받는다	수신한다	입력을, 신호를, 기름을
차단한다	차폐한다, 실드한다	열을, 소음을, 과전류를
절연한다		전류를, 회로를

표 3.6 >> 시간에 관한 동사(e) 참조)

동사	중요한 동의어	중요한 명사(목적어)
저장한다	모은다	물을, 기름을, 그리스를
고정한다	고착한다, 결정한다	부품을,
부착한다	붙인다, 결합한다	부품을,
보지한다	지지한다, 지킨다	부품을,
지지한다		하중을, 본체를
누른다	누르다	암을, 지렛대를
누르다	눌러붙이다	패킹을, 스페이서를
단단히 조이다		호스를, 커버를, 홀더를
유지한다	지킨다	기압을, 위치를, 병행을

표 3.7 〉〉 기타의 조작에 관한 동사(f) 참조)

동사	중요한 동의어	중요한 명사(목적어)
작동시킨다	동작시킨다, 움직이게 한다	스위치를, 접점을
회전하게한다	회전한다	기어를, 샤프트를, 풀리를
직선운동시킨다	전후로움직이게한다, 상하로움직이게한다	피스톤을, 추를
부여한다		저항을, 장력을, 마찰을
형성한다	구성한다, 만든다	회로를, 프레임을, 통풍로를
바꾼다		회로를, 신호를, 전원을,
견딘다	침해되지않게한다, 녹지않게한다	압력에, 마찰에, 열에
방지한다	저지한다	누유를, 먼지를, 마찰을
결정한다	정한다, 위치결정을 한다	위치를, 방향을, 유량을
조정한다	조절한다, 가감한다	위치를, 압력을, 유량을
제어한다	콘트롤한다	위치를, 압력을, 유량을
제한한다	한정한다, 제약한다	위치를, 스트로크를, 회전을
보호한다	지킨다	부품을
보강한다	강하게한다	프레임을, 상자를
좋게한다	원활하게한다. 확실하게한다	회전을, 효율을, 통풍을
좋게한다	아름답게한다	체형을, 촉감을, 외관을
용이하게한다	부드럽게한다	접속을,
용이하게한다	편리하게한다	서비스를, 운반을, 조작을

표 3.8 〉〉 계측과 표시에 관한 동사 g) 참조)

동사	중요한 동의어	중요한 명사(목적어)
계측한다	측정한다, 감지한다	온도를, 압력을, 형상을
감시한다		방사능 레벨을
표시한다	나타낸다, 명시한다	용도를, 기능을, 회사명을

(2) 물성 명사의 이용

명사는 정량화가 가능한 물성명사를 이용하고 정성적인 물질명사나 물품명사는 발상을 제약할 염려가 있기 때문에 사용하지 않는다. 물성명사의 대표적인 예로서 문헌 3)의 91쪽 표에 나와 있는 것이 있다. 표 3.1에 문헌 3)과 4)를 참고하여 체크리스트의 세부항목 예에 이용할 수 있는 물성명사를 나타내었다.

이 단계에서는 하위기능을 어떤 설계해 원리를 이용하여 실현할 것인가에 대해서는 전혀 생각하지 않는다.

3.2.3 하위기능을 실현할 수 있는 설계해 원리의 탐색 절차

전 단계에서 구축한 기능구조도에서 개개의 하위기능을 구체적인 설계해 원리로 변환한다. 여기서는 우신 하위기능을 달성할 수 있는 가능성이 있는 물리작용(당연히 화학작용, 생물작용 등도 포함한다)의 후보를 탐색한다. 물리작용은 물리량을 지배하는 물리원리나 법칙을 이해하고 이것을 다시 「명사+동사」로 표현하고 더욱 이것을 구체화하기 위한 개념, 다시 밀하먼 설계원리도를 결정한다.

표 3.9에 나타낸 예로서 물리작용, 설계해 원리의 관계를 설명한다.

표 3.9 〉〉 하위기능과 물리작용, 물리원리, 설계해 원리의 관계[문헌 1)의 그림 2.6에 추가]

No.	하위기능 (달성해야할 목적)	물리작용(구체적인 설계해를 고려하지 않고 선택한다)	물리작용(물리작용과 하위기능을 연결하는 역할을 고려한다)	설계해 원리(구체화한 방식)
예1	토크를 전달한다	마찰 다시 말하면 Coulomb 법칙(2개의 물체가 서로 접촉하고 있는 경우 한 쪽을 상대 쪽에 대해 미끄러지게 하는 경우 움직임을 방해하려는 마찰력이 발생하여 물체를 움직이지 않게 유지하려는 현상)	마찰력을 이용하여 토크를 전달한다	열박음이나 억지끼워맞춤에 의해 두 부품간에 작용하는 접촉력에 의하여 한 쪽에서 다른 한 쪽으로 전달한다(Coulomb의 법칙에 의하여 원통 표면의 정지 마찰은 면상에 작용하는 수직력에 의존하기 때문이다)

표 3.9 〉〉 하위기능과 물리작용, 물리원리, 설계해 원리의 관계[문헌 1)의 그림 2.6에 추가](계속)

No.	하위기능(달성해야할 목적)	물리작용(구체적인 설계해를 고려하지 않고 선택한다)	물리작용(물리작용과 하위기능을 연결하는 역할을 고려한다)	설계해 원리(구체화한 방식)
예2	근력을 증폭한다	지렛대의 원리	근력을 지렛대에 의해 증폭한다	지렛대의 원리에 의하여 지지점과 작용점을 결정하고 지렛대나 편심원통을 이용하여 지렛대 작용에 의해 근력을 증폭한다
예3	접점을 닫는다	팽창의 법칙(물체가 온도의 상승에 따라 팽창하는 열팽창 현상	수은의 열팽창에 의해 갭을 없앰으로서 전기회로의 접점을 닫는다	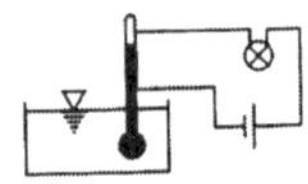
예4	(과전류가 흐른 경우)전기회로를 열게 한다	액체는 기화하면 전기저항이 증가한다	과전류가 흐르면 액체가 가열되어 기화하고 저항이 급격하게 증가하여 전기회로를 차단한다	상온에서 도전성이 있는 나트륨계 액체를 봉입한 원통상의 내압용기를 전기회로에 접속해 두고 과전류가 흐르면 도전률이 거의 0인 가스로 기화하여 회로를 열게 한다
예5	(피스톤의)위치를(고정밀도로)결정한다	운동마찰은 정지마찰보다 작다(한 쪽의 물체가 다른 한 쪽 물체의 표면을 따라서 운동하고 있을 때 작용하는 운동마찰은 서로 정지해 있을 때 작용하는 정지마찰력에 비하여 작다)	수압 액추에이터의 피스톤을 축방향으로 세밀하게 진동하게 함으로서 실린더 표면과의 마찰력을 저감하여 위치결정 정밀도를 개선한다	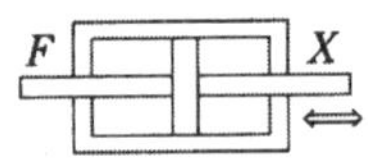 축 방향으로의 미소진동

① 하위기능 「토크를 전달한다」를 구체적인 설계해를 고려하지 않고 물리작용 중에서 「마찰, 다시 말하면 쿠롱의 법칙(2개의 물체가 서로 접촉하고 있을 때 한쪽을 다른 한쪽에 대해서 미끄러지게 하면 이 움직임을 방해하는 마찰력이 발생하여 물체를 정지하게 하려는 현상)」을 채용하였다고 하자. 그리고 이 현상과 하위기능을 연결하여 「마찰력을 이용하여 토크를 전달한다」는 물리원리의 역할을 생각해 보자. 더 나아가 Conlonb의 법칙에 따라서 원통형 표면의 정지마찰은 면상에 작용하는 수직력

에 의존하므로 설계해 원리로서「열박음 또는 억지끼워 맞춤에 의해 2개의 부품 사이에 작용하는 접촉력에 의해서 한쪽에서 다른 한쪽으로 토크를 전달한다」를 구현한다.

② 하위기능「근력을 증폭한다」는 물리작용 중에서「지렛대의 원리」를 이용하여 물리원리「근력을 지렛대에 의해 증폭한다」로부터 설계해 원리로서는 지렛대의 원리에 따라서 지지점과 작용점을 결정하고 쇠지렛대나 편심원통을 이용하여「지렛대에 의해 근력을 증폭한다」를 얻는다.

③ 하위기능「접점을 닫는다」를 물리작용「팽창의 법칙(물체가 온도 상승에 따라 팽창하는 열팽창 현상」을 이용하여 물리원리「수은의 열팽창(법칙에 따른 팽창작용)에 의해 갭을 메워줌으로서 전기회로의 접점을 닫는다」로부터 설계해 원리에 도달한다.

④ 하위기능「(과전류가 흘렀을 때)전기회로를 닫는다」를 물리작용「액체가 기화하면 전기저항이 증가하는 현상」을 이용하여 물리작용「과전류가 흐르면 액체가 가열되어 기화하고 저항이 증가하여 전기회로를 차단한다」를 통하여 설계해 원리「과전류가 흘렀을 때 도전률이 거의 0인 가스로 기화하여 회로를 닫는다」에 도착한다.

⑤ 하위기능「(피스톤의) 위치를 (정밀도 높게)결정한다」를 물리작용「운동 마찰은 정지마찰보다 작다(물체가 다른 물체의 표면을 따라서 운동하고 있을 때 작용하는 운동 마찰력은 서로 정지하고 있을 때 작용하는 정지 마찰력에 비해 작다」로부터 물리작용「수압 액추에이터의 피스톤을 축방향으로 미세하게 진동하게 함으로서 실린더 표면과의 마찰력을 저감하여 위치결정 정밀도를 개선한다」를 거쳐 도시한 설계해 원리를 얻을 수 있다.

3.2.4 전체기능을 실현할 수 있는 설계해 원리의 조합 절차

하나의 하위기능을 달성하기 위한 물리원리나 설계해 개념은 아이디어 단계에서 그림 3.8과 같이 복수개가 발상될 것이다. 이러한 것들을 상위의 하위기능 출력과 하위의 하위기능의 입력이 정합성이 있도록 선택한다. 예를 들면 어떤 하위기능의 상위쪽 출력이 유・수압이면 하위기능의 입력도 유・수압을 선택하지 않으면 양하위기능 사이에 하위기능 "에너지를 변환한다"를 삽입해야 하며 비용이 증가하게 된다.

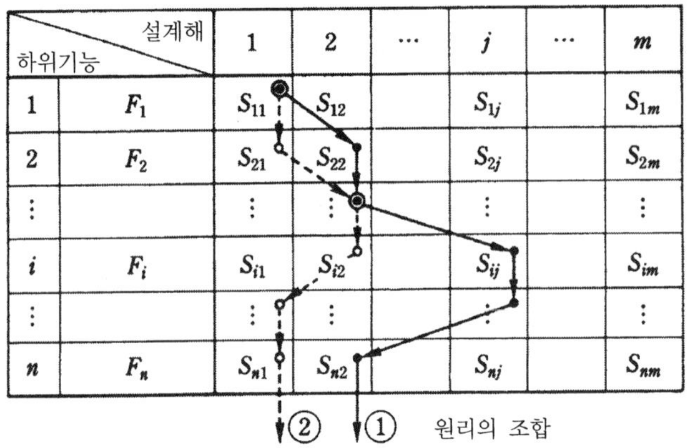

그림 3.8 >> 설계해원리의 조합[1)]

조합 ① : $S_{11}+S_{22}+\cdots+S_{n2}$, 조합 ② : $S_{11}+S_{21}+\cdots+S_{n1}$

3.2.5 바람직한 설계해 원리 조합의 선택 절차

이와 같은 방법으로 선정한 전체기능을 만족하는 하위기능에 대응하는 설계해 개념의 조합을 다수 선택한다. 이 조합 중에서 기술자의 경험, 회사의 기술적 수준, 제조의 수월성, 제조 경비 등의 관점에서 10개 이내의 유망한 조합을 골라낸다.

3.2.6 개념설계 대체안의 확정 절차

이러한 유망한 조합에 대하여 약간 상세한 레이아웃도면을 작성하 개략설계를 수행하여, 기술시스템 전체로서의 출력, 성능, 크기, 비용 등을 결정한다. 여기에서는 주요부품의 종류, 출력, 크기, 비용 등을 각각에 대하여 결정해둘 필요가 있다.

3.2.7 「개념설계 대체안의 기술적·경제적 평가 절차

설계평가는 기능, 작동원리, 실체화, …, 보수의 수월성, 비용 등의 항목으로 이루어진 표 3.10(또는 표 3.1)과 같은 체크리스트로부터 선택하고 당면한 문제의 평가항목을 설정하고 기술적 · 경제적으로 평가한다.

평가에는 가중을 고려한 목적 트리구조에 의한 방법[1], 계층형 의사 결정법 AHP (Analytic Hierarchy Process)[5] 등이 있다. 전자에서는 예를 들면 ISM(Interpretive Structural Modeling)[6] 등에 의해, 기능구조를 명확하게 구조화해둘 필요가 있다. 후자는 반드시 구조화할 필요가 없다. 저자는 문헌 1)의 예제 「키 연결체용의 충격 토크 부하시험 장치」의 목적 트리(그림 5.76 참조)에 대해서 AHP를 적용하여 최하층의 가중치를 구해본 결과 가중치를 고려한 목적 트리에 의한 것과 거의 동일한 값을 얻을 수 있었으며 유효성을 확인한 바 있다. 이상 P&B법의 개요를 설명하였다. 최근 P&B법을 설계문제에 적용한 예[6]가 있으므로 참고하기 바란다.

표 3.10 〉〉 설계안 평가를 위한 주요 항목의 체크리스트[1]

주요항목	예
기능	선택한 설계해 원리, 설계안을 구현하기 위하여 필요한 보조기능요소의 특성
동작원리	선택한 원리, 기능이 간단하며 알기 쉽고, 효과를 기대할 수 있으며, 외부환경요인에 견딜 수 있는 원리의 특성
실체화	구성요소의 수가 작을 것. 복잡함의 정도가 낮을 것. 소요되는 공간이 작을 것. 레이아웃 설계, 형태설계상 특별한 문제가 없을 것.
안전	Fail-safe 설계, 여유설계 등을 우선적으로 이용한다. 안전대책을 부가할 필요가 없을 것. 산업상, 환경상에 있어서 안전이 보장될 것.
인간공학	Man-machine 관계를 만족할 것. 스트레스를 주거나 건강에 영향을 미치지 않을 것. 형상설계가 우수할 것.
생산	생산 방법의 수가 적고, 확립되어 있을 것. 설비가 고가이지 않을 것. 구성부품의 형상이 단순하고 수가 적을 것.
품질관리	필요한 시험이나 점검의 숫자가 적을 것. 순서가 간단하고 신뢰를 가질 수 있을 것.
조립	간단하고, 조립하기 쉬우며, 신속하게 이루어질 수 있을 것. 특별한 보조기구를 필요로 하지 않을 것.
수송	일반적인 수송 방법이 가능할 것. 위험하지 않을 것.
조작	조작이 간단할 것. 가동수명이 길 것. 취급이 용이하고 간단할 것. 위험하지 않을 것.
보전	유지나 청소가 거의 필요 없고 간단할 것. 검사가 용이할 것. 고장이 적고 수리가 간단할 것.
비용	제조비용이 낮고, 특별한 유지비용이 필요하지 않을 것. 스케줄상의 문제가 없을 것.

3.3 적용사례 : 빈 캔 회수장치

사용이 끝난 빈 캔을 부피를 줄여서 수납하는 기술시스템(장치)을 P&B법에 따라서 개념설계를 진행해 보자.

(1) 역할의 명확화 절차

빈 캔을 알루미늄캔과 스틸캔으로 선별하여 부피를 줄여서 각각 별도의 용기에 수납할 수 있는 소형 장치(자동판매기 정도의 크기)를 개발한다. 표 3.11에 문답의 형식으로 얻은 결과를 나타낸다.

표 3.11 〉〉「역할의 명확화」단계

1.1 : 「역할의 명확화」 단계
내용 : 역할을 명확화하기 위하여 자문자답 한다
• 어떤 문제에 대한 것인가? 캔을 무작정 버리는 것을 방지하고 리사이클을 위한 장치 • 명시되어 있지 않은 희망사항이나 기대하는 것은 무엇인가? 캔을 무작정 버리는 것이 없어지고 길거리 청소작업에 도움을 줄 수 있다. 길거리 미화에 도움이 된다. 빈 캔 회수장치의 제작비와 운영비용에 대해서는 캔 제조 메이커에 의해 회수비용으로 충당한다. 캔의 리사이클은 길거리 관리 재정에 도움이 된다. • 설정되어 있지 않은 제약조건은 실제로 존재하는가? 장치의 크기를 자동판매기 정도로 하면 도로교통법에 위반하지 않는다. 장치가 넘어져서 통행인들에게 위험과 피해를 주지 않도록 대책이 필요하다. • 개발에는 어떤 방도가 있는가? 특별하게 장치 제조상의 기술적 문제는 없다. 음료수 자동판매기 제조기술이 있으면 충분하다. • 설계해는 어떤 목적을 달성하는 것이 기대되는가? 빈 캔을 수용하여 압축하여 부피를 줄이고 알루미늄 캔과 스틸 캔을 분리하고 지정된 수납 스페이스 내에 많은 캔을 수납한다. • 설계해는 어떠한 특성을 가져야 하는가? 투입된 빈 캔의 수를 카운트한다. 투입될 때마다 압축기를 가동하여 캔을 압축한다. 캔을 수납상자에 자유낙하 한다. 100원 주화를 지불한다. 100원 주화가 없어지거나 캔이 어느정도의 양에 도달하면 투입구를 닫든지 램프를 점멸하여 이용자에게 알린다. • 설계해는 어떤 특성을 가져야 하는가? 설계해는 상기의 응답범위내로 정해야 한다. 수납상자를 꺼내거나 운반차량에 싣는 것을 지원하는 장치를 부가하지 않는다. 페트병은 대상에서 제외한다.

(2) 사양의 결정 단계

표 3.12에 사양서를 나타낸다. 「1. 형상 · 치수」~「17. 스케줄」은 문헌 1)에 나타낸다. 「사양서 작성을 위한 체크리스트」(또는 표 3.1의 ○표시한 항목)에 근거하였다.

표 3.12 》 사양서

<table>
<tr><td colspan="2">고객명</td><td>사양서
빈 캔 회수장치</td><td>프로젝트 번호 : 1
제1호(2001년 8월 31일), 쪽번호 : 1</td></tr>
<tr><td>변경</td><td>D.W</td><td colspan="2">요건</td><td>담당</td></tr>
<tr><td></td><td></td><td colspan="2">1. 형상 · 치수</td><td></td></tr>
<tr><td></td><td>D</td><td colspan="2">· 자동판매기 바로 옆에 설치하고 보행자에게 방해가 되지 않는 사이즈</td><td></td></tr>
<tr><td></td><td></td><td colspan="2">· 장치의 치수 : 높이=1800mm, 폭=1500mm, 깊이=1000mm 정도
수납 스페이스 : 높이=1000mm, 폭=1300mm, 깊이=950mm 정도
(이상의 치수는 참고치)</td><td></td></tr>
<tr><td></td><td>D</td><td colspan="2">· 도로교통법을 위반하지 않는 사이즈이다.</td><td></td></tr>
<tr><td></td><td></td><td colspan="2">2. 중량(빈 상태)</td><td></td></tr>
<tr><td></td><td>D</td><td colspan="2">· 약 ○○○kg, 혼자서 설치 가능</td><td></td></tr>
<tr><td></td><td></td><td colspan="2">3. 수납량</td><td></td></tr>
<tr><td></td><td>D</td><td colspan="2">· 압축한 상태에서 빈 캔의 개수=약 ○○○개, 이것은 가정치이며 많을 수록 좋다.</td><td></td></tr>
<tr><td></td><td></td><td colspan="2">· 빈 캔의 회수 : 적어도 1일 1회</td><td></td></tr>
<tr><td></td><td></td><td colspan="2">4. 힘</td><td></td></tr>
<tr><td></td><td>D</td><td colspan="2">· 캔을 압축하는 축방향 하중 : ○kN, 캔을 축방향으로 1/10 정도 줄이는데 충분한 하중이다.</td><td></td></tr>
<tr><td></td><td>W</td><td colspan="2">· 반경방향으로도 1/10 정도 줄이는데 필요한 하중을 설정할 수 있게 한다.</td><td></td></tr>
<tr><td></td><td></td><td colspan="2">· 대상으로 하는 빈 캔으로 실험을 하여 결정한다.</td><td></td></tr>
<tr><td></td><td></td><td colspan="2">5. 압축에너지</td><td></td></tr>
<tr><td></td><td>D</td><td colspan="2">· 우선 전기에너지로 검토한다.</td><td></td></tr>
<tr><td></td><td></td><td colspan="2">6. 물질의 흐름</td><td></td></tr>
<tr><td></td><td>D</td><td colspan="2">· 빈 캔이 투입된 것을 감지한다.</td><td></td></tr>
<tr><td></td><td>D</td><td colspan="2">· 빈 캔을 수용하여 압축기까지 자동적으로 이송한다.</td><td></td></tr>
<tr><td></td><td>D</td><td colspan="2">· 캔이 압축기위에 올려진 것을 감지한다.</td><td></td></tr>
<tr><td></td><td>D</td><td colspan="2">· 압축기가 기동하여 캔을 압축한다. 동시에 100원 주화를 지불한다.</td><td></td></tr>
<tr><td></td><td>D</td><td colspan="2">· 압축된 캔은 자동적으로 수납상자로 떨어진다. 이때 알루미늄 캔과 스틸 캔을 분리한다.</td><td></td></tr>
<tr><td></td><td></td><td colspan="2">7. 신호</td><td></td></tr>
<tr><td></td><td>D</td><td colspan="2">· 빈 캔 투입의 감지 : 빛 센서, 근접센서 등</td><td></td></tr>
</table>

표 3.12 〉〉 사양서(계속)

고객명	사양서 빈 캔 회수장치		프로젝트 번호 : 1 제1호(2001년 8월 31일), 쪽번호 : 1
변경	D.W	요건	담당
	D	· 수납 상자가 가득 찬 것을 감지 : 광 센서, 중량 센서, 램프 표시, 빈 캔 수의 계량	
	D	· 주화 부족 : 램프 표시, 빈 캔 수의 계량	
		8. 안전	
	D	· 설치한 상태에서 안정성이 있을 것. 높이 1500mm로 놓여진 상태에서 횡하중 100kg으로 넘어지지 않도록 하부에 안정장치를 부착한다.	
	D	· 도로교통법에 위반되지 않는다.	
		9. 인간공학	
	D	· 빈 캔의 투입구와 동전배출구는 높이 1000mm 정도로 하고 이용하기 편리하게 한다.	
	D	· 알림램프 표시는 보기 쉽게 설치한다.	
		10. 생산	
	W	· 공장건물 실내에서 생산이 가능할 것. 판금가공이므로 당사에서 제작 가능	
		11. 품질관리	
	D	· 공장 내에서 쉽게 테스트와 계량이 가능하다.	
		12. 조립	
	W	· 공장 내에서 모든 조립이 가능하다.	
		13. 수송	
	D	· 공장 내에서 트럭으로 설치장소까지 운반이 가능하다.	
	D	· 장치 하부에 바퀴를 부착하여 2명 정도로 트럭에 상차와 하차가 가능하며 안전하다.	
		14. 조작	
	D	· 야간에 소음원이 되지 않도록 가동 시에 소음은 약 ○○데시벨 이하로 한다.	
		15. 보전	
	D	· 수납 상자의 반출과 반입을 혼자서 할 수 있도록 수납 상자의 하부에 바퀴를 부착한다.	
		16. 비용	
	D	· 비용 절감을 위해 재고품, 기존제품 등을 적극 이용한다.	
	D	· 비용 관점에서 동전 지불기는 양산품을 구입한다.	
	D	· 비용은 ○○원으로 한다.	
		17. 스케줄	
	D	· 생략	
		제 ○○ 호(△년 □월 ◇일)변경	

※ D는 요구, W는 희망

(3) 문제의 설정·분석 단계

표 3.13과 같이 단계 1～단계 4를 거쳐 단계 5에서 문제가 「자동판매기와 같은 정도의 외관치수로서 투입된 캔을 압착하고, 수납하고, 대가로 100원을 지불한다」로 요약할 수 있다.

표 3.13 》「문제의 설정·분석(문제의 요약화와 본질의 확정)」 단계

2.1 : 「문제의 설정 · 분석」 단계
내용 : 제품의 기능을 요약하여 문제의 본질을 명확하게 한다. 단계별로 요약한다.
순서 단계 1 : 개인적인 취향은 배제한다. 단계 2 : 기능과 본질적인 제약조건에 직접적인 관계가 없는 요건은 생략한다. 단계 3 : 정량적인 데이터를 정성적인 데이터로 변환하고 데이터 량을 줄이고 본질적인 기술로 제한한다. 단계 4 : 앞의 단계에서 얻은 결과를 일반화 한다. 단계 5 : 문제에 관계없는 일반적인 언어로 문제를 설정한다.
요약화 단계 단계 1&2 • 사양 중에서 중요한 항목을 추출한다. 대부분 사양과 동일하므로 생략한다. 단계 3 • 치수 : 자동판매기와 같은 정도의 크기로 나란하게 설치한다. • 빈 캔의 종류 : 대상은 알루미늄 캔 또는 스틸 캔이며 페트병은 취급하지 않는다. • 중량 : 1인이 설치 가능한 정도 • 에너지 : 전력을 우선 검토한다. • 빈 캔의 압축 방법 : 축 방향 또는 반경 방향으로 압축한다. • 안전성 확보 : 도로교통법에 위반되지 않도록 안전을 확보할 수 있는 수단을 강구한다. • 빈 캔의 가격 : 100원을 지불한다. • 소음 : 가동 시에 소음을 ○○데시벨 이하로 한다. • 신호 : 투입, 컨테이너 만실 상태, 동전부족 상태를 감지하여 표시한다. 단계 4 • 특별한 용어를 이용하지 않으므로 생략한다. 단계 5 • 자동판매기와 같은 정도의 외형치수이며 투입된 빈 캔을 압축하고 수납하고 대가로서 100원을 지불한다.

(4) 기능구조의 구축 단계

전체기능도는 전 단계에서 얻어진 문제 요약화의 결과로부터 그림 3.9와 같이 나타낼 수 있다. 또한 브레인 스토밍에 의해 여러 차례의 시행착오를 거쳐서 그림 3.10과 같이 더 자세하게 브레이크 다운할 수 있다. 이 단계에서 본 장치의 기능을 더욱 구체적으로 구조화할 수 있다.

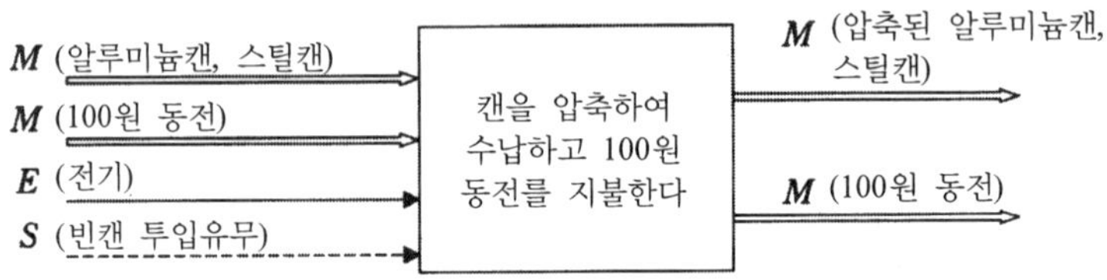

그림 3.9 〉〉 전체기능 구조도

(5) 설계해 원리의 탐색 단계

개개의 하위기능을 실현할 수 있는 설계해 원리로 변환해 간다. 브레인 스토밍에 의해서 얻어진 결과를 표 3.14에 나타낸다. 표에는 하나의 하위기능에 대하여 탐색된 복수의 설계해 원리의 후보를 나타내고 있다. 또 (1)~(8) 단계에서도 브레인 스토밍을 여러 곳에서 이용하였다.

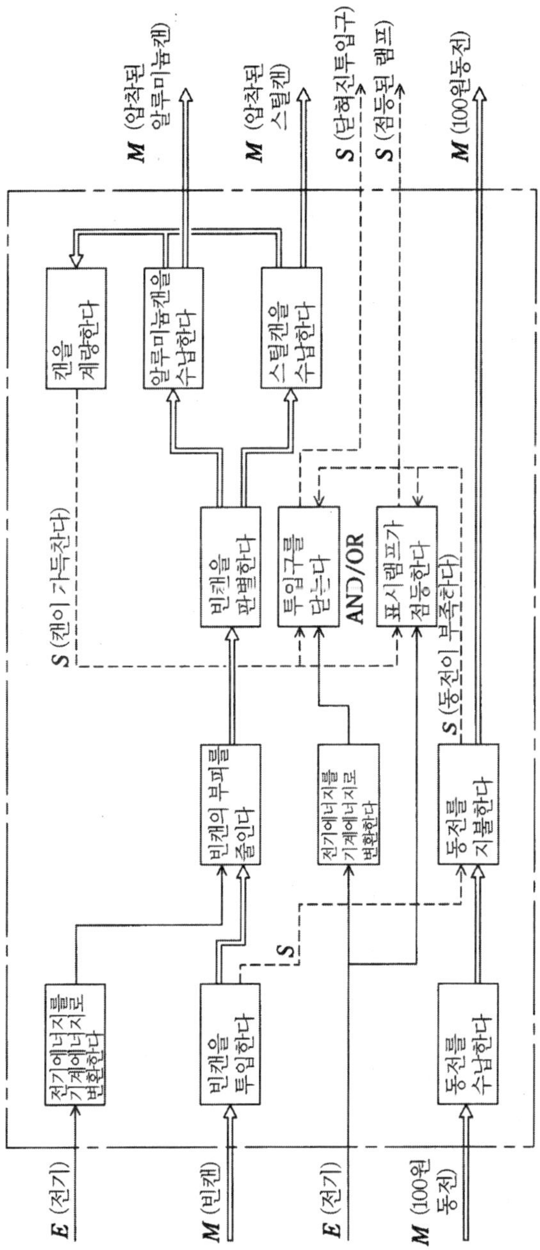
E (전기)
M (빈캔)
E (전기)
M (100원 동전)
전기에너지를 기계에너지로 변환한다
빈캔을 투입한다
동전를 수납한다
S
빈캔의 부피를 줄인다
전기에너지를 기계에너지로 변환한다
동전를 지불한다
S (캔이 가득찬다)
빈캔을 판별한다
투입구를 닫는다
AND/OR
표시램프가 점등한다
S (동전이 부족하다)
캔을 계량한다
알루미늄캔을 수납한다
스틸캔을 수납한다
M (압착된 알루미늄캔)
M (압착된 스틸캔)
S (닫혀진투입구)
S (점등된 램프)
M (100원동전)

그림 3.10 >> 기능구조도

표 3.14 〉〉 설계해 원리의 후보

설계해 / 하위기능	1	2	3	4	5	6
1) 입구	서랍식 	뚜껑이 있는 투입구 	투입구 형상으로 제한 	호퍼 		
2) 알루미늄/스틸의 판별	자기 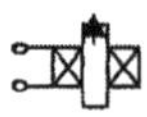	근접스위치	과전류	도전성		
3) 캔의 부피감소 3)-1 에너지 변환	모터 (전기-기계) 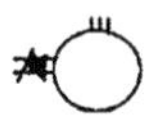	모터/펌프 (전기-기계)	히터 (전기-열)			
3)-2 힘종류의 변환	나사구동 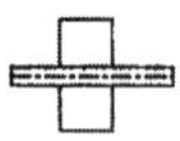	캠구동 	밸트구동 	피스톤/크랭크 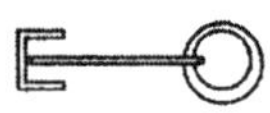	랙/피니온 	실린더(압력-직진운동) 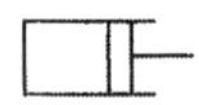
3)-3 힘, 속도의 증감변환	기어감속기 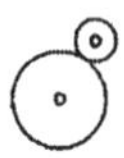	지렛대 	유압(입력의 확대 축소) 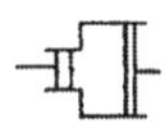	조합롤러		
4) 캔의 저장	트레이 	콘테이너 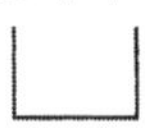				
5) 반송	자유낙하 	경사면 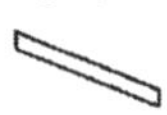	컨베이어			
6) 저장량 검지	광센서 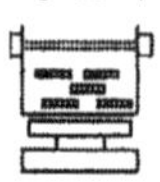	중량감지 				

(6) 바람직한 설계해 원리의 조합의 선택 단계

그림 3.8에 따라서 전체기능을 실현하는데 바람직한 설계해 원리의 조합 다시 말하면 설계안(또는 설계 대체개념)을 선택한다. 이때 동일 기능을 하는 부품이나 장치는 아주 간단하고 저렴한 것을 이용하는 것을 선정하기로 하였다.

(7) 설계(대체)안의 확정 단계

이와 같이 하여 3개의 설계안으로 축소하였다. 3개의 설계안은 부피를 줄이는 방식이 다르며 이에 따라 메커니즘이나 성능이 달라진다. 3개의 안에 대한 특징을 표 3.15에 표시한다. 기능상으로 봤을 때 본 장치는 대량생산품이므로 아주 적은 비용으로 제작할 필요가 있다. 그래서 각 설계안의 각각의 하위기능에 대한 설계해 원리(또는 부품)는 표 3.15와 같이 되었나.

구체적인 설계안(설계 대체개념)을 그림 3.11～그림 3.13에 나타낸다.

표 3.15 ›› 설계안의 특징

하위기능	설계안 1	설계안 2	설계안 3
캔의 수용	단일 캔의 수용	복수개를 동시에 수용	복수개의 캔을 하나씩 연속적으로 수용 가능
투입 감지	근접 스위치	근접 스위치	근접 스위치
알루미늄/스틸의 분별	자기	자기	자기
캔의 부피를 줄이는 기능	피스톤 · 크랭크 축방향 압축	magnetic caterpillar 반경방향 압축	roller 반경방향 압축
캔의 수납	컨테이너	컨테이너	컨테이너
반송	캔 공급장치 자유낙하, 경사면	자유낙하, 경사면	자유낙하, 경사면
수납량의 감지	중량 감지	중량 감지	중량 감지

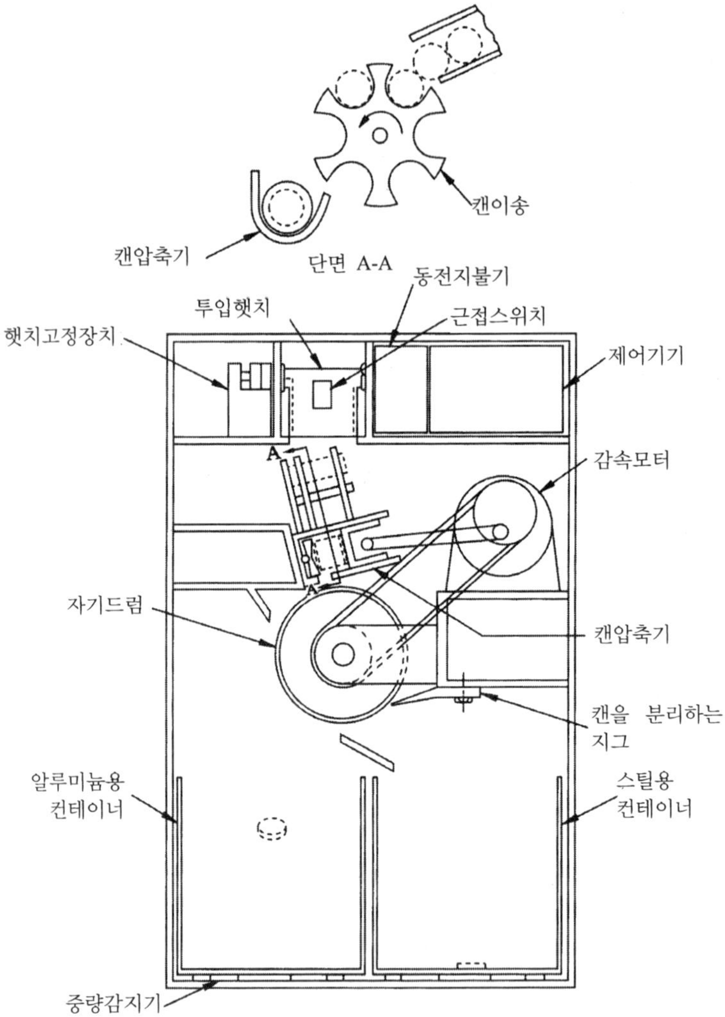

캔이송
캔압축기
단면 A-A
동전지불기
투입햇치
근접스위치
햇치고정장치
제어기기
A
감속모터
자기드럼
캔압축기
캔을 분리하는 지그
알루미늄용 컨테이너
스틸용 컨테이너
중량감지기

그림 3.11 〉〉 설계안 1

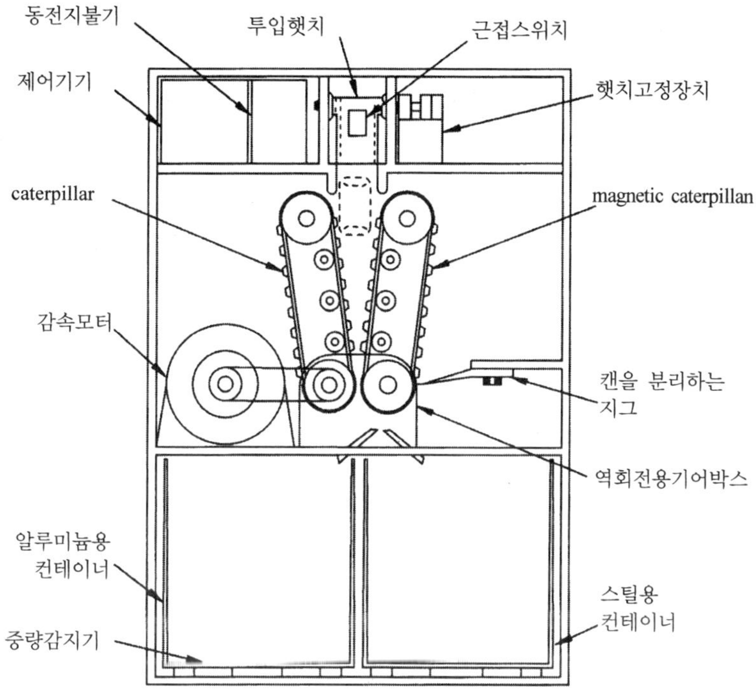

그림 3.12 〉〉 설계안 2

(8) 설계안의 기술적·경제적 평가 단계

평가에는 AHP를 이용하기로 한다. 평가항목은 「투입 용이성」, 「부피를 줄이는 성능」, 「제조비용」, 「수납 량」, 「유지보수의 수월성」, 「무공해성(소음)」의 6개 항목이다. 그림 3.14에 AHP 완전형의 계층 구조도를 나타낸다. 표 3.16에는 각 항목에 대한 설계안의 장점과 단점, 평가항목, 그림 3.15에는 각 평가항목의 가중치와 가중치 벡터, 각 설계안에 대한 종합 가중계산을 나타낸다.

AHP에 의한 설계안 1, 2, 3의 평가결과는 각각 0.262, 0.295, 0.443이며 설계안 3이 가장 우수하다는 결론을 얻었다. 위의 계산에는 문헌 7), 8)에 나타낸 web address상의 AHP 소프트를 이용하여 계산했다.

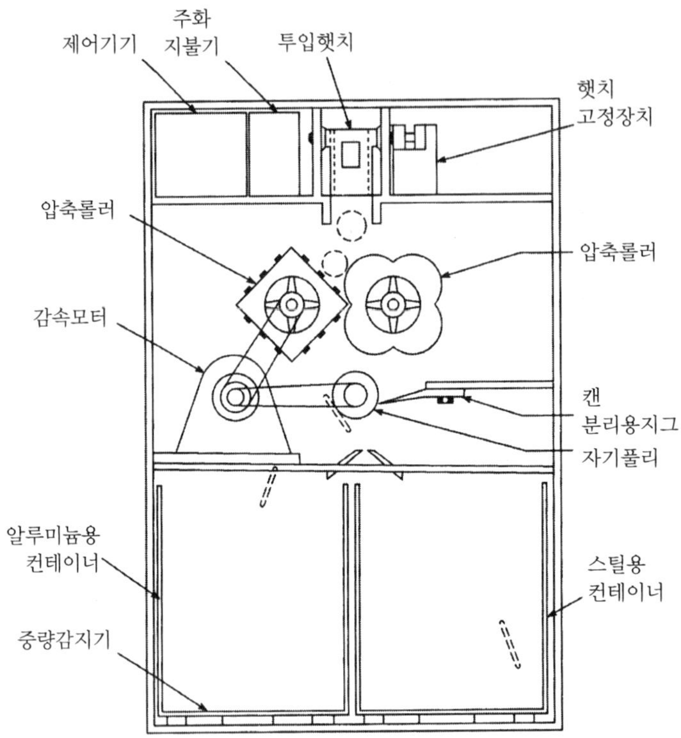

그림 3.13 〉〉 설계안 3

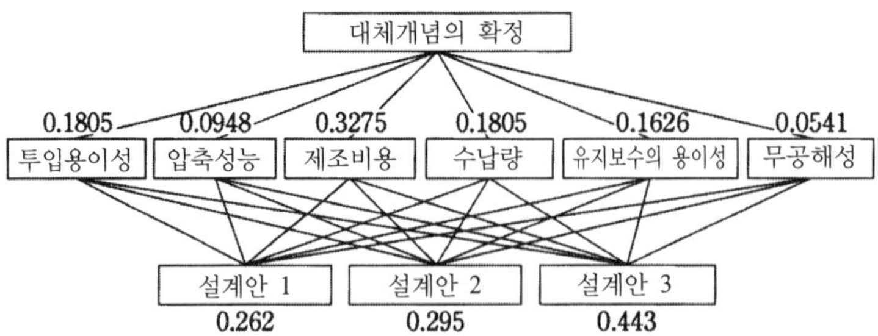

그림 3.14 〉〉 완전형 계층구조도(AHP에 의한 평가)

본 사례는 Kanagawa 공과대학 공학종합연구소 주최의 강좌 「Yokohama Techno College 95 : 신제품 개발을 위한 창조적 설계법」에 있어서 Iitsuka 교수가 담당한 강좌 「제품개발을 위한 체계적 설계법」(문헌 6))을 기본으로 검토한 것이다.

표 3.16 》 각 설계안의 장점과 단점(가중치 할당)

	설계안 1	설계안 2	설계안 3
투입용이성 (0.2)*	• 간헐적으로 단일 캔 투입 • 연속하여 투입할 때는 캔의 공급장치를 부가할 필요가 있다.	• 동시에 복수개의 캔을 투입할 수 있다. • hopper를 부착하면 대량처리가 가능	• 연속하여 단일 캔의 투입이 가능
압축성능 (0.1)	• 3안 중 최저 • 피스톤·크랭크 기구는 비교적 간단하다.	• 3안 중 최고 • caterpillar는 큰 용적이 필요	• 비교적 높다. • 압축 roller 방식은 3안 중 가장 콤팩트하다.
제조비용 (0.3)	• 비용은 중정도	• 3안 중 가장 고가 • 자기 caterpillar는 특별 주문을 요구하며 고가이다.	• 장치가 간단하고 가장 저가
수납량 (0.2)	• 압축된 캔이 콤팩트하기 때문에 컨테이너 용적에 비해 비교적 수납량이 대량	• 컨테이너의 용적은 작아질 수 밖에 없다. • 수납량은 최저	• 컨테이너 용적을 크게 할 수 있다.
Maintenance 용이성 (0.15)	• 연속적으로 캔을 투입하면 고장을 발생할 가능성이 있다.	• 제3안의 roller에 비해 caterpillar는 손상되기 쉽다.	• 3안 중 가장 간단
무공해성(소음) (0.05)	• 3안 중 소음이 가장 적다.	• caterpillar의 회전에 의한 소음과 캔 압축에 의한 소음으로 3안 중 가장 크다.	• 대부분 캔 압축에 의한 소음뿐이며 중정도

* : 괄호안의 숫자는 각 평가 항목에 대한 목표 가중치

$$
\begin{bmatrix} \text{설계안 1} \\ \text{설계안 2} \\ \text{설계안 3} \end{bmatrix}
=
\begin{array}{cccccc}
\text{투입용이성} & \text{압착성능} & \text{제조비용} & \text{수납량} & \text{유지보수용이성} & \text{무공해성} \\
\downarrow & \downarrow & \downarrow & \downarrow & \downarrow & \downarrow
\end{array}
$$

$$
\begin{bmatrix}
0.1634 & 0.1095 & 0.2856 & 0.4000 & 0.1634 & 0.5499 \\
0.5396 & 0.5816 & 0.1429 & 0.2000 & 0.2970 & 0.2098 \\
0.2970 & 0.3090 & 0.5714 & 0.4000 & 0.5396 & 0.2402
\end{bmatrix}
\begin{bmatrix} 0.1805 \\ 0.0948 \\ 0.3275 \\ 0.1805 \\ 0.1626 \\ 0.0541 \end{bmatrix}
\begin{array}{l} \leftarrow \text{투입용이성} \\ \leftarrow \text{감용성능} \\ \leftarrow \text{제조비용} \\ \leftarrow \text{수납량} \\ \leftarrow \text{유지보수용이성} \\ \leftarrow \text{무공해성} \end{array}
$$

$$
= \begin{bmatrix} 0.262 \\ 0.295 \\ 0.443 \end{bmatrix}
\begin{array}{l} \leftarrow \text{설계안 1} \\ \leftarrow \text{설계안 2} \\ \leftarrow \text{설계안 3} \end{array}
$$

그림 3.15 〉〉 종합 가중치 계산(AMP)

참고문헌

1) G. Pahl & W. Beitz 著, K. Wallace 編, Engineering Design, A Systematic Approach, Springer-Verlag (1977)
設計工学研究グループ訳：工学設計, 体系的アプローチ, 培風館 (1995) 56-88, 153-169
2) 北郷　薫：設計工学基礎, 設計工学シリーズ 1, 丸善 (1972) 19, 22-24
3) 田中雅康：バリュー・エンジニアリング, VE (価値分析), マネジメント社 (1997) 81, 89, 91, 189, 198, 200
4) 水野　滋・赤尾洋二：品質機能展開, 全社的品質管理へのアプローチ, 日科技連 (1990) 7
5) 木下栄蔵：マネジメントサイエンス入門, 経営・政策科学の戦略モデル, 近代科学社 (1996) 133-145
6) 飯塚晴彦：製品開発のための体系的設計法, 関東学院大学, 工学総合研究所報, 第 20 号 (1996-7) 6-14
7) 小畑経史・白石俊輔：www を利用した AHP システムの構築, 大分大学工学部研究報告, 第 38 号 (1998-7) 29-34
8) http://www.toyama-u.ac.jp/%7Eshira/index.html

VE에 의한 제품설계

CHAPTER 4

4.1 VE의 사고방법과 VE 어프로치에 의한 제품설계

4.1.1 VE의 사고방법

(1) VE에 의한 가치 결정법

가끔 「VE는 cost down을 위한 tool이다」라고 생각하는 사람이 많지만 이것은 오해이다. VE는 제품이나 서비스 등의 가치를 향상시키거나 보다 가치가 높은 것을 창조하여 제공하기 위한 사고방법이나 기법을 총칭한 것으로서 결코 비용절감을 위한 도구는 아니다.

개략적인 표현을 하면 VE에서는 가치(value)를 기능(function)과 비용(cost)의 비로 파악하여 가치의 정도(이것을 가치비율 : value ratio라고 한다)를 향상시키거나 보다 가치가 높은 물건을 만들어 제공하는 것이라고 할 수 있다.

$$가치(V)=기능(F)/비용(C) \tag{4.1}$$

가치라는 개념은 원래 미시경제학의 핵심을 이루는 것이며 의미는 논의하는자에 따라서 다양하다. 개인적인 견해로서 약간 무리가 있지만 요약해보면 가치는 목적에 대한 수단의 적합성 정도를 나타낸 것이다. 이 적합성은 유효성이나 합리성이라고 해도 좋다.

VE에서는 "목적"에 해당하는 것을 기능이라고 하고, "수단"에 해당하는 것을 비용이라고 하여 비율로 표현하여 가치개념을 구성한다. 여기서 알 수 있듯이 VE의 가치개념은 경제학에서 말하는 것보다 좁은 의미를 갖는다고 볼 수 있다.

다시 말하면 VE에서 말하는 가치는 경제학에서 말하는 사용가치(경제학에서는 이 외에 교환가치나 희망가치 등이 있다)를 연구대상으로 하고 측정에 있어서는 주로 기능과 비용 두요소의 비로 하고 있다고 불 수 있다(최근 이보다 더 넓은 의미로 받아드리게 되어 일반화되고 있다)7].

여기서 사용가치에 대해서 살펴보자. 사용가치는 실용적인 기능에 대한 가치(실용가치)와 매력적인 기능에 대한 가치(매력가치)를 포함하고 있다. 실용가치에는 기본적인 기능(기구・구조상의 기능이므로 예를 들어 자동차라면 주행기능 등)에 대한 가치와 사용편의상의 기능(사용의 편리함 등으로 예를 들어 자동차라면 운전하기 편리함 등)에 대한 가치가 포함되어 있다.

- 사용가치
  - 실용가치
    - 기본적인 기능에 대한 가치
    - 사용 편의상의 기능에 대한 가치
  - 매력가치
    - 귀중함(이라는 기능)에 대한 가치
    - 사회적인 명성이나 유행(이라는 기능)에 대한 가치

또 매력가치에는 제품이나 서비스 등의 귀중함(예를 들면 소재의 미, 형상의 미, 색채의 미 등)이라는 기능에 대한 가치와 사회적 명성이나 유행과 같은 기능(예를 들면 유명 브랜드 제품 등)에 대한 가치가 포함되어 있다.

이와 같이 VE에서 말하는 가치는 「기능에 의해서 얻을 수 있는 만족과 이것을 얻기 위한 희생 비」로 받아드릴 수 있다. 또 기능은 다른 표현으로 말하면 움직임, 작용, 효용, 역할, 등이라고 할 수 있다.

VE에서는 가치에 대한 연구함에 있어서 먼저 기능에 대해서 연구한다. 다음에 이 기능을 부여하기 위한 비용을 연구한다. 역순으로 연구하지는 않는다. 반드시 기능을 우선하여 연구한다. 이유는 사물에 대한 본질을 추구하고자 하기 때문이다.

사물에 대한 본질을 추구해 가면 기능을 추구해 가는 것으로 되기 때문이다. 기능을 추구해 가면 현재 상태의 제품이라는 "사물"에 포함되어 있지 않은 새로운 시점의 발상을 가능하게 해준다. 예를 들면 주부가 냉장고를 구입하는 것은 냉장고라는 "사물"이 필요하

7] European committee standardization : European standard, EN12973 "Value Management", p.13, April 2000

기 때문이 아니라 냉장고에 부과된 기능이 필요하기 때문에 구입하는 것이다. 이와 같이 VE에서는 가전제품이나 자동차 등의 "사물"이나 "관리시스템"이라도 단순히 이것을 고객이나 사용자가 구입하고 싶어 하는 것은 아니다. 실제로 구입하고 싶어 하는 것은 이 사물들이 가지고 있는 "기능"이라고 생각해야 한다.

또 VE에서는 현재의 모습인 "사물"은 기능을 부과하기 위하여 설계자가 고안한 하나의 모습일 뿐이며, 따라서 이것은 가상의 모습이라고 생각할 수 있다. 현재의 재품은 기능을 부과하기 위한 임시 모습이므로 잘 검토해 보면 더욱 멋있는 모습(참 모습)이 반드시 존재한다고 생각하는 것이다. 여기서 VE의 원점 사고 · 기능사고가 있다.

이것은 현재 시스템(제품이나 서비스)을 대상으로 한 VE이지만 새로운 시스템(신제품이나 관리시스템 등)을 대상으로 한 VE라도 같은 발상으로 보다 부가가치가 높은 시스템을 고안하여 제공한다.

(2) VE의 정의

VE의 정의는 아주 다양한 사람들에 의하여 제시되고 있지만 여기서는 다음과 같이 정의해 두기로 한다. 「VE란 고객에게 있어서 보다 가치가 높은 제품이나 서비스 등의 시스템을 제공하기 위하여 기능 본위의 연구를 조직적으로 전개하여 필요한 기능을 최소의 라이프 사이클 · 비용으로 확실하게 달성하는 창조적 방법이다.」

이에 대한 설명은 다음과 같다.

① VE의 대상은 제품이나 서비스 등 우리들이 컨트롤 할 수 있는 시스템이다.

VE는 제품이나 부품 등을 대상으로 한 VE(이것을 hard의 VE라고 한다)로 출발하였지만 오늘날에는 서비스나 관리시스템, 특정 프로젝트 등을 대상으로 한 VE(이것을 soft VE라고 한다)나 두 가지가 하나로 합쳐진 것을 대상으로 한 VE도 포함하게 되었다. 이것은 VE의 대상이 확대되었음을 뜻한다.

② VE의 목적은 VE 대상의 가치를 향상하거나 보다 가치가 높은 것을 고안하여 제공하는 것이다.

VE에서 말하는 가치는 고객에게 있어서의 가치(고객가치)를 말하며, 제공자에게 있는 가치(제공자 가치)는 아니다. 또 VE는 현 시스템을 대상으로 하는 VE(이것을 2nd Look

VE라고 한다)이면 보다 가치가 높은 것을 위하여 개선하는 것(이것을 가치개선이라고 한다)이다. 또 새로운 시스템을 대상으로 하는 VE(이것을 1st Look VE 또는 0 Phase VE라고 한다)이면 보다 가치가 높은 것을 창조(이것을 가치창조라고 한다)하여 제공하는 것이다.

③ VE에서는 가치를 기능(더 정확하게 말하면 기능 달성 수준)이 가져오는 만족도와 비용(만족을 얻기 위한 희생을 대표로 하는 것으로서 비용을 이용한다)의 비로 취급한다.

VE에서는 가치를 경제학상의 가치 중에서 사용가치에 제한하여 다루고 있다.

④ VE는 기능본위의 사고를 철저하게 전개하고 필요한 기능 달성 수준을 확실하게 부과한다.

VE는 고객에게 필요한 기능은 무엇인가를 규명하고 그 기능 달성수준을 명시하는 것부터 시작한다. 그리고 이것을 확실하게 달성하는(신뢰성 등) 방법을 연구하는 것이다. 이를 위하여 VE는 기능에 대한 철저한 연구를 수행하고 사물의 본질을 주시하는 어프로치를 한다.

⑤ VE는(고객이 필요로 하는 수준의 기능을) 최소의 라이프 사이클 · 비용(LCC: life cycle cost)으로 달성하는 것이다.

라이프 사이클 · 비용은 제품 수명기간동안의 비용이며, 개발설계비, 제조비용, 물류 · 판매비용, 사용비용, 폐기비용, 환경대응 비용 등 모든 비용을 포함한다. VE는 이 모든 비용(over all cost)을 최소치로 달성하는 것을 지향한다.

⑥ VE는 조직적으로 전개하는 창조적 활동이다.

이것은 VE를 실시하는데 있어서의 특징으로서 제일 먼저 할 것이 조직적으로 전개하는 것이다. VE는 혼자서 개인적으로 수행할 수도 있지만 큰 성과를 기대하기 위해서는 조직적으로 진행하는 것이 바람직하다. "조직적"이라는 의미에는 두가지가 있다. 첫 번째는 직제를 횡단하는 형태의 팀 멤버를 편성하여 VE를 실시한다는 의미이다. 이렇게 함으로서 다른 전문가의 지식을 종합화할 수 있기 때문에 여러 측면에서 바라본 문제해결이나 새로운 발상에 기초한 가치창조가 가능하다. 두 번째는 관련부문이 제품설계 단계에 따라서 협력하여 병행적 업무수행(concurrent engineering)을 한다는 의미이다.

두 번째의 특징은 팀에 의한 창조활동을 하는 것이다. 고유기술이든 관리기술이든, 창조력은 모두 필요하지만 VE는 디자인 어프로치 다시 말하면 이질적인 전문가들이 하나가 되어 팀 디자인을 기본적으로 전개하는 것이다.

이것으로 VE에 대한 개요를 파악하였기 때문에 VE 어프로치에 의한 제품설계의 진행방법을 알아보자.

4.1.2 VE 어프로치에 의한 제품설계의 사고방법과 특징

원래 제품설계는 고객이 실질적으로 요구하고 있는 기능(필요기능)을 확실하면서 최소한의 비용으로 "물건"이라는 형태로 구체화하는 것이다. 이렇게 하기 위해서는 우선 제품설계활동은 부과해야할 기능과 그 기능의 달성수준을 정확하게 파악하는 것에서 시작된다. 다음은 이 기능을 구체적인 형태로 만들어내기 위해서 허용된 목표비용의 범위내에서 수행한다.

제품설계는 이 두 가지 요청을 만족하도록 구조와 의장 등을 창조하여 가는 것이며 이것이 제품설계가 갖추어야할 모습이라고 할 수 있다.

그러나 개발설계자는 일반적으로 성능이나 개발일정에는 관심이 많지만 목표비용의 달성 등 경제성에 대해서는 그다지 관심이 없는 경우가 많다. 이 배경에는「좋은 물건을 만들고 싶다」라든가「좋은 제품은 반드시 잘 판매된다」는 신념이 있기 때문일 것이다. 그러나 지금은 시대가 바뀌기도 하였기 때문에 단순히 그렇다고 보기는 어렵다.

그래서 이점을 개선하여 성능 · 일정 · 경제성 3자를 같은 무게로 인식하고 이들을 균형있게 동시에 실현하는 기법이 여기서 말하는 VE 어프로치에 의한 제품설계이다.

이 방법은 개발설계하는 제품에 따라서 약간 다른 부분이 있지만 일반적인 형태(유사한 모양)는 나타낼 수 있다. 여기서는 주로 조립형 제품을 대상으로 하여 VE 어프로치에 의한 제품설계 프로세스를 나타내 보자.

제품설계는 표 4.1에서 표시하는 어느 단계이든지 설계에 필요한 입력정보에 근거하여 기능분석을 수행하고 설계안을 창조한다. 그리고 결과를 평가 · 결정하는 단계를 거쳐서 이루어진다. 각 단계에서 수행되는 주요 항목을 나타내면 표 4.1과 같다. 각각의 설계단

표 4.1 〉〉 VE 어프로치에 의한 제품설계

Input	기능분석	창조	평가 결정 (N → 기능분석, Y → Output)	Output
〈착상단계〉 · 고객의 니드 · 기획측의 니드 … … …	· 사명, 상위 요구기능의 명확화 · 기술성, 경제성 등의 검토	· 기본착상의 아이디어발상 · 기본착상안의 작성	· 기본착상안의 평가와 결정 · 기술성, 경제성 등의 평가와 결정	제품기획서 · 제품기획의 개요 · 설계요구사항 · 목표제조비용 등
〈구상설계단계〉 제품기획서 · 제품기획의 개요 · 설계요구사항 · 목표제조비용 등	· 상위요구기능의 정의와 정리 · 상위기능체계도의 작성 · 상위기능분야의 평가 · 목표제조비용의 상위기능분야별 배분	· 상위기능분야의 아이디어 발상과 평가 · 기본구상안의 구성과 구체화 · 구상설계안의 작성	· 기본구상안의 평가와 결정 · 기술성, 경제성 등의 평가와 결정	기본설계사양서 · 상위기능체계도 · 상위기능분야별 목표제조비용의 배분표 · 기본구상도 등 · 기본설계 요구사항
〈기본설계단계〉 기본설계사양서 · 상위기능체계도 · 상위기능분야별 목표제조비용의 배분표 · 기본구상도 등 · 기본설계 요구사항	· 중위요구기능의 정의와 정리 · 종합적 기능체계도의 작성 · 중위기능분야의 평가 · 목표제조비용의 중위기능분야별 배분	· 중위기능분야의 아이디어 발상과 평가 · 기본구조안의 구성과 구체화 · 기본설계안의 작성	· 기본구조안의 평가와 결정 · 기술성, 경제성 등의 평가와 결정	상세설계사양서 · 종합적기능 체계도 · 중위기능분야별 표제조비용의 배분표 · 기본구조도 등 · 상세설계 요구사항
〈상세설계단계〉 상세설계사양서 · 종합적기능체계도 · 중립기능분야별 목표제조 비용의 배분표 · 기본구조도 등 · 상세설계 요구사항	· 하위요구기능의 정의와 정리 · 종합적 기능체계도의 작성 · 하위기능분야의 평가 · 목표제조비용의 하위기능분야별 배분	· 하위기능분야의 아이디어 발상과 평가 · 세부상세구조안의 구성과 구체화 · 생산성을 고려한상세설계안의 작성	· 상세설계안의 평가와 결정 · 기술성, 경제성 등의 평가와 결정	제조사양서 · 제작도 등 · 하위기능분야별 목표제조비용의 배분표 · 목표제조 비용의 달성 상황표

계에서의 출력정보가 다음 단계에서는 입력정보로서 활용된다.

표 4.1에서 알 수 있듯이 VE어프로치에 의한 제품설계는 과거형의 고유기술에 근거하는 제품기술에 비하여 내용에 있어서 분명한 특징이 있다고 할 수 있다. 특징은 다음과 같다.

(1) 철저한 기능분석의 실시

「기능분석」은 과거의 고유기술에 입각한 제품설계에서도 하고 있지만 의식적으로 또는 강력한 의도로 철저하게 실행할 수 있다.

기능분석을 철저하게 실행하는 것은 제품설계에 있어서 원점사고를 철저하게 하는 것이며 사물의 본질을 추구하는 것이다. 이것에 의하여 제품설계 팀 멤버는 필요기능과 달성수준에 대해서 공통적인 이해가 가능하고 기능에 입각한 발상이 가능하다.

이 결과 필요기능과 달성수준 · 신뢰성 · 안전성 등은 어느 정도 분명하게 된다. 이것이 기능보증의 기본이며 그 결과 고객이 진실로 원하는 제품설계가 가능하게 된다.

(2) 목표 비용의 설정과 준수

필요기능과 달성수준을 제품이라는 형태로 구체화하기 위하여 허용되는 비용 규모가 「목표 비용」으로 표시된다. 지금은 제품설계는 이 목표비용의 범위내에서 수행하였을 때 완료했다고 한다. 그렇지 않으면 제품설계는 미완성인 상태이다.

목표비용은 제조비용뿐만 아니라 이상적으로는 개발설계비나 물류비, 사용비용(running cost) 등 라이프 사이클 비용 모두에 대하여 설정되어야 하며 현시점에서 가장 기본적이며 대표적인 것은 목표제조비용이다. 그래서 여기서는 목표비용을 개발설계자들이 콘트롤 할 수 있는 제조비용에 한정하여 설명한다.

목표비용이 달성 가능함을 알고 나면 신제품의 비용보증이 이루어졌다고 판단한다. 기능보증이 가능하고 다음 비용보증이 되면 제품설계는 완료하지만 다음 공정인 제조준비나 제조부문으로 넘어갈 수 있다.

(3) 팀 디자인의 실시

필요기능과 달성수준, 개발일정, 목표제조비용 3자를 설계인자로 하여 설계안을 창조하지만 이때 VE 어프로치의 제품설계에서는 팀디자인을 하는 것이 대원칙이다. 제품설계는 개인이라도 가능하지만 VE 어프로치의 제품설계에서는 다른 전문가의 지혜를 유효하게 활용하기 때문에 팀활동을 주창한다. 여기서 노리는 것은 상호 보완하면서 다른 관점과 다른 정보를 종합하여 특정 테마에 대하여 아이디어 발상을 하도록 하기위해서이다. 이러한 사실로부터 기능과 비용 양변에서 보다 가치가 높은 설계안을 작성할 수 있다.

또 팀디자인에 의해 서로 과거의 실패경험이나 성공경험을 활용할 수 있게 되며 개인적으로는 설계 know-how를 몸에 익힐 수 있다. 물론 개발기간의 단축도 이루어진다. 세부 상세한 설계는 개인이 담당하지만 여기에 도달할 때까지의 설계(개발설계의 초기·중기 단계)에서는 팀디자인이 효과적이다.

(4) 설계안의 평가에 기술성과 경제성을 동일하게 중요시 한다.

개발설계하는 신제품은 고객이 환영하는 것이어야 함으로 기술성에 대한 평가가 반드시 필요하다. 동시에 생산자에게 있어서도 계획한 이익을 가져올 수 있어야 한다. 따라서 목표비용의 달성과 목표이익의 달성가능성(경제성)을 평가할 필요가 있다. 이와 같이 모순되는 것 같은 두개의 목표를 같은 등급으로 중요시한다.

이상과 같은 4가지 특징을 요약하면 VE 어프로치에 의한 제품설계는 개발설계의 모든 단계에서 기능보증과 비용보증을 철저하게 수행함으로서 제품의 가치보증을 하는 구조를 가지고 있다고 할 수 있다. 이것이 노리는 목표는 「싼가 비싼가」의 문제가 아니라 「좋은가 싼가 빠른가」를 지향하여 보다 가치가 높은 신제품 창조가 이루어지는 것이다.

4.1.3 제품설계에 의한 VE job plan

이상과 같이 VE 어프로치에 의한 제품설계의 사고방식이나 특징이 이해되었다고 생각됨으로 여기서는 VE의 진행방법에 대해서 설명해 보자.

제품설계 가치창조의 VE이든 기존제품 가치개선의 VE이든 VE를 효과적으로 진행하기 위해서는 우선 VE의 일반적·표준적인 진행방법[이것을 VE job-plan 이라고 한다]을 이해하고 이에 따라서 실시할 필요가 있다. VE job-plan은 말하자면 VE를 바르게 이해하고 추진하기 위한 기본정석에 상당하는 것이며 VE대상이 무엇이든 기본적으로는 같은 것이다.

원래 VE job-plan은 기존제품 등 현재시스템의 개선(가치개선)용 (이것을 2nd look VE job-plan 이라고 한다)으로 작성되어 활용해 왔다. 이런 처리방법을 제품설계용으로 계획한 것이 여기서 말하는 제품설계에 있어서 VE job-plan이다.

이것은 「기능분석」과 「설계안의 작성과 분석」2개의 phase로 구성되어 있고 또한 7개의 단계로 구성된다.

각 단계의 설명에 들어가지 전에 VE를 실시하기 위한 준비(VE 관리에 해당)가 필요하기 때문에 요약하여 설명한다. 중요한 것은 다음과 같은 4가지 항목이다.

① VE대상(제품전체가 특정 구성요소 또는 검토해야할 특정 사항 등)을 결정할 것
② VE를 실시하는 팀을 편성할 것
③ VE성과 목표(원가목표, 신뢰성 목표, 부품점수 목표 등)를 결정할 것
④ VE활동의 스케줄을 결정할 것

이 준비는 아주 중요한 것으로서 잘하고 못하고에 따라서 VE성과에 큰 영향을 미친다.

다음은 위에서 설명한 제품설계에 대한 VE job-plan의 7단계에 대해서 개요를 설명한다.

- 제품설계의VE job-plan
  - 기능분석
    - 기능정의
    - 기능정리
    - 기능평가
  - 설계안의작성과평가
    - 기능별 목표비용의 설정
    - 아이디어 발상
    - 설계안의 작성
    - 설계안의 평가

〈단계 1 : 기능정의〉

여기서는 다음과 같은 2가지가 필요하다. 첫째는 VE의 대상물 전체가 완수해야할 사명을 잘 이해하고 시스템 전체와 중요한 구성요소(서브시스템)마다 고객에게 필요한 기능은 무엇인지, 달성수준은 어느 정도인지를 명확하게 한다. 목적은 2가지가 있다. 하나는 고객이 진실로 추구하고 있는 기능(필요기능)과 달성수준을 명확하게 함으로서 기능에 대하

여 개발설계의 팀 멤버(또는 VE 실시 멤버)가 공통의 인식을 가지는 것이다. 두 번째 목적은 사고범위를 확대(물적 발상이 아니라 기능에 입각한 발상을 하는 것)하는 것이다.

둘째는 명확해진 필요기능을 원칙적으로 명사와 동사를 사용하여 간결하게 표현하는(정의하는)것이다(3장의 그림 3.7 참조).

〈단계 2 : 기능정리〉

기능정의가 끝나면 기능정리를 한다. 내용은 첫째 기능정의 단계에서 명확해진 필요기능이 정말 필요한 것인가, 달성수준은 이대로 좋은가, 부족한 기능은 없는가, 불필요한 기능은 포함되어 있지 않은가 등을 재검토하고 필요기능을 철저하게 추구하여 명확하게 하는 것이다[문헌 1)의 80쪽 그림 참조].

둘째 정의한 필요기능을 일정한 룰에 의해 연관을 맺고 체계화하는(이것을 기능체계도 또는 기능계통도라고 한다)것이다. 일반적으로 정의한 기능을 「목적과 수단」의 관계에 따라서 연결하여 체계화한다.[문헌 1) 그림 8.1 참조]. 이것에 따라서 개발설계팀 멤버(또는 VE 실시 멤버)의 전원이 VE대상 전체의 필요기능을 체계적으로 이해할 수 있다.

〈단계 3 : 기능평가〉

기능체계도가 완성되면 연관되어 있는 그룹(이것을 기능분야라고 한다)이 명확하게 되기 때문에 이 기능분야(function area)를 대상으로 평가한다. 개개의 기능을 평가하기 전에 이와 같이 기능분야의 평가를 수행한다.

기능평가를 하는 목적은 첫째 각 기능분야의 중요성 정도를 개발설계 팀멤버(또는 VE 실시 멤버)전원이 이해하고, 공통인식을 가진 다음 제품설계나 VE활동을 하기위해서이다.

둘째는 기능분야별 목표제조비용 등을 결정하기 위한 기준을 만들기 위해서이다.

〈단계 4 : 기능별 목표 비용의 설정〉

제품설계는 성능의 목표, 일정의 목표, 비용의 목표 등을 동시에 달성해야 한다. 이미 제품전체의 목표비용(목표 제조비용)은 제품기획 단계 등에서 결정되어 있지만 이것을 각 기능분야에 배분할 필요가 있다. 배분이 되면 기능분야별 목표 제조비용이 확정된다. 이것이 필요기능을 구체화할 때 준수해야할 지침이 되는 경제성(원가상의) 지표이다. 목표제조비용의 배분의 기준(배분기준)으로서 많이 이용되는 것이 단계 3에서 구한 기능평가치(엄밀하게는 기능분야별 평가치)이다.

〈단계 5 : 아이디어 발상〉

설계안을 만들기 위해서는 우선 첫 번째로 기능분야마다 아이디어 발상을 한다. 보통 기간기능계열[가장 중요한 기능분야군, 문헌 1) 77쪽 그림 참조]을 택하여 상위기능을 대상으로 하여 아이디어 발상을 한다. 다음 보조기능계열에 대해서도 같은 방법으로 아이디어 발상을 한다. 아이디어 발상에 있어서는 여러 가지 발상기법의 도움을 빌리면서 넓은 관점에서 기능에 입각하여 아이디어를 이끌어 낸다. 다음은 이끌어낸 여러 가지 아이디어를 관점별로 정리하고 부족한 관점의 아이디어를 충족하도록 하고 생각해 낼 수 있는 모든 관점에서 아이디어 발상을 한다. 이렇게 하면 목적에 적합한 설계안을 만들기 쉽다.

〈단계 6 : 설계안의 작성〉

아이디어가 정리되면 이 아이디어를 경영전략이나 제품전략 등에 따라서 결합하여 복수의 설계안을 만든다. 설계안은 성능 등의 기술성 측면뿐만 아니라 목표 제조비용 범위 내에서 만들어야 하기 때문에 경제성 측면을 고려하여 아이디어를 결합할 필요가 있다.

〈단계 7 : 설계안이 평가〉

설계안은 기술성 요구를 만족해야할 뿐만 아니라 경제성 요구(다시 말하면 목표 제조비용)도 만족해야하기 때문에 이 2가지 측면에서 철저하게 검토가 이루어진다. 성능면, 신뢰성, 환경적합성면 등에 대해서는 시작품에 의한 테스트와 증명을 하고 동시에 견적원가 등에 의한 경제성 평가를 수행한다.

이 평가는 개발설계의 초기와 후기와는 내용면에 있어서 큰 차이가 있지만 본질적으로 수행해야할 평가는 위에서 설명한 것과 동일하다.

job-plan의 순서는 구상설계, 기본설계, 상세설계의 모든 설계과정에서 실시된다. 이와 같은 순서를 거쳐서 기술성의 보증(기능보증 등)과 경제성 보증(비용보증 등)을 하고 이 모든 것을 종합하여 가치보증을 하는 것이 VE 어프로치에 의한 제품설계이다.

이상 VE 어프로치에 의한 제품설계 진행방법에 대해서 사고방식이나 검토항목을 요약하여 설명하였다. 이것을 알기쉽게 정리한 것이 그림 4.1이다.

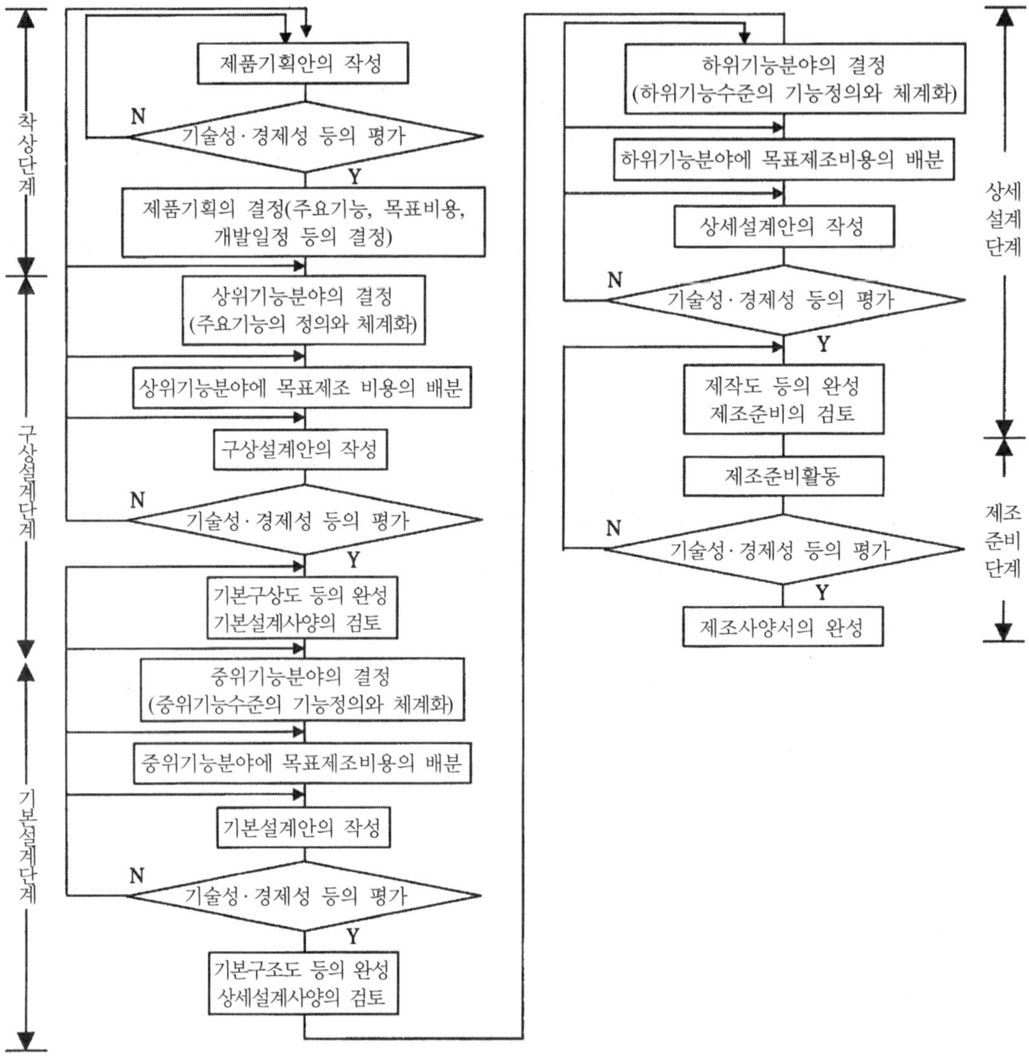

그림 4.1 >> VE 어프로치에 의한 제품설계 프로세스

4.2 VE 어프로치에 의한 제품설계 사례

4.2.1 구상설계 단계에서의 기능분석

이미 설명한 VE 어프로치에 의한 제품설계의 job-plan에 준거하여 간단한 사례(알카리 이온수 생성기의 제품설계)를 이용하여 진행방법을 설명하기로 한다.

제품설계를 시작하기 전에 설계요구사항(기획 · 착상단계의 기능분석)의 결정이 필요하기 때문에 이것을 순서에 따라서 설명해 보자.

(1) 설계요구사항의 결정

제품기획의 중요한 부분을 표 4.2와 같은 기획서로서 작성하지만 여기에는 중심을 이루는 설계요구사항(design requirements)을 명시할 필요가 있다. 설계요구사항이란 개발설계하는 신제품의 사명, 주요한 필요기능이나 달성수준, 판매대상, 특히 제품의 차별화 특성 · 특징 등 대략적인 것을 개발설계자 요구항목으로 열거한 것이다.

설계요구 사항은 문장으로 나타내거나 개조식으로 나타내는 것이 일반적이다. 본 사례의 경우 이것을 표 4.3의 왼쪽과 같이 나타내기로 한다.

(2) 기능정의와 기능체계도의 작성

이와 같은 설계요구사항이 명확하게 되면 이것과 제품기획서에 입각하여 기능정의를 한다. 방법은 전술한 바와 같이 원칙적으로 명사와 동사를 이용하여 나타낸다. 이때 명사부분과 동사부분에 대해서 제약조건이나 주의사항이 있으면 기능정의한 시트에 메모해 둔다(표 4.3 참조).

이와 같은 과정을 통하여 알카리 이온수 생성기의 요구기능을 정의하면 표 4.3의 오른쪽과 같다.

표 4.2 >> 제품기획서

개발제품명	알카리 이온수 생성기	
의도	• 미래에 유망 시 되는 건강기기산업 분야에 신규진입을 시도한다. • 당사 기술의 새로운 활약 분야를 개척한다. • 타사 유사제품에 비해서 고효율, 저가격 제품을 개발하여 우량 수익원으로 한다.	
목적	수돗물, 또는 지하수를 원수로 하여 전기분해 함으로서 알카리 이온수와 산성 이온수로 분리한다. 알카리 이온수는 만성설사, 소화불량, 위장내 이상발효, 제산을 위해 음용하여 건강증진을 도모한다. 산성 이온수는 부산물이기는 하지만 astringent로 이용한다.	
성능	• 전해조 용량 : 3 ℓ • 생성용량 : 알카리 이온수 1.6 ℓ, 산성 이온수 1.4 ℓ • 사용전원 : AC 100V, 50/60Hz 공용(가정용 전원) • 전해전류전압 : DC 45 V 이하 • 전해성능 : pH 10 이상/통전시간 20분 이내 • 원수온도 : 0~40℃, 주위온도 : -10~50℃ • 전해조는 분리될 수 있을 것. • 감전이나 오작동이 없고 안전해야 한다. • 완료상태를 자동으로 알려줄 것. • 전해 후 알카리 이온수와 산성 이온수를 혼합하지 않을 것. • 운반을 위한 이동성이 좋을 것.	
유사품 등	이미 유사한 타사제품이 판매되고 있다. 비교자료 별지 참조	
목표제조비용	15,000원	착상의 개요 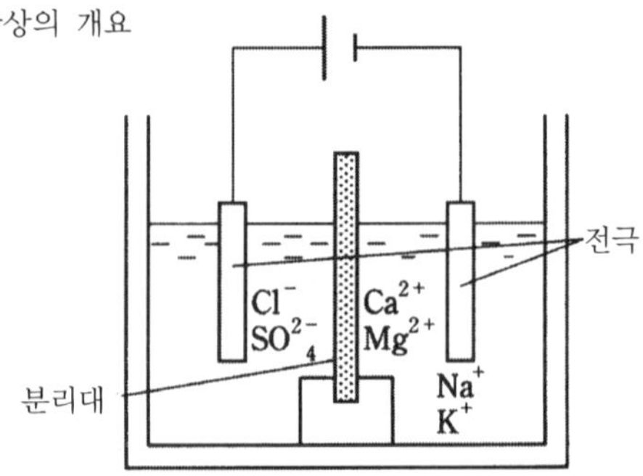
생산예정수량	2000대/월	
일정	개발착수설계 ○년 ○월 기본설계완성 ○년 ○월 제조사양서 완성 ○년 ○월 판매시기 ○년 ○월	

표 4.3 〉〉 알카리이온수 생성기의 요구기능 정의

설계요구사항	기능정의		제약조건
	명사	동사	
이 기기는 알카리 이온수를 음용함으로서 위장의 이상을 예방하거나 조정하기위한 것이다.	알카리 이온수를 위장의 이상을	음용한다 예방조정한다	
알카리 이온수의 생성방법은 전해조를 구성하고 여기에 음료수를 저장하고 전극을 설치하여 전압을 바꾸어 전류를 바꾸어 흘려보냄	전해조를 음료수를 전극을 전류를 전압을 전압을	구성한다 저장한다 구성한다 흘려보낸다 변환한다 벼화한다	용량 3 ℓ 수돗물 또는 우물물 DC 45 V 이하 100 V→45 V 이하 AC→DC
알카리 이온과 산성 이온을 분리함으로서 알카리 이온수·산성 이온수를 만드는 것이다.	알카리 이온을 산성 이온을 알카리 이온수를 산싱 이온수를	분리한다 분리한다 만든다 민든다	 알카리 이온수는 pH 10 이상, 1.6 ℓ 산성 이온수는 1.4 ℓ
알카리 이온수는 지정통전시간을 유지함으로서 농도를 확보하고 완성상태를 자동으로 알려줄 필요가 있다.	통전시간을 pH농도를 완성상태	유지한다 확보한다 알린다	20분 이내 pH 10 자동적
분리된 알카리 이온수와 산성이온수는 혼합되지 않게 한다.	혼합을	방지한다	
배출은 수로를 개폐함으로서 간단히 배출할 수 있다.	수로를 알카리 이온수를 산성 이온수를	개폐한다 배출한다 배출한다	쉽게 가능할 것 쉽게 가능할 것
배출된 것을 용기에 담는다.	알카리 이온수를 산성 이온수를	담는다 담는다	

표 4.3 〉〉 알카리이온수 생성기의 요구기능 정의(계속)

설계요구사항	기능정의		제약조건
	명사	동사	
또 사용성을 유지하기 위하여 전해조는 다른 부분과 분리가 가능하며 운반이 용이해야한다.	사용성을 전해조는 이동성을	유지한다 분리·결합한다 유지한다	
물론 감전이나 오작동이 없고 안전해야 한다.	감전을 오작동을 안전성을	방지한다 방지한다 유지한다	

기능정의가 끝나면 이것을 「목적과 수단」의 관계로 요구기능체계도(상위 기능체계도)[문헌 1), 97쪽 그림 8.1 참조]로 정리한다. 이 방법도 이미 설명하였지만 작성한 예를 나타내면 그림 4.2와 같다.

상위 기능 체계도를 작성해 가면 기능 상하관계나 관련성이 명확하게 되어 기능분야도 명확하게 된다. 때로는 누락되어 있는 상위기능을 발견하기도 한다. 누락된 기능이 있으면 물론 기능체계도 내에 추가 기입해야 한다. 이 과정을 거침으로서 개발설계하는 시스템 전체의 필요기능과 그 관련성을 모든 개발설계 팀 멤버(또는 VE 실시 멤버)가 공유할 수 있게 된다.

본 사례의 경우에는 상위 기능분야가 3가지(「알카리 이온수를 만든다」, 「알카리 이온수·산성 이온수를 선택한다」, 「사용성을 유지한다」임을 알 수 있고, 각각의 관련성도 이해할 수 있다.

(3) 기능평가와 목표제조 비용의 배분

다음 단계는 기능분야에 목표 제조비용을 배분하는 것이다. 본 사례의 경우 목표제조비용은 150,000원으로 이미 설정되어 있기 때문에(표 4.2 참조) 이것을 각 기능분야에 중요도에 따라서 배분한다. 결과는 표 4.4와 같다. 여기서는 기능분야의 중요도에 입각하여 목표 제조비용 배분을 기계적으로 수행하였다. 그러나 실제로는 기업의 전략적 요소나 기술적인 실현가능성을 가미하여 약간의 수정을 가하는 경우도 있다. 본 사례에서도 수정이

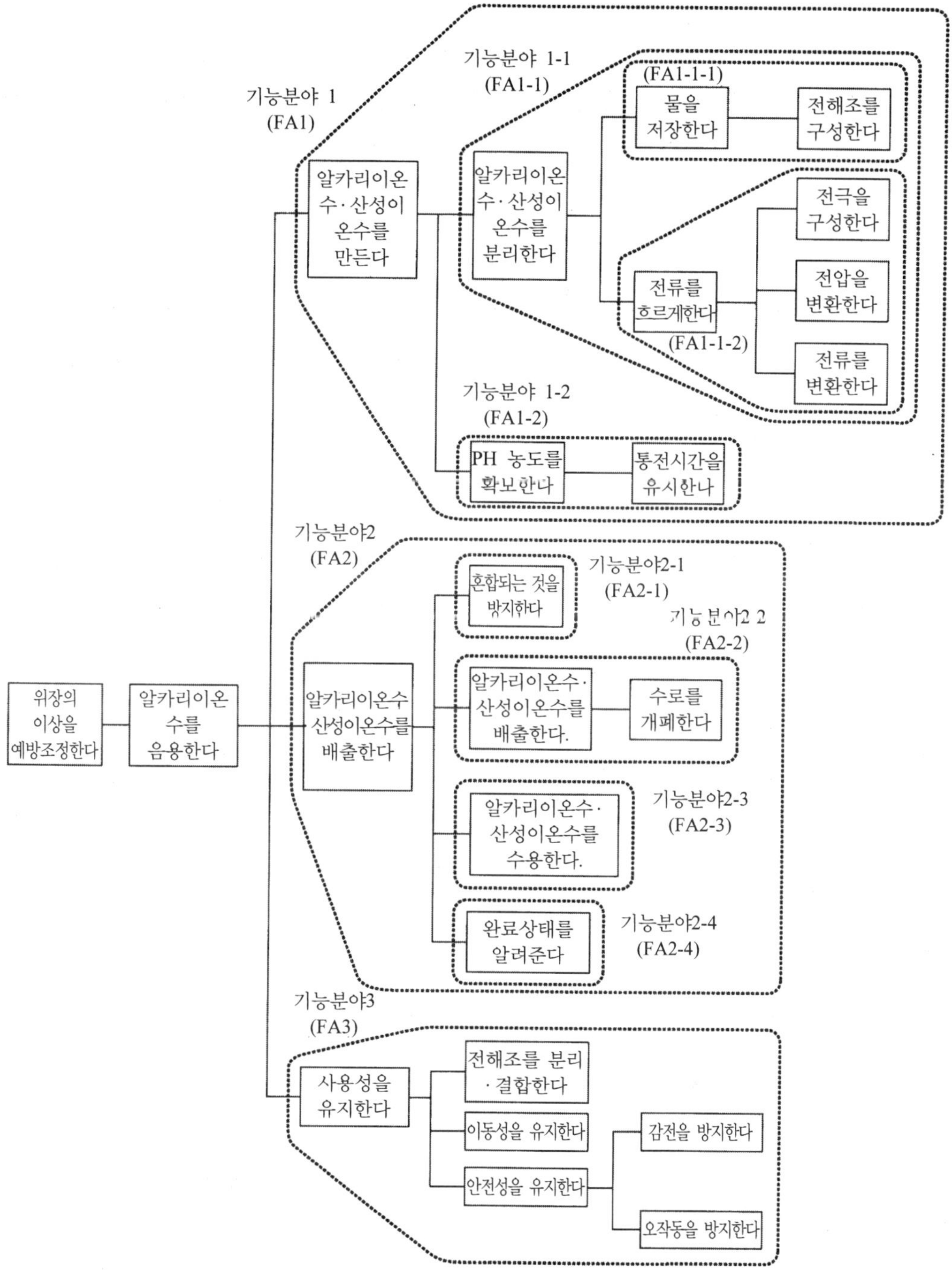

그림 4.2 〉〉 요구 기능 체계도

있다.

결과를 보면 기능분야 1(FA 1)은 큰 기능분야이며 뿐만 아니라 중요도도 높기 때문에 같은 방법에 의해서 목표제조비용의 95,000원을 더 세분화하여 배분하기로 한다. 결과를 나타내면 표 4.5와 같다. 여기서도 기업의 전략적 요소 등을 가미하여 약간의 수정을 하였다.

표 4.4 〉〉 기능분야별 목표제조비용의 배분(1)

기능분야		기능중요도	목표제조비용의 배분	전략에 의한 수정	기능분야별 목표제조비용
FA_1	알카리 이온수 · 산성 이온수를 만든다	64.0%	96,000원	-1,000원	95,000원
FA_2	알카리 이온수 · 산성 이온수를 배출한다	30.0%	45,750원	-3,750원	42,000원
FA_3	사용성을 유지한다	5.5%	8,250원	+4,750원	13,000원
목표제조비용=15,000엔		100%	150,000원	±0원	150,000원

표 4.5 〉〉 기능분야별 목표제조비용의 배분(2)

알카리 이온수·산성 이온수를 만든다		기능중요도	목표제조비용의 배분	전략에 의한 수정	기능분야별 목표제조비용
$FA_{1\text{-}1\text{-}1}$	물을 저장한다	27.7%	26,300원	+200원	26,500원
$FA_{1\text{-}1\text{-}2}$	전류를 흘려보낸다	57.8%	54,900원		54,900원
$FA_{1\text{-}2}$	pH 농도를 확보한다	14.5%	13,800원	-200원	13,600원
목표제조비용=95,000원		100%	95,000원	±0원	95,000원

4.2.2 기본 구상안의 작성

이와 같은 순서를 거쳐서 구상설계안 작성에 착수한다. 구상설계 단계에서 해야할 업무내용은 개발설계대상에 따라서 다르기 때문에 반드시 확정된 것은 아니다. 여기서는 구상설계 단계의 기능분석 단계에서 작성한 자료에 입각하여 기본구상안의 작성과 구체화,

기본구상도나 의장구상도 등을 작성한다. 이와 같은 설계구상안에 대하여 기술성과 경제성 평가를 거쳐 채택가능안이 완성되면 구상설계 활동은 완료한다(표 4.1 참조).

다시 말하면 제품기획서에 표시된 상위 요구기능, 기본착상, 상위 기능체계도, 기능분야별 목표제조비용, 개발일정 등에 입각하여 상위 기능분야별로 기본 착상안을 창조한다. 이때 다음과 같은 두 가지 점에 유의할 필요가 있다.

첫째는 원칙적으로 기간기능계열(가장 중요한 기능분야로서 예로는 「알카리 이온수를 만든다」이다)에서 아이디어 발상을 하는 것이다. 그러면서도 기본적으로는 상위 기능으로부터 아이디어 발상하는 것이 좋다.

둘째는 제품기획의 취지나 제약조건을 재확인하고 주요한 관점(기본적인 구조 방식 · 레이아웃이나 의장) 모두에 대해서 빠짐없이 아이디어 발상을 하는 것이다.

(1) 아이디어 발상과 정리

이러한 유의사항을 지키면서 아이디어 발상을 하고, 이것을 아이디어 카드를 이용하여 정리하면 좋을 것이다.(그림 4.3 참조). 또 이 카드를 아이디어 관섬(idea needle)별로 분류해 둔다.

이렇게 하면 검토가 불충분한 관점이나 누락된 관점 등이 발견되므로 이러한 관점에서 아이디어 발상을 하여 추가해 간다. 이와 같이 다각적인 관점에서 아이디어를 발상하고 체계적으로 분류하여 정리한다.

한 가지 예로서 기간기능계열로 표시한 「물을 저장한다」는 기능에 대해서 생각해보자. 아이디어 발상을 하여 많은 아이디어가 나오면 어떤 것은 그대로 아이디어 카드에 정리하고, 어떤 것은 개선하거나 다른 아이디어와 조합하여 보다 좋은 아이디어로 바꾸어 아이디어 카드에 기록한다.

이 모든 것에 대해 대략적인 평가(기술성과 경제성측면에서 수행한다)를 하여 채용 가능한 아이디어를 복수로 제출하고 열람하기 쉽도록 한다. 그림 4.4에 예를 나타낸다.

같은 방법으로 기간 기능계열의 모든 주요기능에 대하여 아이디어 발상을 하고 아이디어 카드에 기록하여 채용 가능한 아이디어를 명확하게 한다. 기간 기능계열의 아이디어 발상이 끝나면 다음은 일반 기능계열의 각 주요기능(본 사례의 경우는 FA 2와 FA 3)에 대해서도 동일하게 수행한다. 채용 가능한 복수개의 아이디어를 발상한다. 상위기능의 아

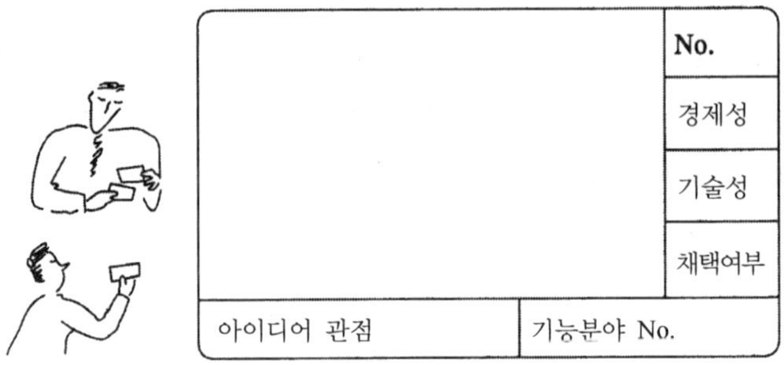

그림 4.3 〉〉 아이디어 카트

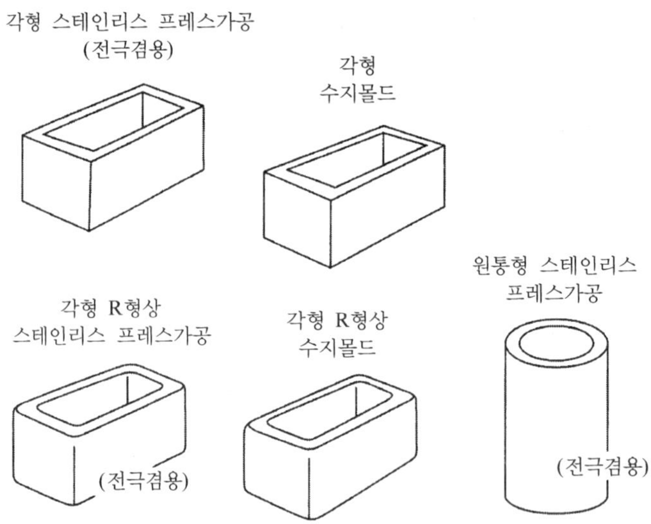

그림 4.4 〉〉 FA 1-1-1(물을 저장한다)의 아이디어

이디어 발상이 끝나면 중위기능에 대한 아이디어 발상으로 진행한다.

(2) 아이디어 열람표의 작성

다음은 채용 가능한 아이디어를 「아이디어 열람표」용지에 나열하여 아이디어 전체를 정리하여 보기 쉽게 한다(그림 4.5 참조). 여기서는 FA 1과 FA 2의 주요한 것에 대하여 나타내었다.

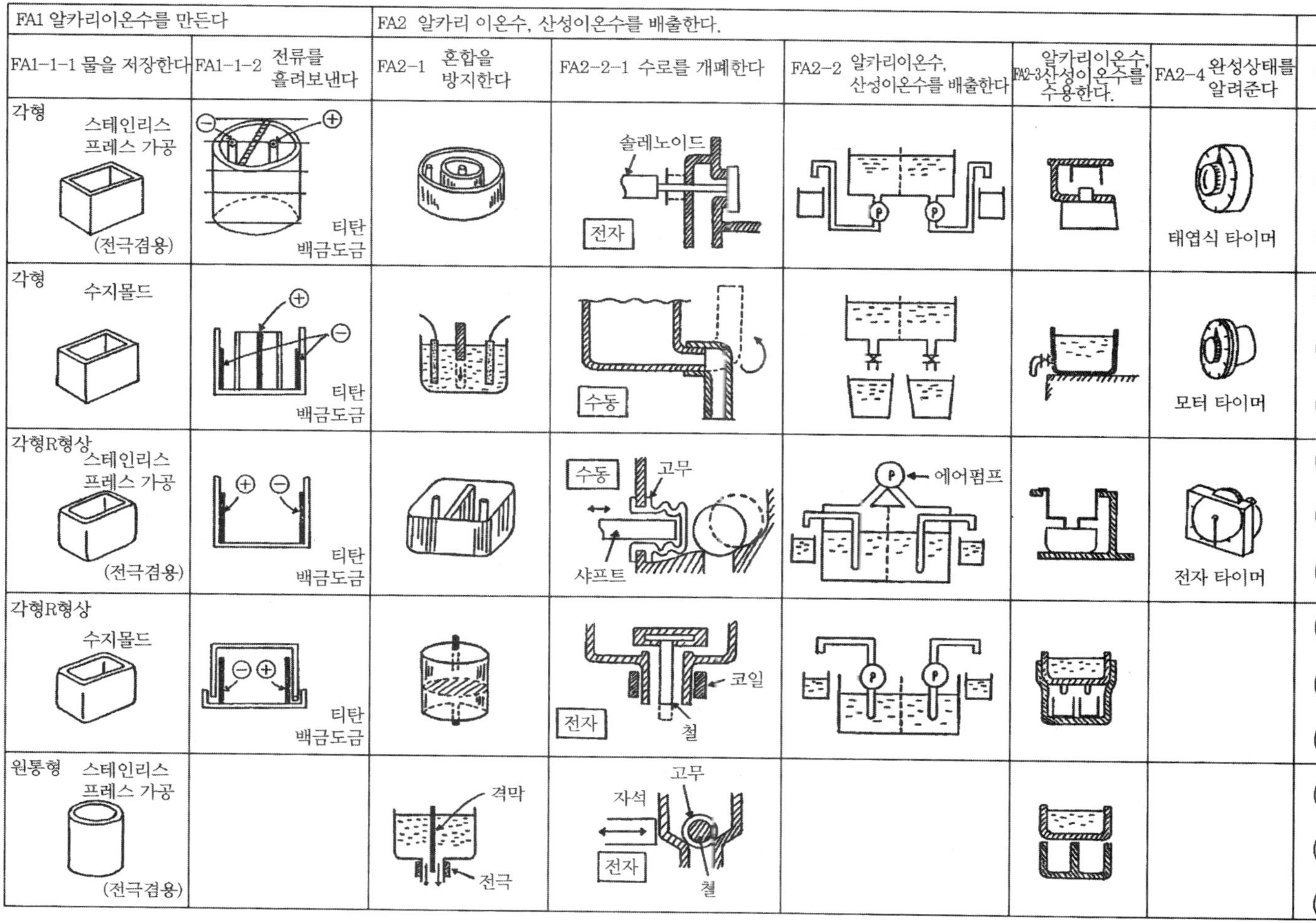

그림 4.5 >> 아이디어 열람표

아이디어 열람표의 각 기능 분야의 아이디어를 하나씩 선택하여 조합해 가면 기본구상안을 작성할 수 있다. 이것을 아이디어 결합(idea configuration)이라고 한다. 아이디어 결합은 기능분야의 수가 많을 뿐만 아니라 채용 가능한 아이디어 수가 많아질수록 복잡해지고 귀찮은 작업이 된다. 그래서 기본구상안을 만들 때는 경영전략이나 제품전략 등에 입각하여 아이디어 결합 방침을 명확하게 해두고 이에 준하여 진행할 필요가 있다.

(3) 기본 구상안의 구성

아이디어 결합 방침은 제품기획서에 표시된 개발의도나 개발방침의 입장으로 돌아가 고성능, 조작성, 미관, 저비용, 혁신성 등의 키워드를 참고하면서 어디에 무게를 둔 제품화인지를 기업의 의사로서 명확하게 한 것이다.

이 방침결정의 여하에 따라서 여러 가지 타입의 기본구상안이 만들어 짐으로 그림 4.6과 같은 기본구상안의 구성표를 작성하여 활용하면 편리하다.

본 사례에서는 경영전략을 고려한 종합적인 판단으로서 기본구상안은「저비용으로 고성능을 추구한다」는 타입을 채택한다고 가정하자. 이 방침에 입각하여 각 기능분야에서 적절한 아이디어 결합을 수행함으로서 기본구상안을 작성한다. 그림 4.7에 예를 표시한다. 여기서는 한가지만 나타내지만 실제로는 복수안을 작성한다.

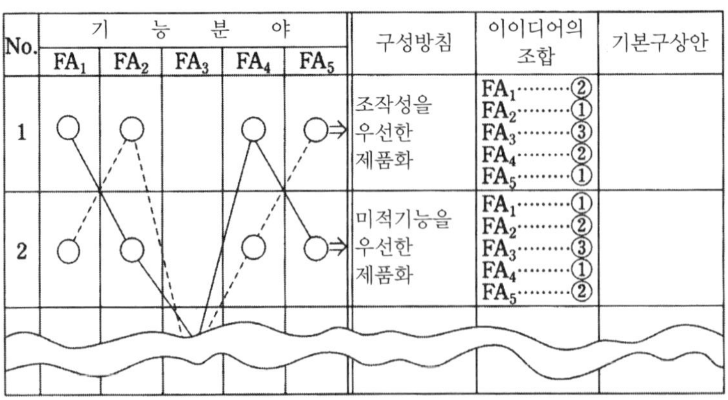

그림 4.6 >> 기본구상안의 구성표

아이디어구성 조합안	기본구상안
$FA_{1\text{-}1\text{-}1}$…③	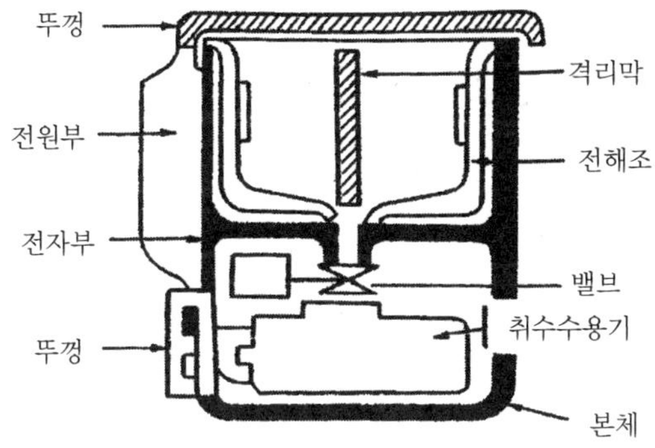

그림 4.7 〉〉 기본구상안

4.2.3 구상 설계안의 작성

(1) 기본구상안의 평가

복수개의 기본구상안이 완성되면 제품기획의 취지에 따라서 구체화하고 장점과 단점 분석을 한다. 단점을 극복하기 위해서는 어떤 아이디어가 있는지, 실현성은 어떤지 검토하여 개략적이기는 하지만 기술성 평가를 수행한다. 여기서도 아이디어 발상 시에 이용한 방법을 활용한다.

기술성 평가가 우수한 기본구상안에 대해서 코스트 테이블 등을[8] 이용하여 개략적인 견적을 산출한다. 개략적인 견적의 산출 결과 기본구상안이 목표 제조비용 범위 내에 들어올 것 같지 않는 경우에는 기본구상의 원점으로 돌아가 아이디어 발상을 재시도하여 수정하거나 목표 제조비용의 변경여부 등을 검토하고 개발설계를 계속할 것인지 그만둘 것인지에 대한 경영상의 의사결정을 해야 한다.

개략적인 견적의 산출 결과 다행스럽게도 기본구상안이 목표 제조비용 범위 내에 들어

8] 코스트 테이블(cost table)은 제조 사양의 결정, 제조 방법, 제조 수단의 결정 등을 위하여 수행하는 원가견적을 일정한 정확성 하에 간편하면서도 신속하게 수행하기 위한 자료를 의미한다. 이것은 대체안의 비교나 평가를 수행하고 원가를 선택하는 구도로 이루어진다. 이것은 원가 견적 형태에 따라 개략적인 견적용 코스트 테이블과 상세 견적용 코스트 테이블로 구분한다.

올 것 같으면 내용을 상세하게 검토하고 구체화 한다. 이것에 의해서 검토해야할 기술적 과제가 명확해지고 사양도 분명해지기 때문에 경제성 평가가 쉬워진다.

(2) 기본구상도의 작성

기본구상안이 어느 정도 숙성하면 기본구상도를 정리한다. 여기서는 각 구성요소의 상호관련, 레이아웃 등에 대해서 잘 검토하고 기본설계나 상세설계 단계에 들어간 후의 기본도로서 사용할 수 있도록 정리해둘 필요가 있다.

또 기본구상안의 검토단계에서 수행한 결점극복 대책이 반영되어 있는지에 대한 여부, 목표제조비용 범위 내에 들어오는지도 확인해 둘 필요가 있다.

이와 같은 검토를 수행하면서 기본구상도를 작성해 나간다. 본 사례의 경우는 그림 4.8과 같은 기본구상도가 마련되었다고 하자.

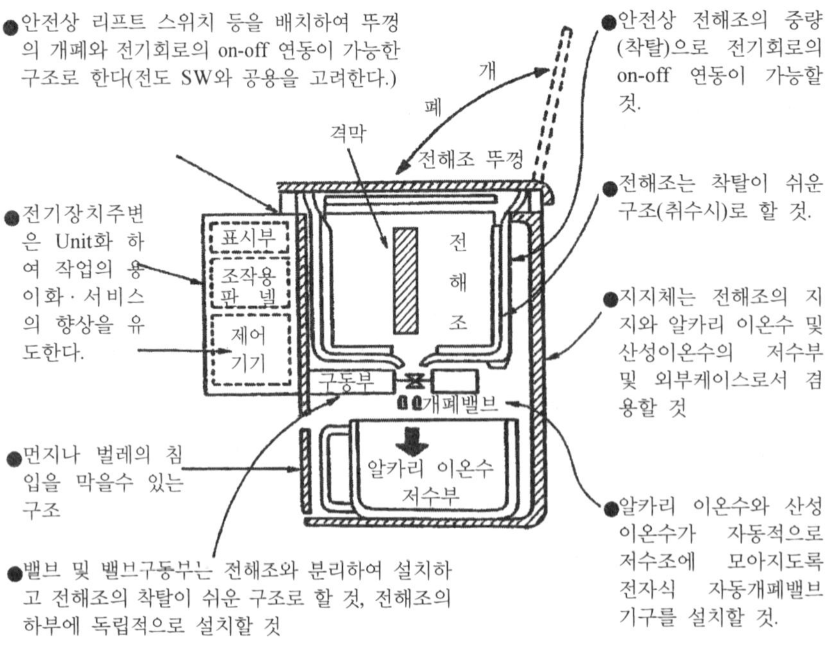

그림 4.8 〉〉 기본구상도

기본구상도 작성과 병행하여 의장구상도도 작성해야 한다. 기본구상도는 주로 실용적인 기능을 검토한 결과 얻어진 것이며 기구·구조상의 기능(기본적인 기능에 대한 사항이며 이것을 하드 기능이라고 한다)을 대상으로 한 구상도(하드 기능의 구상도)이다.

이에 대해서 의장구상도는 사용 편의상 기능과 매력기능(이런 것을 종합하여 소프트 기능이라고 한다)을 대상으로 한 구상도(소프트 기능의 구상도)이다.

(3) 의장 구상도의 작성

경합제품이 다양하게 존재하는 성숙제품의 경우 하드기능의 차별화는 거의 불가능하기 때문에 소프트 기능의 차별화가 제품의 가치를 결정하게 된다. 소프트 기능 중에서도 의장은 매우 중요한 위치를 차지하고 있으며 의장구상도를 잘하고 못하고에 따라서 매출에 막대한 영향을 미치게 된다.

의장은 고객의 가치관이나 기호 등에 따라서 평가되기 때문에 시장정보, 고객의 기호나 사회동향 등을 충분히 고려하여 구상화해야 한다.

의장은 단순히 제품의 디자인이나 외관제작이 아니다. 하드기능이 가장 효과적으로 발휘될 수 있도록 기구나 구조를 담아내고 매력적인 레이아웃과 조작성을 보증해야 한다. 또 이런 사항 이상으로 중시되는 것은 고객의 주목을 끌 수 있는 것(eye catch)이라야 한다. 의장은 말하자면 제품의 얼굴이며 존재감을 나타내는 것이다.

의장은 하드 기능을 어떻게 담아낼까에 따라서 많은 영향을 받는다. 역으로 의장에 따라서 하드 기능의 레이아웃이 영향을 받기 때문에 이들은 서로 영향을 미치면서 보완된다고 볼 수 있다. 어떤 구상이 선행되어 버려서는 매력적인 제품제작이 이루어질 수 없다.

본 사례에서는 제품화 방침에 입각하여 그림 4.9와 같이 되었다고 하자.

기본구상도, 의장구상도와 여기에 관련된 부속자료가 준비되면 우선 구상설계안은 완성되기 때문에 이에 대해서 종합적으로 평가하고 최종적으로 채용할 구상설계안을 결정한다.

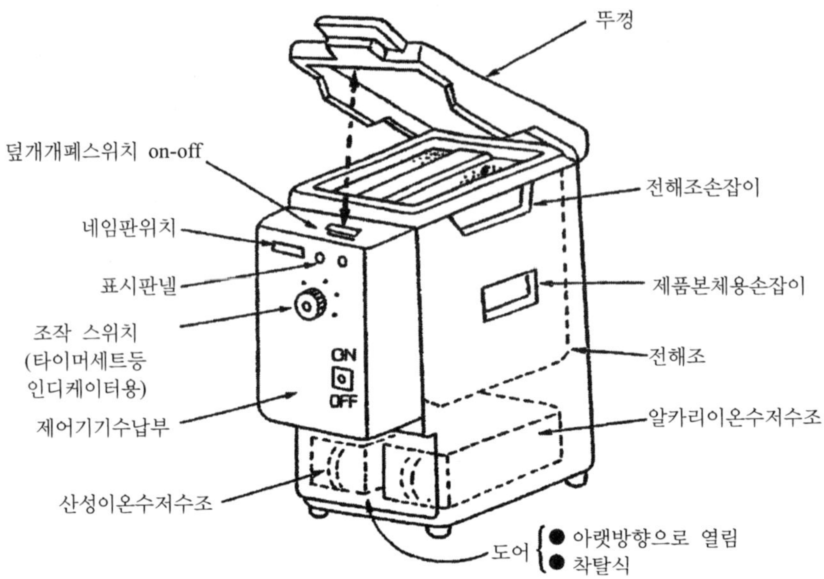

그림 4.9 >> 의장구상도

4.2.4 구상설계안의 평가

(1) Design Review에 의한 평가

구상설계안에 대해서는 이미 기술성 평가와 경제성 평가를 수행하였지만 이것만으로 제품의 기본 구상으로서 확정할 수는 없다. 이 평가를 조직적으로 수행하는 것이 디자인 리뷰(design review: DR)이다.

이것은 설계요구사항을 구현하기 위하여 작성된 기본구상도, 의장구상도, 상위기능체계도 등에 대해서 제3자가 객관적·종합적인 관점(채산상, 제조상, 물류상, 판매상, 사용상, 보전상, 환경대응상 등)으로부터 평가하고 필요하다면 개선점을 지적하여 개선하고 개발설계의 다음 단계로 진행하는 상태인지 아닌지를 확인하는 활동을 말한다.

DR은 구상설계의 초기단계에서 상세설계가 완료할 때까지 개발설계 활동의 주요한 단락마다 수차례 수행한다. 특히 중요한 것이 구상설계 단계의 DR이다.

일반적으로 구상설계 단계에서 DR의 내용은 개발설계하는 제품에 따라 다르지만 크게 나누면 기술성에 관한 것, 디자인에 관한 것, 경제성에 관한 것이다.

기술성에 관한 것은 일본에서는 구상설계안 작성에 이르는 과정과 구상설계안 자체에 대해서 체크 항목이나 평가항목을 결정하고 평가척도 등을 명시해 두고 이것을 이용하여 회의 등에 의해 리뷰하는 경우가 많다. 리뷰과정에서 모든 요구사항을 만족하고 있으면 다음 단계로 진행할 수 있지만 만족하지 못하면 구상설계안을 재구축해야 한다.

디자인에 관해서는 잠재고객을 대상으로 한 이미지 조사나 감성에 입각한 평가 등을 참고하여 전략적 판단 하에 결정한다. 또 경제성에 관해서는 특히 목표제조 비용에 관해서는 최근에 코스트 리뷰(cost review: CR)라고 하여 종합적인 경제성 평가를 DR에서 독립하여 수행하는 기업이 증가하고 있다.

(2) Cost Review에 의한 평가

기본구상안에 대한 개략적 견적치가 목표제조비용 범위 내에 들어올 것으로 생각되면 다음 단계로 진행해도 좋다. 개략적 견적치가 목표 제조비용을 초과하면 VE 등의 관리기술을 활용하여 구상설계안을 재구축하여 목표제조비용 범위 내에 수용될 수 있노톡 원가를 개선해야 한다. 이것이 엄연한 대원칙이다.

그러나 이 단계에서는 세부 사양은 미정이며 의장, 소재, 색채 등에 관한 상세한 사항도 확정되어 있지 않다. 따라서 이와 같은 상황 하에서 이루어지는 개략적 견적치는 상당히 애매한 것이다. 이것으로는 목표 제조비용의 달성을 충분히 확인할 수 없다.

이와 같은 상황 하에서는 다음과 같은 방법이 참고가 된다. 개략적 견적치에 일정한 허용폭을 설정하여 두고 이 폭이 목표 제조비용 범위 내에 수용될 것 같으면 된다고 생각하는 방법을 택한다. 또 개발설계하는 제품군의 시장에서의 성숙도에 따라서 목표 제조비용과 개략적 견적치와의 차액이 목표 제조비용에 대하여 어떤 퍼센트 미만이라면 다음 단계로 진행해도 좋다고 하는 것도 유익한 방법이다.

원래 CR은 좁은 의미로 목표비용(제조비용뿐만 아니라 이상적으로는 라이프 사이클 비용 모두)의 달성에 대한 리뷰였지만 최근에는 넓은 의미로 해석하여 기타 신제품에서 기대되는 이익(기획이익)의 실현성에 관한 리뷰도 포함하게 되었다. 다시 말하면 종합적인 경제성 평가로 변하고 있다.

표 4.6 >> 제품종합평가표

정리번호	제 품 평 가 표	건명	개략내용	년월일	
				소 속	
				성 명	(인)

평가항목		가중치	평가기준 5점	4점	3점	2점	1점	평정자 평점	평정자 소견
기업 방침과의 적합성	회사발전방향과의 적합성	5	아주 적합하다	약간 적합하다	적합한 것 같다	그다지 적합하지 않다	적합하지 않다		
법적합성	관련법규에 대한 적합성	10	아주 적합하다	약간 적합하다	적합하지 않는 부분이 있다	그다지 적합하지 않다	적합하지 않다		
	공업소유권에 대한 저촉	10	전혀 저촉되지 않는다	거의 저촉되지 않는다	저촉될 가능성이 있다	일부 저촉된다	저촉된다		
제품기획일반	경합품에 대한 기능의 우열 정도	20	아주 우수하다	우수하다	같은 정도이다	다소 떨어진다	아주 떨어진다		
	사양·성능의 사용자욕구 충족도	15	모두 충족하고 있다	비교적 욕구를 충족하고 있다	욕구를 충족하지 못하는 부분이 있다	욕구를 충족하지 못하는 부분이 많이 있다	대부분 욕구를 충족하지 못한다		
	사용환경과의 적합성	5	아주 적합하다	약간 적합하다	적합하지 않는 부분이 있다	그다지 적합하지 않다	적합하지 않다		
	수송·보관환경과의 적합성	5	아주 적합하다	약간 적합하다	적합하지 않는 부분이 있다	그다지 적합하지 않다	적합하지 않다		
제품경쟁력	제품의 차별화	10	크게 차별화 된다	보통 정도로 차별화 된다	차별화 요소가 있다	그다지 차별화 요소가 없다	차별화 요소가 없다		
	공업소유권의 가능성	15	특허를 얻을 수 있다	특허가 될 것으로 생각한다	제출해봐야 알 수 있다	특허를 낼 수 있는 가능성이 작다	특허를 낼 수 있는 가능성이 없다		
수익성	기술적 성공 가능성	20	100% 가능	80% 가능	80~70% 가능	70~50% 가능	50% 이하		
	개발에 소요되는 자금의 회수기간	5	1년 이내에 가능	1~2년 정도 소요된다	2~3년 정도 소요된다	3~4년 정도 소요된다	5년 정도 소요된다		
	개발에 소요되는 자금	10	1억엔 이내에서 가능	2억엔 이내에서 가능	3억엔 이내에서 가능	5억엔 이내에서 가능	6억엔 이상		
	예상되는 수입의 규모	15	원재료비가 판매가격의 20% 이내	원재료비가 판매가격의 30% 이내	원재료비가 판매가격의 40% 이내	원재료비가 판매가격의 50% 이내	원재료비가 판매가격의 50% 이상		
수요적성	사용자의 필요도 정도	10	아주 강함	강함	보통	별로 강하지 않음	약함		
시장성	대상 시장의 수요에 대한 항구성	10	5년 이상	5년~3년	3년~2년	2년~1년	1년 미만		
판매성	당사가 가지고 있는 기존 판매망의 활용도	10	현재의 판매망에 의해 큰 시장을 얻을 수 있다	일부 새로운 판로 개척을 통해 큰 시장을 얻을 수 있다	현재의 판로와 새로운 판로가 같은 정도로 필요하다	대부분 새로운 판로에 의존해야 한다	전부 새로운 판로에 의존해야 한다		
생산·구매	자재·원재료 입수에 대한 난이도	20	최량의 공급자로부터 우선적으로 입수할 수 있다	매수시장에서 조달 가능	그때의 시세에 따라 매수시장, 매매시장이 될 수 있다	매매시장이다	공급량이 한정된다		
	당사 기존 생산 설비의 이용도	5	전 공정을 담당할 수 있다	대부분의 공정을 담당할 수 있다	일부 공정을 담당할 수 있다	대부분의 공정을 담당할 수 없다	모든 공정을 담당할 수 없다		
		계200							

종합평점	1,000점

(3) 제품 종합 평가표에 의한 평가

이러한 평가와 병행하여 구상설계안을 종합적으로 평가하기 위하여 제품특성을 고려한 제품종합 평가표를 작성하여 활용하면 편리하다. 한 가지 예를 나타내면 표 4.6과 같다[9]. 이것은 주로 제품기획 시와 구상설계 시에 수행되는 제품종합평가 매뉴얼의 일부이며 평가항목마다 weight계수와 평가기준이 표시되어 1000점 만점으로 평가된다.

이 표에서 몇 점 이상이면 다음 단계로 진행할 것인가에 대해서는 기업전략 등에 의해서 다르기 때문에 획일적으로 정하기는 어렵다. 그러나 이와 같은 평가 매뉴얼은 개발설계하는 제품 건수가 많은 기업에서는 일단 평가기준으로서는 유익할 것이다.

이상 필요로 하는 기본구상도, 의장구상도나 부속자료(상위기능 체계도나 상위기능 분야별 목표제조 비용 등)로 나타낸 구상설계안에 대하여 DR이나 cost review에 의한 평가, 제품종합 평가표에 의한 평가 등을 수행하고 그 결과 계속해도 좋다는 결론에 도달하면 구상설계안은 승인되고 이것을 기본설계 사양서로 정리하고 기본설계 단계로 진행할 수 있다. 그렇지 않으면 계속할 수 있는 조건이 준비될 때까지 구상설계 활동을 재고해야 한다.

4.2.5 기본설계안의 작성과 평가

(1) 기능사양서의 작성

기본구상도나 의장구상도가 완성되었다고 하여도 각각의 구성부분의 각 기능에 어떠한 구체적 요구사항이나 제약조건이 있는지 알 수 없으면 구체적인 제품구조를 설계할 수 없다. 그래서 각 기능에 대한 중요한 요구사항이나 달성수준, 특히 제한조건을 명확하게 해둘 필요가 있다. 이것을 명시한 것이 기능사양서이다.(표 4.7 참조).

표 4.7 》 기능사양서

개발설계 요구성능	기 능 사 양
알카리 이온수를 음용한다	• 1명이 1일동안 400cc~600cc를 수차례로 나누어서 음용한다(컵으로 2~3잔). • 따라서 만들어진 이온수는 보관이 용이해야 한다. • 1회 생성 사이클 20분으로 pH 10 이상이 확보되어야 한다.

9] 「VE 자료」No. 48, 일본 VE협회에서 발간한 제품종합 평가시트를 수정하여 나타내었다.

표 4.7 ›› 기능사양서(계속)

개발설계 요구성능	기 능 사 양
FA 1 알카리 이온수 · 산성 이온수를 만든다	• 생성은 알카리 이온수 1.6 ℓ를 화보해야 한다(부산물로서 산성 이온수 1.4 ℓ가 생성되지만 화장수로 사용한다). • 일반 가정내에서 쉽게 만들 수 있어야 한다(주위온도 -10℃~+50℃). • 조작자는 초등학생 이상으로 한다. • 제품 수명은 10년을 목표로 한다. • 약사법, 식품 위생법에 적합해야 한다.(관련법규 ○○을 참조)
FA 1-1 알카리 이온수 · 산성 이온수를 분리한다	• 전기분해 방식으로 수중의 알카리 이온 Ca^{2+}, Mg^{2+}, Na^{+}, K^{+} 와 산성이온 Cl^{-}, SO_4^{2-}를 분해해야 한다. • 원수는 일반가정용 수돗물, 우물물(0~40℃)를 사용한다.
FA 1-1-1 물을 저장한다 전해조를 구성한다	• 원수량 3 ℓ가 저장 가능할 것. • 위생상 쉽게 세척이 가능하도록 저수조는 각이 없는 형상으로 할 것. • 본체와 탈착이 가능할 것.(FA 3과 관련) • 인체에 대한 안전 및 위생상 재료 선택에는 세심한 주의가 필요. • 전극 및 격막이 유지될 수 있는 구조로 하고 -전극측 용량 1.6 ℓ, +전극측 용량 1.4 ℓ가 충분히 수용될 수 있는 용적으로 할 것.
FA 1-1-2 전류를 흐르게 한다 전극을 구성한다	• 사용전류 DC 45V, AC 100V, 전원전류 50/60 Hz 공용(일반 가정용 전원 사용)이 가능할 것. • 안전상, 전해조 상부 뚜껑과 전기회로의 on-off가 연동될 수 있는 구조로 할 것. 전도 안전 스위치를 겸할 수 있게 한다. • 전해조의 착탈에 의해 전기회로가 자동적으로 on-off되는 구조로 할 것. • 전기회로는 unit화 하여 서비스성의 향상과 조립의 효율화를 이룰 것. • 통전시간에는 표시램프가 점등할 것. • 전극은 평판전극 티탄 · 백금도금을 사용하고 녹지 않도록 할 것. • 구성한 전극은 전해조에 고정하는 구조로 할 것.
FA 3 사용성을 유지한다 전해조를 분리 · 결합한다 이동성을 유지한다	• 전해조는 본체, 기타의 장치와 분리가 가능하고 취수가 간단하게 이루어 지도록 할 것. • 전해조를 본체에 부착할 때는 본체 상부에서 압입하여 정위치하게 하는 방법으로 할 것 • 운반이 용이하도록 본체, 전해조, 저수조에는 손잡이를 설치할 것. • 전원코드는 사용 후 간단하게 처리할 수 있는 구조로 할 것.

기능사양서의 작성방법은 다음과 같다. 다시 말하면 제품기획서에 표시된 중요기능, 기능체계도 하에서 구체화된 구상설계안을 고객의 관점에서 검토함으로서 새롭게 필요한 기능이나 경합품과 비교하여 추가해야 하는 기능을 결정하고 각각의 기능 달성 수준을 명확하게 한다. 또한 어떠한 제약조건을 붙이면 고객이 만족하는 제품이 될 수 있을까에 대해서 기업전략으로서 결정하는 것이다. 이 결과를 문장으로 정리한 것이 기능사양서이다.

(2) 중하위 기능의 탐구와 목표제조 비용의 배분

기능사양서가 작성되면 문장 중에서 기능을 찾아내어 기능을 정의한다. 정의한 기능은 먼저 작성한 기능체계도의 중하위기능이 중심이므로 상위기능 체계도에 추가로 기입한다.

일반적으로 구상설계 단계에 기능분석은 제일 먼저 상위의 기본기능을 명확하게 하고 이 기능을 달성하는 수단으로서 몇가지 방법이나 구조를 고안해 간다. 이중에 하나를 선

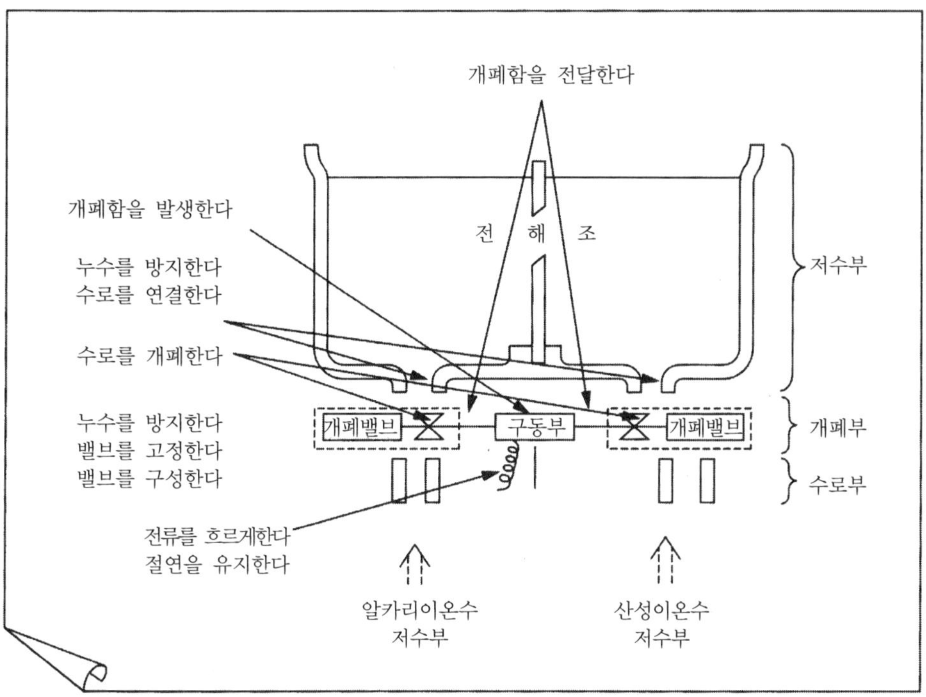

그림 4.10 》 알카리 이온수 생성품(개폐부)의 하위기능 정의

택하면 여기에 입각하여 구체화를 위한 상세한 검토를 한다. 이 과정에서 필요한 하위기능을 알게된다. 이 하위기능을 달성하는 수단으로서 몇 가지 방법이나 구조를 고안한다. 이중에 하나를 선택하면 이것에 근거하여 구체화를 위해 상세한 검토를 한다. 이런 절차에 의해서 점차로 하위기능이 명확하게 된다. 다시 말하면 기능→방법 · 구조→기능→방법 · 구조→ … 와 같은 반복구조를 거쳐 기본구상의 내용은 점차로 상세화 · 구현화된다.

본 사례도 이러한 방법에 준하여 상세한 검토를 한다. 한 예로서 「알카리 이온수 · 산성 이온수를 나오게 한다」는 기능을 다루어 보자.

이 기능을 달성하는 수단기능은 「수로를 개폐한다」이지만 어떤 방법이나 구조로 이 기능을 달성할 것인가를 상세하게 검토한다. 제품기획서의 주요내용을 준수하고 구체적인 방법이나 구조를 발상하고 앞에서 설명한 방법으로 최선의 안을 만들어낸다. 퍼즐 정도의 구조화를 해보면 몇 가지 검토하지 않았던 기능을 발견할 수 있다. 그림 4.10에 이것을 나타내었다.

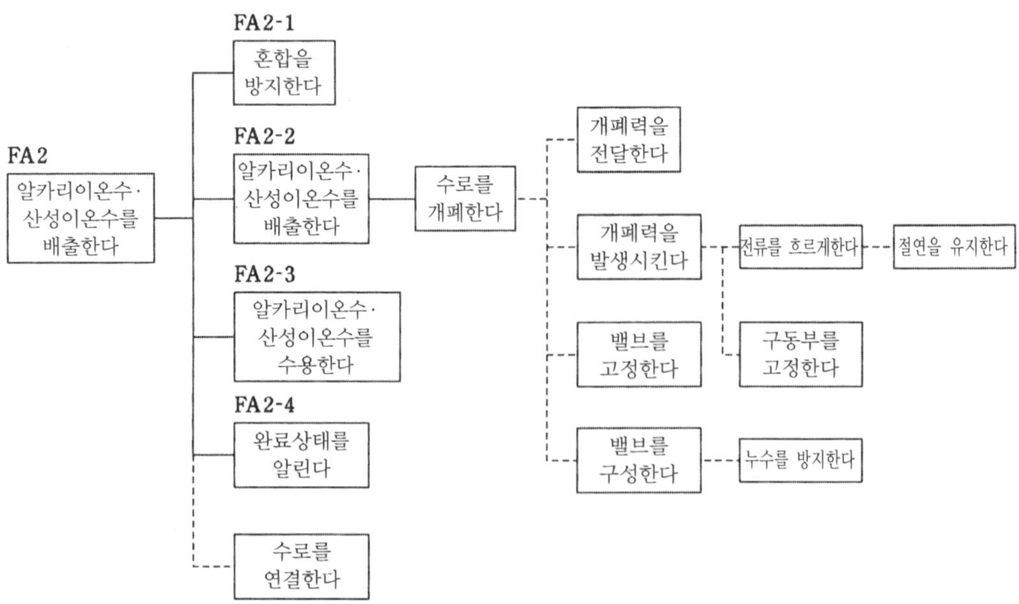

그림 4.11 〉〉 알카리 이온수산성 이온수 생성기의 중하위기능체계도(부분)
(주)실선은 구상설계단계에서 요구기능체계(상위기능체계), 점선 부분은 그후 (기본설계단계)에서 명확하게 된 기능(하위기능체계)

표 4.8 〉〉 기능분야별 목표제조비용의 배분

<table>
<tr><th>기능분야</th><th>목표제조
비용</th><th>하위기능분야(1)</th><th>목표제조비용</th><th>하위기능분야(2)</th><th>목표제조비용</th></tr>
<tr><td rowspan="8">알카리
이온수 · 산성
이온수를
배출한다</td><td rowspan="8">42,000원</td><td>혼합을 방지한다</td><td>5,400원</td><td></td><td>5,400원</td></tr>
<tr><td rowspan="4">알카리
이온수 · 산성
이온수를
배출한다
수로를 개폐한다</td><td rowspan="4">22,000원</td><td>개폐력을 전달한다</td><td>2,000원</td></tr>
<tr><td>개폐력을 발생한다</td><td>11,700원</td></tr>
<tr><td>밸브를 고정한다</td><td>2,200원</td></tr>
<tr><td>누수를 방지한다</td><td>6,300원</td></tr>
<tr><td>알카리
이온수 · 산성
이온수를
수용한다</td><td>4,750원</td><td></td><td>4,750원</td></tr>
<tr><td>완성상태를
알려준다</td><td>8,500원</td><td></td><td>8,500원</td></tr>
<tr><td>수로를 연결한다</td><td>1,150원</td><td></td><td>1,150원</td></tr>
</table>

이와 같이 하여 찾아낸 기능은 이미 설명한 방법에 의해 체계화하고 먼저 작성해둔 기능체계도 내에 위치를 정하고 종합적 기능체계도를 작성한다.

여기서는 「수로를 개폐한다」는 기능에 대해서만 나타내기로 하자. 이 기능을 실현하는 중하위기능을 그림 4.11에 점선으로 나타낸다(그림 4.2 참조).

이와 같이 하여 중하위기능을 종합적 기능체계도에 삽입하면 다음은 이러한 중하위기능에 대하여 목표 제조비용을 배분한다. 이 방법은 앞에서 설명한 것과 같으며 결과는 표 4.8과 같다.

(3) 기본 설계안의 창조와 평가

상위기능 체계도, 상위기능 분야별 목표 제조비용, 기본구상도, 의장구상도 등의 기본 설계사양서에 입각하여 중하위기능분야와 목표 제조비용 등을 명확하게 하고 이것을 기초로 제품의 기본구조를 고안해 나간다. 그다음은 이것을 구체화하고 기술성과 경제성 양쪽 측면에서 평가하여 채용할 기본설계안을 결정한다. 일반적인 방법은 구상설계 단계에서 설명한 것과 동일하며 아이디어발상→아이디어평가→아이디어결합에 의한 구조의 구체화→구성화 수순으로 진행한다.

이 점에 대하여 「수로를 개폐한다」는 기능을 선택하여 설명해보자.

① 기본구상도에서 표시한 범위 내에서 그림 4.11에 나타낸 4개의 하위기능 각각에 대해서 아이디어 발상을 한다.

② 채용 가능한 아이디어를 앞에서 설명한 방법에 의해서 정리한다. 정리할 때에는 구체화를 쉽게하기 위하여 재질, 공법, 형상 등을 잘 알 수 있도록 해두면 편리하다.

③ 이 모든 아이디어를 그대로 이용하거나 또는 조합하여 기본설계안을 작성한다. 그리고 장점·단점을 분석하고 단점을 극복하기 위한 아이디어 발상을 한다.

④ 이러한 모든 사실에 입각하여 기본설계안의 구체화를 진행하고 채용가능한 안을 선별해낸다. 이와 병행하여 기본설계안이 목표 제조비용 범위내에 수용되는지의 여부를 개략적인 견적에 의해서 확인한다. 목표 제조비용 범위내에 수용될 것 같지 않으면 VE 등에 의한 검토를 수행하고 기본설계안의 재창조를 수행한다. 이 과정을 반복함으로서 목표제조비용 범위내에 수용될 것으로 생각되는 기본설계안을 작성한다.

물론 최종적으로는 디자인 리뷰 등의 검토를 거쳐 신제품의 기본설계도 등은 확정하고 기본설계활동을 완료한다.

4.2.6 제작도 작성과 평가

기본구상도 등에 기능체계도의 어떤 정도 수준의 기능까지 포함할 것인지에 따라서 상세설계 활동의 내용에 큰 차이가 있다. 그러나 이 범위를 객관적으로 구분하는 기준은 찾아보기 어렵다. 원래 기본설계도와 상세설계의 구분은 개발설계의 흐름을 인위적으로 나눈 것이기 때문에 관리상의 필요성이나 관행에 따라 구분하는 것이 일반적이다. 여기서는 기능체계도의 중위수준(제 4차～제 5차의 기능수준)까지 포함한 것을 기본구조도 등으로 하였다. DR 등에 의한 종합적인 평가를 거쳐 기본구조도 등이 확정되면 이것이 상세설계 사양서가 된다.

상세설계 사양서에 입각하여 상세설계 활동을 수행하게 되지만 진행 방법은 구상설계나 기본설계의 경우와 거의 동일하다. 하위기능을 구현화하여 세부에 걸쳐서 구조를 결정해가는 것이다. 여기서는 지면의 제한도 있기 때문에 검토해야할 중요한 항목에 대해서 순서에 따라서 설명하기로 한다.

① 기능정의와 기능체계도에 추가

먼저 결정한 기본구조도 등이나 중하위기능 분야별 목표 제조비용 등에 의해 하위구조를 검토하고 여기에 수반하여 발생하는 하위기능을 추출하여 기능체계도에 추가하고 기능체계도 전체를 완성한다. 이 단계에서는 제조방법이나 제조수단을 고려하여 검토해야 한다.

② 목표 제조비용을 세부구조물에 배분

하위기능 분야별 목표 제조비용을 더욱 세분화하면 최종적으로는 구체적인 구조물에 배분하게 된다. 이것은 목표 제조비용을 실질적인 구조물에 배분한 것이 된다.

③ 상세사양의 창조와 평가

세부기능까지 명확하게 되어 이에 대한 목표 제조비용을 알게 되면 이것에 준하여 세부 상세 구조를 고안하고 이것을 기술성과 경제성 측면에서 평가한다. 기술적으로 불안함을 느끼는 것은 시작 또는 기능시험을 염두에 두어야 하며 목표 제조비용을 달성할 수 있는지의 여부는 염두에 두고 점검해야 한다.

④ 제작도의 작성

이와 같이 제작공장이나 사용하는 기계설비 등을 감안하여 제작도를 작성한다. 이때 주의해야할 사항을 열거한다.

첫째 제작도 작성에 있어서 생산기술부문이나 제작진의 의견, 또는 협력기업의 의견을 반영하는 것이다. 이것은 생산성의 향상이나 원가절감을 도모하는데 필수적인 사항이다.

둘째 공차나 마감 정밀도 등 세밀한 사항을 결정할 때 절대적으로 필요사항과 희망적 사항을 명시하는 것이다. 희망적 사항이란 생산기술 부문, 제조부문, 외주처와의 협의에 의해 비용절감이되는 방법을 채택할 수 있기 때문이다. 다시 말하면 제작도가 완성되면 내용은 이미 절대 필수사항이되며 제조부문이나 협력기업은 이것을 수용하지 않을 수 없기 때문이다.

⑤ 상세견적에 의한 평가

제작도 등이 완성되면 상세견적에 의해서 평가하고 목표 제조비용이 달성되는지 여부를 확인하고 비용을 보증하여 제조 준비활동으로 계속 진행한다. 이때 제조장소, 제조시기 등을 감안하여 세밀하게 수행할 필요가 있다.

이 시점에서 목표 제조비용이 달성되지 않으면 VE 등에 의한 가치개선이나 원가절감을 수행해야 한다. 이때의 VE 팀 멤버에는 제조부문, 생산기술부문, 자재·외주부문 등의 전문가를 참가시켜야 한다.

이와 같이 목표 제조비용 달성에 대해서는 항시 점검하여 어떤 기능분야가 달성되었고, 어떤 기능분야가 달성되지 않았는지 미달성 금액은 얼마인지, 달성방책으로는 어떻게 손을 쓰고 있는지를 파악하고 담당자와 조정하여 진행을 점검할 필요가 있다.

4.3 결론

본 장에서는 VE에 의한 제품설계의 사고방법과 진행방법에 대해서 설명하였지만 요약하면 다음과 같다.

① VE에 의한 제품설계에는 2가지 형태가 있다. 하나는 VE 지원에 의한 제품설계이며 다른 하나는 VE 어프로치에 의한 제품설계이다.

② VE지원에 의한 제품설계는 일상적인 개발활동 중에서 해결해야할 문제가 발생했을 때 개발설계 팀 멤버내에서, 또는 문제해결에 도움이 되는 전문가도 참가한 VE 팀을 편성하고 VE 어프로치에 의해 해결하는 것이다. 예를 들면 목표 제조비용의 달성이 곤란한 경우나 성능이 불안정성을 해결하기 위한 VE 등이다.

③ VE 어프로치에 의한 제품설계는 일상적인 개발설계의 모든 프로세스 중에서 기능분석을 중심으로 VE의 진행방법을 채용하여 기능과 비용의 균형이 양호한 제품설계를 얻어낼 수 있게 한다.

④ 본 장에서는 VE 어프로치에 의한 제품설계에 대해서 사고방법과 진행방법을 중심으로 상세하게 설명하였다. 여기서는 필연적으로 VE 지원에 의한 제품 설계방법이 포함됨으로 결국 VE에 의한 제품설계 전체가 이해된 셈이다.

⑤ 우선 VE가 무엇인지에 대해서 설명하였다. 다시 말하면 VE의 사고방법, 가치를 선택하는 방법, 기능분석의 중요성을 명확하게 하였다. 그리고 VE의 정의를 설명하고 특징을 명확하게 하였다.

⑥ VE 어프로치에 의한 제품설계는 어떻게 진행해야 하는지에 대해서 VE job plan을 나타내고 여기에 따라서 주요한 항목의 개요를 설명하였다. 다시 말하면 제품기획의 결정이 중요함에 대해서 설명하고, 기능분석의 진행방법에 대해서 설명하였다. 이 모든 것은 VE 어프로치에 의한 제품설계의 주요한 특징이다.

⑦ 마지막으로 VE 어프로치에 의한 제품설계에 대해서 사례를 이용하여 상세하게 설명하였다. 여기서는 제품기획서를 기점으로 기능체계도의 작성, 기능평가, 목표제조비용의 배분방법에 대해서 설명하였다. 이 모든 것에 입각하여 아이디어 발상을 하고 기본구상안의 작성방법이나 평가방법에 대해서 설명하였다.

기본구상안이 기술성과 경제성 양면에서 만족하는 것이라면 기본설계 활동을 받아드릴 수 있다. 여기서도 동일한 전개를 하여 기본설계안을 확정하고 상세설계로 계속 진행한다. 상세설계에서도 동일한 프로세스를 거쳐 제작도를 완성하였다.

VE 어프로치에 의한 제품설계는 항상 고객 지향주의에 입각하여 신제품의 기술성과 경제성 양면에서 평가하기 때문에 고객 만족도가 높고, 뿐만 아니라 생산자의 만족도 얻을 수 있는 설계법이다.

참고문헌

1) 田中雅康 : VE (価値分析), マネジメント社 (1985)
2) 田中雅康 : 原価企画の理論と実践, 中央経済社 (1995)
3) 田中雅康 : 利益戦略とVE, 産能大学出版部 (2002)
4) 製品企画におけるVE研究会 : 製品企画段階における基本仕様の設定方法, 日本VE協会 (1999)
5) 岸本行雄 : 設計の方法, 日科技連 (1987)
6) 鈴木維男 : 新製品開発マニュアル, ビジネス・オーム (1991)
7) M. Larry Shillito & David J. De Marle : Value - its measurement, design & management, John Wiley & Sons (1992)
8) Dan Dimancescu & Kemp Dwenger : Word - Class new product development, American Management Association (1996)
9) Harry E. Cook : Product management, Chapman & Hall (1997)

품질 기능 전개(QFD)

CHAPTER 5

품질 기능 전개(Quality Function Deployment)의 포인트는 고객의 요구를 어떻게 만족시키면 좋은가 하는 것을 「공급자측이 할 수 있는 것」과 관련하여 생각하는 점에 있고, 보나 넓은 의미로 보면 「목적」과 「실현수단」의 관련을 생각하는 기법의 하나이다.

양자의 관련을 표현하기 위해서 매트릭스를 사용하고 있고 이것을 기본으로 하여 정교하고 세련된 방법이 구축되어 있다.

품질전개(gaulity deployment)의 일반적인 정의를 기술하면 다음과 같다[1]. 「고객의 요구를 대용특성(품질특성)으로 변환하고, 완성품의 설계품질을 정하고 이것을 각종 기능부품의 품질, 또다시 개개의 부분품질이나 공정의 요소에 이르기까지 이들 간의 관련을 계통적으로 전개하는 것」

품질기능 전개의 정의는 광의와 협의가 있지만 협의의 정의의 일례를 표시하면 다음과 같다[2].

「품질을 형성하는 기능 또는 업무를 목적-수단의 계열에서 단계(step)별로 세부적으로 전개하여 가는 것」 또한 뒤에서 기술하는 5.4.3항에서 유래를 설명 하지만 품질기능전개는 문헌[7,8]에 의하면 「품질의 집(House of quality)」이라고 부르고 각종표를 「모듈#OO(번호)」라 부르고 있다.

5.1 기본개념

(1) 목적과 수단의 대응을 매트릭스로 생각한다.

고객의 요구(목적)를 공급자 측이 어떻게 만족시키면 좋은가(수단)를 생각하기 위하여 매트릭스 표현을 사용한다.

일반적으로 2종류의 요소군의 대응을 매트릭스로 표현하는 것은 자연스럽게 착상되고 시스템 기법중에 이와 같이 생각하는 방법을 많이 볼 수 있다. 예를 들면 평가의 기법에는 「Matrix법」이라고 총칭되는 다음과 같은 것이 있다.[9)]

① Relevance Matrix(관련매트릭스)법 : 평가대상과 평가요소를 양 축으로 잡고 매트릭스의 요소에 평가값(득점)을 나타낸다.

② Cross Support Matrix법 : 더욱이 평가대상 또는 평가요소의 상호 간섭도 고려한다(매트릭스의 요소가 2개의 값을 갖는다).

③ Cross Impact Matrix법 : 평가나 예측을 진행하는 업무간의 상호 간섭(촉진, 억제, 무관계)을 매트릭스로 표현한다.

(2) 목적과 수단은 3레벨정도의 계층구조(Tree, Tree구조)로 한다.

목적과 수단의 대응을 생각하는 것은 최하위 레벨의 항목이지만 다음의 이유에서 계층구조를 구성하고 그림 5-1과 같이 표시한다.

① 최하위항목을 열거한 후 그룹화하여 Bottom-up 방법으로 전체 구조를 구성한다. 다음에 Top-down 방법으로 고치면 전체가 보기 쉽게 되고, 적게 고쳐도 완성도를 높일 수 있다.

② 필요에 따라서 상위레벨(제2차, 제1차)의 항목을 사용하여 표현함으로서 매트릭스 등 전체를 이해하기 쉽게 한다.

③ 고객에게 설문조사를 하는 경우에 최하위 항목에서는 수가 너무 많기 때문에 적당한 항목수로 제한하기 위하여 상위레벨의 항목이 필요하다.

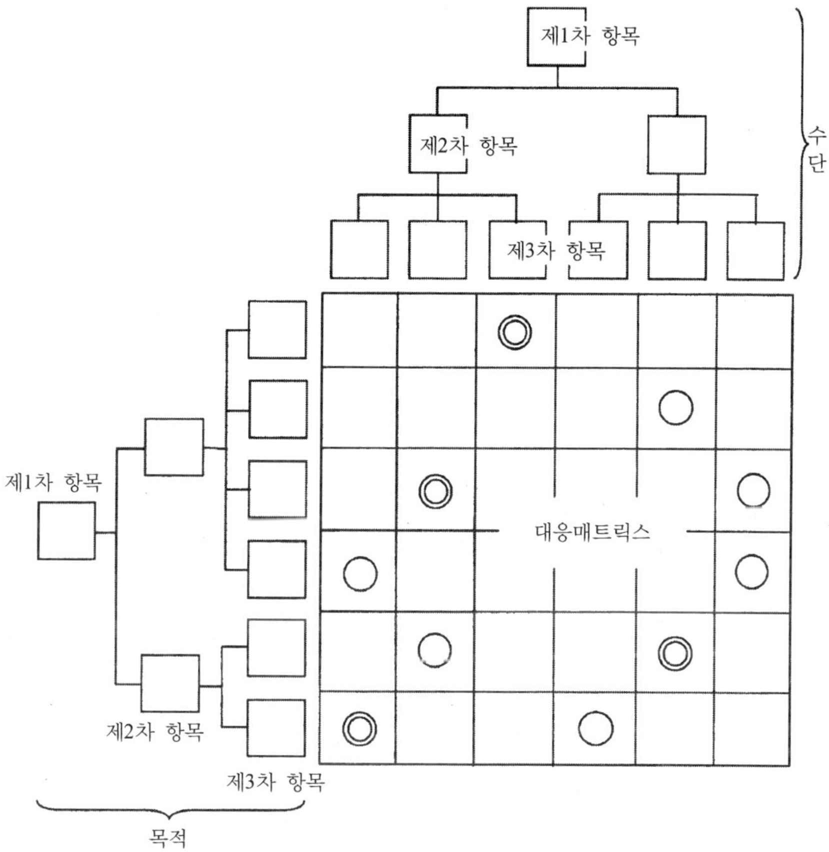

그림 5.1 〉〉 목적과 수단의 트리와 대응매트릭스

(3) 대응관계는 정성적인 강도를 수치화 한다.

대응관계는 3단계 정도의 정성적인 표현(예를 들면, 강한대응, 보통대응, 대응이 예상됨)으로 하여 설정한다. 이것을 주관적이면서 수치화(예를 들면, 강한대응=3, 보통대응=2, 대응이 예상된다=1) 하여 이후의 처리를 실행한다.

(4) 매트릭스를 사용하여 다시 코스트 등으로 전개한다.

고객의 요구품질과 품질특성을 중심으로 논하지만 다른것의 대응을 매트릭스로 표현하려는 사고 방법을 응용하면 이것과 다른 요인을 차례대로 연결하고 전개하는 것이 가능하다.

5.2 고객의 요구품질(기능) - 목적의 체계

고객의 요구품질은 그림 5-2와 같은 순서로 분명하게 한다. 흐름에 따라서 다음 작업의 요령을 기술하고 설명한다.

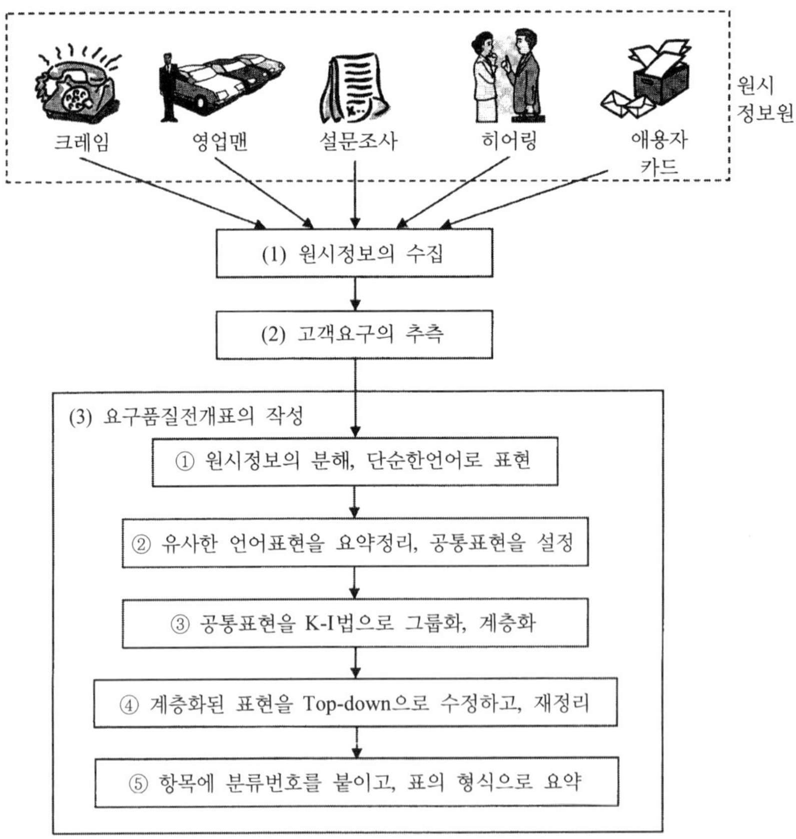

그림 5.2 〉〉 고객의 요구 품질(기능)체계의 해명

(1) 원시 정보의 수집

다음과 같은 원시 정보원에서 고객의 요구를 나타내는 정보를 수집한다.

① 클래임(claim)

클래임은 일반적으로 부정적인 표현으로 되어있기 때문에 이것만으로는 부족하고 고객의 요구를 나타내는 긍정적인 표현으로 변환할 필요가 있다.

또 클래임 정보만을 원시 정보로하면 마땅히 매력적인 품질이 나오지 않게되므로 별도의 정보 소스가 필요하다.

② 영업맨

영업담당자가 고객이나 찾아오는 사람과 만나서 정보를 얻는다. 방법은 히어링과 같은 모양이다.

③ 설문조사

고객에 대해서 서면으로 설문조사를 한다.

④ 히어링

고객으로부터 자기회사, 타회사 제품의 사용상의 비교 등을 들어서 수집한다. 통찰력을 발동하여 잠재요구를 이끌어 내는 것이 필요하다.

⑤ 애용자 카드

재품에 첨부한 「애용자 카드」의 반송을 의뢰한다.

(2) 고객요구의 추측

원시 정보에서 기본적인 요구는 어떠한 것인가를 추측해 낸다. 「고객은 왜 이러한 것을 요구하는가?」라고 자문자답하면서 탐구하는 것이 좋다.

(3) 요구품질 전개표의 작성

요구품질은 고객의 요망속성(Customer Attribute, CA)이라고도 한다. 무엇을 고객이 구하고 있는가 라고 하는 것이므로 간단히 What 이라고도 부른다. 또 「품질의 집」에서는 모듈#1이라고 번호로 부르고 있다. 요구품질 전개표의 작성순서는 흐름도 중에서 다시 다음과 같이 세분화하여 표시하였다.

① 원시 정보의 분해, 단순한 언어표현

- 고객의 요구를 가능한 한 고객의 언어로 표현하고(기술적인 공급자측의 표현을 피하고), 복수의 의미를 포함하지 않도록 단순한 표현으로 한다. 예를들면 「동사 + 수식어」로 easy to use(사용하기 쉽게)라든가 「동사 + 형용사」로써 영어로 lasts a long time(오래도록 유지한다)와같이 표현한다.
- 원시 정보로부터 언어표현으로 변환하면, 일반적으로 구체적이지 못하기 때문에 활용하기 위하여, 구체적인 정보를 남겨두는 것이 좋다.
  (구체적 정보→추상화→추상세계에서 해결안을 탐색한다→해결안을 구체화 한다)의 수법은 TRIZ 등에서도 공통적이다.

② 유사한 언어표현을 결정하고, 공통표현을 설정

- 예를들면 「즐겁게 조작이 가능하다」, 「조작이 즐겁다」, 「간단히 할수있다」라든가 중간이 같고 표현이 다른 것들을 모아서 「즐겁게 조작이 가능하다」라고하는 공통표현으로 한다.
  따라서 원시정보가 수천개 있어도, 80～160개 정도의 공통표현으로 요약할 수 있다는 것이 경험적으로 알려져 있다.

③ 공통표현을 K-J법에서 그룹화, 계층화

- 공통표현은 최하위(보통은 3차) 계층에 위치하고, K-J법(부록A 참조)에서 상위항목(2차, 1차)을 설정하고 명칭을 붙인다. 이것을 Bottom-up으로 표를 작성하게 된다.
- K-J법으로 분류하면 어떻게 되어야 하는가 하는 체계를(연역적으로) 먼저 의논해두면 안된다. 어떻게해서든 귀납적으로, 관련이 있는 것을 조금씩 자연스럽게 그룹화하여 진행하면 좋다.
- 경험적으로는 1차 항목이 7개정도, 2차 항목이 20개정도, 3차 항목이 60개정도로 된다고 알려져 있다.

④ 계층화한 표현을 Top-down으로 고치고, 재정리

- 1차 항목에서 2차, 3차로 순서대로 Top-down으로 체계적으로 고치고, 부족항목을 적절히 추가한다.
- 여기서는 지금까지 회사에서 가지고 있는 기존 개념을 한번 전부를 버리고 고객의 입장이 되어 결정하는 것이 중요한 주의점이다.
- 고객의 claim 등을 정리하면「기본적 품질」마져도 충족시키지 못하고, 모든 요구를 고려하는 것이 불가능함으로 이것을 바르게 고치는 것은 중요하다.

⑤ 항목의 분류번호를 붙이고 표의 형식을 정한다.

결과를 정리하고, 식별이나 컴퓨터처리를 위하여 분류번호를 붙인다.

5.3 설계에서 실현해야할 품질(기능) 수단의 체계

5.3.1 품질요소 전개표

「품질 요소」란「품질을 평가하는 척도가 되는 요소」이고, 대상이 되는 품질에 대해서 그와 같은 요소를 일반적인 언어표현으로 표시하는 것이다.「품질 요소」중 계측 가능한 것을 특히「품질 특성」이라 한다.

품질 특성의 각 항목은 계측 가능하던가 혹은 관리가능한 것으로 한정한다.

예를 들면 치수, 중량, 온도, 응답시간 등의 물리량과 같이, 계측방법이 명확하고 계측으로 수치화되고, 단위가 kg이나 cm와 같이 설정 가능해야한다. 목표를 실현하는 수단이나 비용 등의 항목은 품질특성으로써 설정하지 않는 편이 좋다. 품질요소를 3계층 정도의 tree구조로 체계적으로 정리한 것을「품질 요소 전개표」라 한다.

품질특성을 결정짓는 것을「품질 특성 전개표」라고 부른다. 또「품질의 집」에서는 module#2라고 부르고 있다.

품질요소도 품질특성도 고객의 요구 what에 대해서 그것을 실현하는 기술적인 대책 how를 표현하는 것임으로 엔지니어링 특성(Engineering Characteristic, EC)이라고 부르는 경우도 있다.

이하의 기술에서는 품질특성도 포함하여 품질 요소라는 단어로 대신한다.

5.2에서 기술한 요구 품질 전개표와 이 품질 요소 전개표를 관련짓는 매트릭스가 「품질표」이다.

5.3.2 품질요소 전개표의 구축

품질요소 전개표는 그림 5.3의 순서로 구축한다.

(1) 품질요소 항목의 설정

요구품질에서 제품을 구성하기 위하여 필요한 요구로 변환하고 설계품질을 설정한다. 일반적으로 요구품질의 3차 항목에서 품질요소로 변환한다.

기본적인 관점은 「우리는 무엇을 계측 또는 관리 하면서, 우리 고객의 요구를 만족 할 수 있도록 하려는가」이다. 품질요소의 추출에서 주의해야 할 것은 「~도」, 「~성」이라고 하듯이 단어에 「도」, 「성」을 붙였다. 추상도가 높은 항목만 열거하지 않도록 하는 것이다.

(2) 항목을 K-J법으로 그룹화, 계층화

설정된 품질요소를 최하위의 항목으로 하고 요구품질 전개표의 경우와 같은 요령으로 K-J법으로 그룹핑 하여 상위 항목을 설정하고 3계층 정도의 품질요소 전개표를 작성한다.

경험적으로 제1차 항목은 7개 정도, 2차 항목은 20개 정도, 제 3차 항목은 80개정도가 된다고 한다.

또 품질요소의 계층구조는 품질 전개를 겸한 전개법이 되겠지만 대상제품 전체의 품질을 측정하는 것을 생각하여 품질요소를 추출하고, 계층 구조화 해야한다. 특히 신제품 개발일때에는 부품명을 기록하여 두면 발상을 저해하므로 주의해야 한다.

요구품질 전개표와 품질요소 전개표의 최하위 항목을 그룹화 하는데에 K-J법을 이용하지만 결과는 사람에 따라서 다르게 될 가능성이 있다. 이외에 품질표를 과학적으로 작성하려고하는 시도가 있고, 예를 들면 데마텔(DEMATEL)법, 그래프이론, 인자분석에 의한 방법이 유효하다고 알려져있다. 실용적으로는 K-J법으로도 충분하다고 한다.

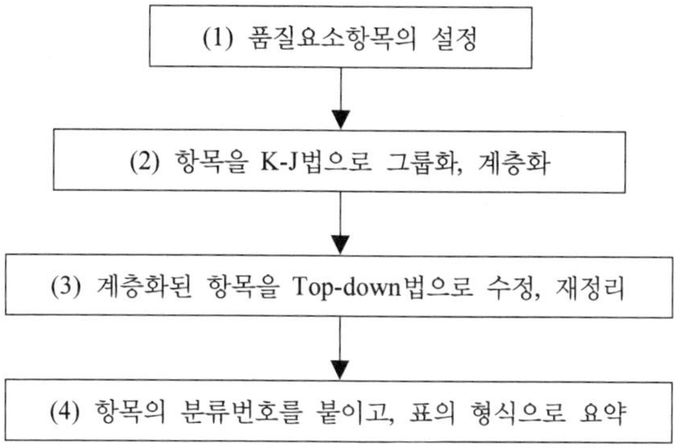

그림 5.3 〉〉 품질요소 전개표의 구축순서

(3) 계층화한 항목을 Top-down으로 재수정하고 재정리

요구 품질 전개표와 같이 Top-down으로 부족항목을 적절히 추가한다.

(4) 항목의 분류 번호를 붙이고 표의 형식으로 요약 정리한다.

이것도 요구품질 전개표와 같은 모양이다.

5.3.3 품질요소의 구분

품질은 충족·불충족 이라고 하는 객관적인 측면과 이것에 대한 고객의 만족·불만족이라고 하는 주관적인 측면이 있다. 이 두 개의 측면의 대응관계에서 품질요소의 성격을 표 5.1과 같이 구분할 수 있다.

여기서 「기본 품질요소」는 어떻게 해도 좋은 품질이 아니라 확실히 충족하는 것이 마땅하지만 만일 불충족하게 되면 중대한 클래임이 되기 때문에 물론 기본품질로 간주해야 할 것이다.

이들의 평가는 동일한 품질요소가 시간의 경과와 더불어 「매력적인 품질 → 일원적 품질 → 기본 품질」로 변화하는 경향이 있고 진부화 현상이 있다고 생각된다.

표 5.1 >> 품질요소의 구분

품질요소의 구분	고객의 반응	
	품질이 충족될 때	품질이 충족되지 않을 때
매력적인 품질요소	만족을 나타낸다.	별도리 없다고 받아들인다.
일차원적 품질요소	만족을 나타낸다.	불만을 일으킨다.
보통 품질요소	보통이라고 받아들인다.	불만을 일으킨다.
무관심 품질요소	만족도 나타내지 않고 불만도 나타내지 않는다.	
역 품질요소	불만을 일으킨다.	만족을 나타낸다.

5.4 품질표 - 목적과 수단의 대응 매트릭스

제품에서 고객의 요구를 만족시키기 위해서는 이것을 기술세계의 요소(품질요소)로 변환 해야한다. 이 변환을 위한 대응표가 품질표이다.

즉 품질표를 정의하면 다음과 같이 되는「품질표는 참 품질(고객의 요구)을 기능중심으로 체계화하고 이 기능과 대용특성인 품질요소와의 관련을 표시한 것이다.」

「품질의 집」에서는 이것을 module#3이라고 한다.

5.4.1 품질표의 작성순서

품질표의 작성순서를 그림 5.4에 표시하였다.

(1) 요구품질 전개표와 품질요소 전개표의 최하위 항목을 행, 열 방향으로 나열한 매트릭스를 만든다.

(2) 양자의 각 항목의 대응관계를 고찰하고 ◎○△등의 기호로서 대응하는 위치(행 · 열의 교차점)에 기입한다.

대응관계를 표시하는 기호의 의미는 예를 들면 다음과 같이 정한다.

◎ 강한대응

○ 보통대응

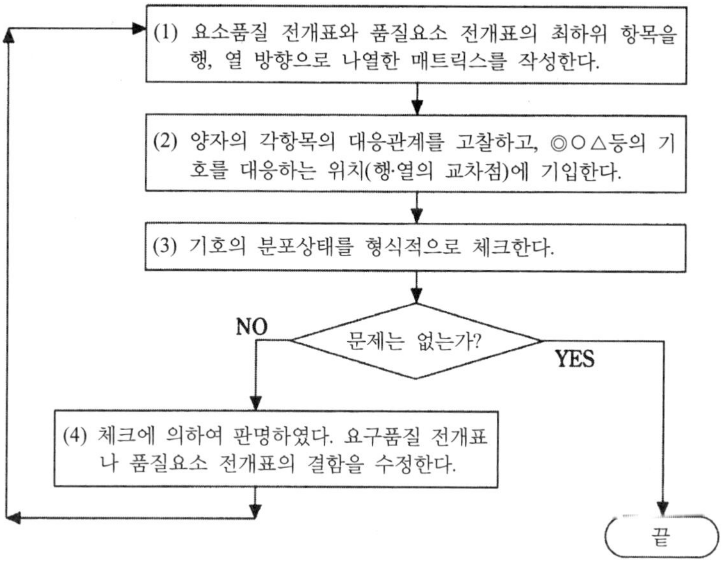

그림 5.4 〉〉 품질표의 작성순서

△ 내응이 예상됨.

요구 품질 전개표와 품질요소 전개표의 최하위 항목을 하나씩 독립적으로 취급하여 고찰하고 대응관계를 판단할 것.

(3) 기호의 분포상태를 형식적으로 체크한다.

체크포인트는 표 5.2의 왼쪽 란의 것과 같고 해당하는 경우는 오른쪽 란과 같은 나쁜상태를 생각할 수 있다.

(4) 체크에 의하여 판명한다. 요구품질 전개표나 품질요소 전개표의 결함을 수정한다.

표 5.2에 나타난 나쁜상태를 수정한다. 요구품질 전개표나 품질요소 전개표로 되돌아가서 수정해야하지만 그 전에 대응관계를 처음부터 고쳐보면 좋다.

「대응관계가 거의 대각선상에만 놓여있다」의 경우는 요구되는 품질이 왜 필요한가를 다시 생각하여 고치든가, 고객에게 왜 그 특성을 사양으로 표시하도록 요구한 것인가를 묻게 하여 참 요구품질을 해명한다.

표 5.2 〉〉 품질표의 각항목의 대응관계를 나타내는 기호의 분포상태의 형식적체크

체크포인트	생각할 수 있는 나쁜상태
각 품질요소에 대해서 적어도 하나의 ◎가 있는가?	◎가 하나도 없으면 품질요소의 축출이 불완전하다
◎가 있는 개소가 모여져 있지 않는가?	요구품질 또는 품질요소 중에 차수가 낮은 수준의 것이 혼재한다.
◎○△이 1개소에 모여서 너무 많지 않는가?	추상적인레벨이 낮은 요구품질이 상위의 요구품질 중에 혼재한다. 또는 하위 품질요소가 상위 품질요소중에 혼재한다.
대응관계가 대부분 대각선상에만 붙어있지 않는가?	요구품질 중에 품질요소가 혼재한다. 요구품질을 수정하고, 참 요구품질을 분명히 할 필요가 있다.
어떤 품질요소의 종방향으로 지나치게 많이 붙어있지 않는가?	품질요소의 레벨이 맞지 않는다.

5.4.2 품질표 작성시 전반적 주의사항

(1) 품질표는 처음부터 완벽한 것을 만들려 하지 말고 먼저 만들어 보고 사용하면서 개정하는 것이 좋다.

(2) 품질표는 큰 것이 정밀하고 좋다고 할 수는 없다. 자기 회사와 타 회사를 비교하고 예를들면, 중요한 품질요소를 10개 항목 정도로 좁힐 필요가 있다.

(3) 품질요소 항목을 더욱 구체화하고 현행 장치별로 구조를 비교하는 방법도 있다. 이것에 따라서 현행제품의 장치별 코스트구성비에서 목표코스트를 베이스로 하여 장치별 목표코스트를 나누는 것이 가능하고 VE와 관련지을 수 있다.

(4) 복수종의 품질표를 만들고 순차적으로 변환을 하도록 구성하는 경우도 있다.
예를들면 농업용 트렉터 엔진에 대해서 실시한 경우는 다음과 같은 2 단계의 구성으로 된 예가 있다.[1)]

품질표 Ⅰ : 트랙터에 대한 요구 품질과 트랙터의 특성의 대응

품질표 Ⅱ : 트랙터의 특성과 엔진 특성의 대응

표현예는 다음과 같다.

요구품질 : 힘이 강하고 식물의 뿌리가 깊이 박히도록 경운하는 트랙터
트랙터의 특성 : 로터리 경운작업의 특성
엔진의 특성 : 엔진의 토크 특성

(5) 품질표에서 대응관계를 입력한 후에는 예를들면, 수량화이론 Ⅲ류를 적용하면, 다수의 항목간의 관계를 분류하고 대응관계를 표시하는 기호가 대각선 부근에 집중하도록 행렬줄을 재배열 할 수 있다.

5.4.3 품질요소의 항목간의 상관

품질요소의 항목간의 상관을 생각하는 경우도 있다. 예를들어, 다음과 같은 관계가 있는가 체크한다.

◎ 양 항목간의 강한 플러스의 상관 또는 상승효과가 있다.
○ 양 항목간에 플러스의 상관 또는 상승효과가 있다.
× 양 항목간에 미이니스의 상관 또는 상반효과가 있다.
×× 양 항목간에 강한 마이너스의 상관 또는 강한 상반효과가 있다.

이것은 기술적 대책의 우선순위나 제품품질의 중요도 서열의 트레이드오프에 이용한다.

이 상관관계를 표시하는 매트릭스는 행과 열의 요소가 같기 때문에 1/2의 삼각형으로 표현할 수 있고 품질요소 전개표 상에 그림 5.5와 같이 상관표를 작성한다. 이것이 집의 지붕과 같은 형태가 되고 「품질의 집(House of Quality)」라고 부르는 이름의 유래이다. 또한 이 상관 매트릭스는 module #5라고 한다.

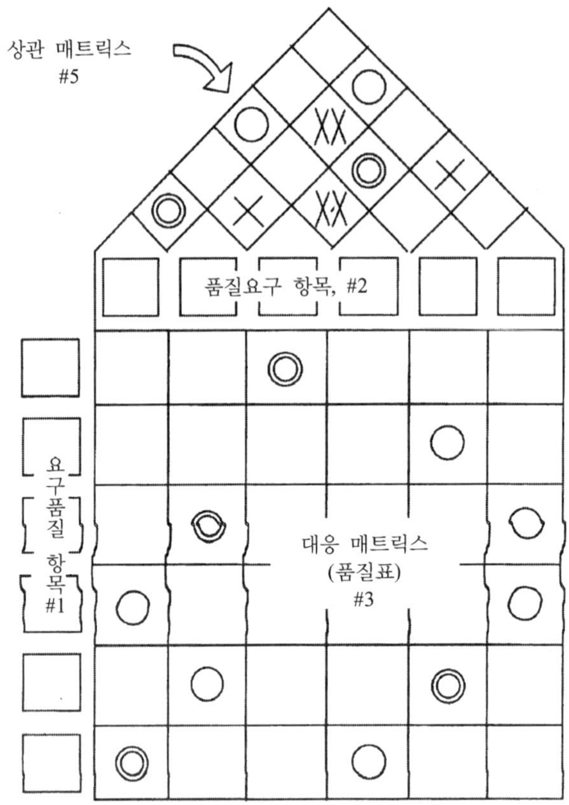

그림 5.5 〉〉 품질요소 항목간의 상관표현

5.5 기획품질의 설정-요구품질중요도

목적의 체계인 요구품질에 대해서는 그림 5.6의 순서로 가중치를 부여하고 제품품질에 관한 기획입안에 유용하게 사용할 수 있다.

고객의 관심도와 각 항목마다 타사와의 비교분석에 따라 중점개선 항목 즉 기획품질을 설정한다.

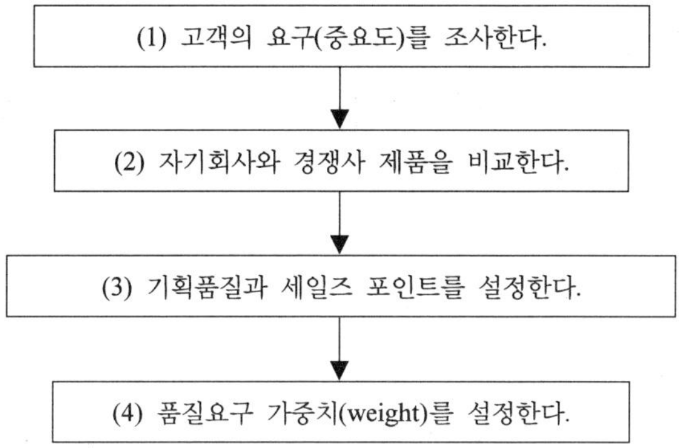

그림 5.6 〉〉 요구품질중요도의 결정순서

중요도의 설정은 여러 가지 방법이 있지만 예를들어「고객의 입장에서 볼 경우」,「사내에서 판단한 경우」,「장래 니드에서 본 경우」를 종합해서 결정하는 것도 좋다. 회사내의 중요도는 기본품질을 격하시키지 않기 위함이다. 또한 장래 니드의 관점은 품질의 진부화 현상에 대응하는 방책이기도 하다.

(1) 고객의 니드(중요도)를 조사한다.

방법은 다음과 같은 것이 있다.

① 설문조사

예를들면, 구입시에 고객의 관심도를 5단계로 평가하는 조사이다.

요구품질 전개표에 기초해서 설문조사 표로 질문을 설정하지만 고객이 회답해주는 수를 생각해서 보통은 2차 항목(20개 정도)를 사용한다. 단, 추상적인 표현만으로는 회답할 수 없기 때문에 3차 항목 중 중요한 것을 키워드로 포함하도록 하는 표현이 좋다.

② 중복빈도에 따라 구한다.

5.2절(1)에서 설명한 원시 정보를 많이 모집한 경우에는 같은 요구가 많이 나오게되면, 그것은 고객의 관심도가 높은 항목으로 간주되어 중복의 정도를 그대로 중요도로 한다. 이 경우는 원시정보를 제공한 모집단에 편중되지 않도록 하는게 중요하고 시장조사방법에 입각하여 선정할 필요가 있다.

③ 신규개발형제품의 경우

고객에 대해 직접조사 하는 경우는 대책이 없으므로 AHP(단층분석법, 3장참조)를 이용하는 것이 좋다고 할 수 있다.

(2) 자사와 경쟁하는 타사제품과의 비교

예를 들면, 앙케트 조사를 실시한다.

고객이 1개 회사이던가 여러회사인 경우는 설문조사가 아니고 AHP가 유용하게 쓰인다.

품질평가는 타사와의 상대평가가 아니라 가능한 한 절대평가를 하는 것이 좋다.

(3) 기획품질과 세일즈 포인트를 설정한다.

① 기획품질

차기제품의 기획품질 레벨을 설정한다. 예를들면, 5단계 평가의 4라든가 5라든가.

현행제품의 레벨에 대해서 높은 레벨을 설정하는 것이 많다 라던가, 당연히 코스트가 업되기 때문에 수를 줄여서 설정할 필요가 있다.

② 세일즈 포인트

전략적 방침도 포함하여 세일즈 포인트를 결정한다. 예를 들면, ○라던가 ◎로 표현한다. 중요 세일즈포인트를 ◎로 보통 세일즈포인트를 ○로 표현하는 등이다.

구체적인 표현은 예를들어 다음과 같은 것이 있다.

◎ 고객은 반드시 그것을 손에 넣겠다고 생각한다. 손에 넣기 위해서는 돈을 지불해야 한다.

○ 고객은 그것에 관심을 가지나 그것을 구입할까 말까는 금액에 의존한다.

③ 전략

기본품질은 확실히 확보하고 중요한 품질은 타사와 나란하게 하고 매력적 품질은 세일즈포인트를 명확히 내세우는 등의 제품전략을 책정한다.

(4) 품질 요구 웨이트를 설정한다.

고객의 입장에서 본 요구품질의 중요도를 기업의 입장에서 본 중요도(품질요구 웨이트)로 변환한다. 예를 들면, 다음의 계산식을 사용한다.

(요구품질 웨이트)=(중요도)×(레벨상승율)×(세일즈 포인트) (5.1)

여기서 (레벨상승율)은 기획품질의 레벨(예를들면 5)을 현행제품의 품질레벨(예를들면 4)로 나눈 값이고 5÷4=1.25 가 된다.

(세일즈 포인트)는 ○라든가 ◎를 수치로 표현한 것이고 예를 들면 ○=1.2 ◎=1.5와 같이 설정한다.

이 외에 신선미가 아무것도 없고 고객의 흥미를 당기지 못하는 경우에는 세일즈 포인트 계수를 0으로 한다.

이렇게 설정된 요구품질 웨이트를 「품질의 집」에서는 module #4라고 부른다.

5.6 품질표의 처리방법과 방침의 책정

5.6.1 품질요소의 중요도의 계산

각 요구품질항목(고객의 요구) 의 중요도와 품질표의 대응관계에서 품질요소의 중요도를 계산할 수 있다. 방법은 다음과 같은 것이 있다.

(1) 비례배분법(예를 표5.3에 표시한다)

대응관계의 기호로 수치(대응강도)를 나타낸다. 예를 들면, ◎는 3점, ○는 2점, △는 1점으로 한다.

어떤 행(요구품질)에 대해서 설정한 대응강도의 각 기호의 수치를 합계해서 총 득점을 구한다. 예를 들면 ◎가 2개, ○가 2개, △가 1개 라면,

3점×2개+2점×2개+1점×1개=11점

이 된다. 그리고 이 행의 각 기호는 다음의 득점이 있다고 한다.

◎ (요구품질의 웨이트)×3점/11점
○ (요구품질의 웨이트)×2점/11점
△ (요구품질의 웨이트)×1점/11점

이상을 각 품질요소별 열방향으로 합계해서 품질요소의 중요도로 한다.

(2) 독립배점법(예를 표 5.4에 표시한다)

대응관계의 기호로 나타낸 수치와 요구품질의 웨이트를 곱하여 그대로 사용한다. 예를 들면,

◎ (요구품질의 웨이트)×3점
○ (요구품질의 웨이트)×2점
△ (요구품질의 웨이트)×1점

이상을 각 품질요소마다 열방향으로 합계하여 품질요소의 중요도로 한다.

이 방법은 비례배분법에서 점의 배열 방법대로 편중이 있는 경우에 생길수 있는 문제를 회피할 수 있다. 즉 행(요구품질) 방향의 대응기호가 많으면 그 행에서의 각 기호의 득점은 적게되고 기호가 적으면 득점은 많아지게 된다. 극단적으로 대응기호가 적은 행에서는 다수의 기호의 득점이 극단적으로 크게되고 품질요소(열) 방향의 득점 집계로 과대평가되어 버리는 것이다.

비례배분법에서는 각 품질요소 중요도의 합계가 요구품질 웨이트의 합계와 같다. 독립배점법에서는 각 품질요소 중요도의 합계가 (요구품질 웨이트)×(매트릭스 안에 표현된 대응강도기호의 수치)의 합계와 같게 된다.

표 5.3 〉〉 비례배분법에 따른 품질요소의 중요도산정

품질요소 / 요구품질	1차	P		Q			요구품질 웨이트	품질요소 P1의 계산
	2차	P1	P2	Q1	Q2	Q3		
1차	2차							
A	A1	△		○		○	3	3 × 1 /(1 + 2 + 2) = 0.6
	A2	○	◎				4	4 × 2 /(2 + 3) = 1.6
	A3	◎	○	◎	△		5	5 × 3 /(3 + 2 + 3 + 1) = 1.67
B	B1				△	○	3	
	B2			○	◎		4	
	B3			△	◎	◎	4	
	B4		○		○	△	2	
품질요소중요도		3.87						합계 : 3.87

표 5.4 〉〉 독립배분법에 따른 품질요소의 중요도산정

품질요소 / 요구품질	1차	P		Q			요구품질 웨이트	품질요소 P1의 계산
	2차	P1	P2	Q1	Q2	Q3		
1차	2차							
A	A1	△		○		○	3	3 × 1 = 3
	A2	○	◎				4	4 × 2 = 8
	A3	◎	○	◎	△		5	5 × 3 = 15
B	B1				△	○	3	
	B2			○	◎		4	
	B3			△	◎	◎	4	
	B4		○		○	△	2	
품질요소중요도		26						합계 : 26

5.6.2 대응강도 값의 설정

대응강도의 값(예를 들면 ◎는 3점, ○는 2점, △는 1점)은 주관적인 것이지만, 파레트의 법칙에 따른 다고 생각하는 방법이 있다. 다시말하면 일반적으로 「어떤 특정 수치에 영향을 받는 요인의 기여율은 파레트의 법칙(기여율이 지수함수적으로 감소한다)에 따른다」이라는 것이다.

이제부터 △를 1점으로 해서 예를 들면 ○는 2점, ◎는 4점으로 한다. 또는 ○를 3점으로 하면, ◎는 9점이 되는데 이것은 약간의 차이가 지나치게 확대될지도 모른다.

5.6.3 최종적인 중요도의 판단

더욱이 제품개발의 난점이 될법한 품질요소에 대해서는 중요성을 고려해서 의도적으로 배율을 늘리고 중요도를 높이는 경우도 있다. 특히 비례배분법에서 중요도를 설정한 경우에는 이 기술적으로 생각한 중요성에서부터 수정을 하게 된다.

5.7 부품중요도, 비용 전개 등의 각종 발전방향

다른 2개의 관련을 매트릭스로 표현에 여러 방향으로 전개해 가는 것이 가능하다.

5.7.1 부품설계의 요건설정

부품의 설계품질을 확보하기 위해서 부품특성전개표를 작성한다.

즉 제품전체의 품질특성전개표와 부품전개표를 맞대응시켜 표 5.5와 같이 매트릭스를 구성하고 품질특성과 부품과의 관련이 있는 난에 ◎○△ 등의 기호를 사용해서 표시한다.

그리고 5.6절의 방법과 같은 모양으로 부품중요도(웨이트)를 산출할 수 있다.

이와같이 대응 매트릭스를 여러단계로 구성하고 고객의 요구품질에서 최종적인 부품중요도까지를 관계짓는 것이다.

표 5.5 〉〉 품질특성과 부품특성의 관련전개

품질요소 / 요구품질	1차	P		Q			요구품질 웨이트	품질요소 P1의 계산
	2차	P1	P2	Q1	Q2	Q3		
1차	2차							
S	S1	◎		△		△		
	S2	△	○					
	S3	○	△	○	◎			
T	T1				◎	△		
	T2			△	○			
	T3			◎	○	○		
	T4		△		△	◎		

5.7.2 비용 전개

요구품질의 웨이트에 따라서 목표원가를 각 요구품질에 배분한다. 이것을 요구품질원가라 한다. 이와같은 방법을 진행하면 제품의 기능을 하위기능으로 전개했을 때의

- 각 기능의 웨이트에 목표원가를 곱한 기능원가
- 제품을 구성하는 각 기구의 웨이트에 목표원가를 곱한 기구원가
- 각 부품의 웨이트에 목표원가를 곱한 부품원가를 설정할 수 있다.

단, 부품의 원가는 중요도의 변환으로 계산값과는 본래 별개의 것이다. 이와같은 계산방법은 부품원가의 어디에 난점이 있는가를 찾아내는데 있다고 생각해야 한다.

일반적으로 고객은 매력적품질이나 중요한 품질에 관심이 있어도 기본품질에는 무관심하다. 따라서, 기술의 입장에서 기본품질 중요도를 판정하고, 전체를 완성하지 않으면 안된다. 여기서 AHP를 이용할 수 있다.

5.7.3 검토해야 할 범위(발전방향)의 요약

이렇게 해서 최소한 검토해야할 범위는 표 5.6의 6개의 매트릭스로 된다.[10)]

표 5.6 〉〉 전개의 발전방향

기호	관련을 검토하는 항목
A1	고객의 요구품질/품질특성
B2	고객의 요구품질/코스트, 기능
A1	기능/품질특성
C2	기능/개념적인 기구
C4	구체적인 기구/구체적인 부품
D4	구체적인 부품/부품의 고장모드

이중 본 장에서는 설계·개발에 관한 부분만을 중점적으로 언급했다.

5.7.4 신뢰성전개

도면이 만들어지고 물건이 정해진 후에는 물건 고유의 고장을 구체적으로 예견하고, 신뢰성공학에서의 FMEA(Failure Mode Effect Analysis)의 방법을 이용해서 신뢰성을 사전검토한다.

5.7.5 보틀넥에서의 사전대책

기획품질, 설계품질이 종래기술의 연장에서 달성가능하다면 문제는 없지만 그것이 불가능한 경우에는 개발일정이 지연되기도 하고, 설계변경이 빈발한다. 구체적으로는 현장의 기술레벨에서 제작가능한 능력을 현장값으로 하고 기획값(기획품질레벨)을 대비해서 현장값보다 기획값이 높은 품질특성은 보틀넥(bottleneck)으로써 사전에 대책을 세울 필요가 있다.

요구품질→품질특성에서 필요하다고 판단되는 「기능」뿐만이 아니라 여기서는 고유기술인 「기구」까지 구체화해서 판단하지 않으면 안된다.

기능의 중요도를 기술적입장에서 결정하는 것은 기술자에 따라서 AHP법 등으로 검토한다.

버틀넥의 기술에 관해서는 당연한 것이겠지만 사전에 가능한한 문제점을 예측하고 개발의 과정을 통찰할 필요가 있다. 예를들면, 넥(단점)의 문제에 대해서 이것을 해결하기 위한 아이디어(구상)을 기술하고, 이것에 대한 「리뷰(질문 또는 지적)」을 행하여 구체적인 답을 도출한다. 더욱이 앞전의 리뷰와 답으로 돌아가서 사전에 가능한한 모든 것을 생각해 두는 것이다. 이에 따라 예를들면 실험해보지 않으면 알 수 없는 사항 등을 명확히 하고, 개발일정계획을 세우기 쉽게 한다. 이와같은 바람직한 순서로 개발을 진행할 수 있도록 검토용 자료의 서식이 정하여져 있다.

참고문헌

1) 赤尾洋二：品質展開入門（品質機能展開活用マニュアル 1）, 日科技連（1990）
2) 水野　滋・赤尾洋二編：品質機能展開, 日科技連（1978）
3) 川面恵司・須永　昇・松野朝子：エンジニアリング・デザイン・ワークベンチの考え方（27）, 機械の研究, 44, 5, 養賢堂（1992）595-598
4) 川面恵司・須永　昇・松野朝子：エンジニアリング・デザイン・ワークベンチの考え方（28）, 機械の研究, 44, 6, 養賢堂（1992）709-712
5) 川面恵司・須永　昇・松野朝子：エンジニアリング・デザイン・ワークベンチの考え方（29）, 機械の研究, 44, 8, 養賢堂（1992）904-908
6) 大藤　正・小野道照・赤尾洋二：品質展開法（1）（品質機能展開活用マニュアル 2）, 日科技連（1990）
7) M. Morrell : Quality Function Deployment, Automotive Engineering (1988-2)
8) J. R. Hauser & D. Clausing : The House of Quality, Harvard Business Review (1988-5, 6) 63
日本語訳；ニーズと製品開発を直結するハウス・オブ・クオリティ, ハーバード・ビジネス・レビュー (1988-9, 10) 81
9) 竹村伸一編著：システム技法ハンドブック, 日本理工出版会（1983）
10) S. G. Shina : Concurrent Engineering and DFM Electric Production, Van Nostrand and Reinhold (1991)
11) Concurrent Engineering, IEEE SPECTRUM (1987-7) 22
12) D. A. Cinder : Case study, Quality Function Deployment, SAE Technical Paper Series (1989-2, 3)

TRIZ CHAPTER 6

"TRIZ"는 러시아어(Теория Решения Изобретательских Задач)
「문제의 발명적해결 이론」
의 머릿글자(러시아어)를 영이의 알파벳(TRIZ)으로 변환한 약칭한다.

6.1 TRIZ의 개요

본 장에서는 주로 고정 TRIZ의 내용에 대해서 저자의 의견과 몇 개의 사례를 포함해서 개략적으로 설명한다. 또한, 미국뿐만 아니라 일본이나 우리나라에서도 TRIZ 관련 도서가 다수 출판되어 있고, TIRZ의 이해에 도움이 되므로 참고해 주길 바란다. 또한, 간이화 TRIZ로서 USIT가 개발되어 있으므로 참고하면 좋겠다.(7장 참조)

6.1.1 TRIZ 의 특징

TRIZ는 기술 시스템의 개발시 최상위과정에서의 물리적·공학적인 문제를 해결하기 위한 여러 개념, 방법, 알고리즘으로 구성되어있다.

TRIZ에서는 대상으로 하는 시스템의 이상적 정도를 식(6.1)과 같이 정의하고 있다.

$$\text{이상적 정도} = \frac{\sum U_i}{\sum H_i} \tag{6.1}$$

여기서 분자는 시스템의 기능 U에 대한 총합이고, 분모는 시스템 코스트, 점유 스페이스, 소비 에너지, 소음 등의 마이너스 요소 H의 총합이다. 가장 이상적인 시스템은 기능만을 가지고 있지만 실체가 없기 때문에 당연히 식(6.1)은 무한대가 된다. 즉, 구성부품이 없어도 목적으로 하는 기능을 달성한 것이지만, 현실에서는 실현 불가능한 경우가 많다. 실제로는 기능을 확대하던가 마이너스 요소를 제거함으로서 분모를 작게 하여, 해답을 최대화함으로서 이상적인 해에 근접하게 한다. 정의는 다소 다르더라도, 이러한 생각은 VE 와 같다. (식(4.1) 참조).

TRIZ는 그림 6.1에 표시한 바와 같이 많은 원리, 개념, 방법 등의 툴(상세한 것은 뒤에서 기술)이 준비되어 있다. 기술자(유저)는 설계문제의 내용에 대응해서 가장 적절한 툴을 선정하여 사용할 수 있다. 이전의 공학설계수법에 비교해서 상당히 구체적이고 속이 깊기 때문에 어떤 툴을 사용해도 기술 시스템의 개발에 어떠한 결과를 안겨줄 수가 있다. 여기에서 주의할 것은 이용하는 측의 "지혜(사물의 절도를 알고, 지식, 경험, 노하우 등을 동원해서, 잘 처리해나가는 능력)"가 필수인 것이다. 「북은 크게 두드릴수록 크게 울리고, 작게 두드리면 작은 소리밖에 나지 않는다」라는 비유처럼 TRIZ의 기능을 최대한 끌어내는 유저의 지혜 등에 크게 의존한다.

Altshuller는 발명의 레벨을 표 6.1과 같이 독창성의 정도에 따라 5단계로 정의하고 있다. 번호가 클수록 레벨이 높다. 문헌 1), 2), 11)을 참고해서 간단하게 설명한다.

레벨 # 1 : 기술 시스템의 단순한 개선 수준이며 시스템에 직접관계되는 지식이 요구된다. 엄밀한 의미에서 발명이 아니라, 기존의 시스템을 개량하는 것뿐이고 반드시 기술적 문제점을 해결한다고는 할 수 없다. 일반적으로 발명이라고 할 수 없는 것으로 우리 나라에서는 "실용신안"이라고 하는 부류의 발명이다.

레벨 # 2 : 기술적 문제점을 해결하는 것을 포함하는 발명 수준이며 같은 업종 다른 분야 지식이 요구된다.

레벨 # 3 : 물리적인 문제점을 해결하는 것을 포함한 발명 수준이며 다른 업종의 지식이 필요하고 그것을 이용하여 시스템을 개선한다.

레벨 # 4 : 새로운 기술의 발명 수준이며 다른 분야에 관한 넓고 깊은 지식이 필요한 이 레벨에서는 시스템의 개선에는 기존의 기술이 아닌 새로운 기술이 사용된다.

레벨 # 5 : 새로운 현상, 법칙, 원리의 발견과 이용이 필요한 수준이며 기존의 기술을 보다 높은 레벨로 끌어올린다.

또는, TRIZ 가 대상으로 하는 발명과 그것의 기여비율을 그림 6.2에 표시한다. TRIZ는 「a. 새로운 현상의 발견과 그 응용」, 「d. 물건이나 시스템의 단순한 개선」은 그다지 의미가 없지만, 「b. 새로운 기술의 개발」, 「c. 대립문제를 해결하는 것」에서는 상당한 위력을 발휘한다고 알려져 있다.

표 6.1 》 발명레벨과 TRIZ의 적용대상(문헌 1), 2), 11)을 참고함)

발명레벨	독창성의 정도	내용	TRIZ에 따른 지원의 정도
#1	기존(보통) 기술이 단순한 조합(단순한 해결안, 표준해)*	• 전문가가 숙지하고 있는 방법에 따른 해결 • 기존 시스템의 개선	용이
#2	기술(보통)기술의 복잡한 조합	• 기존 시스템의 개선으로 통상 다소 곤란을 겪게 됨. • 같은 업계내의 방법을 활용	가능
#3	첨단(새로운) 기술의 단순한 조합	• 기존 시스템의 본질적인 개선. • 타 분야에서의 방법 활용	곤란
#4	첨단(새로운) 기술의 복잡한 조합(업계를 뛰어넘은 페러다임의 혁신)	• 새로운 세대의 시스템 창조. • 새로운 장의 창생	매우곤란
#5	새로운 과학상의 법칙 · 원리의 발견과 그 응용	• 새로운 세대의 시스템 창조 • 새로운 시장의 창생	기대할 수 없음

* TRIZ에서 제시하고 있는 표준해

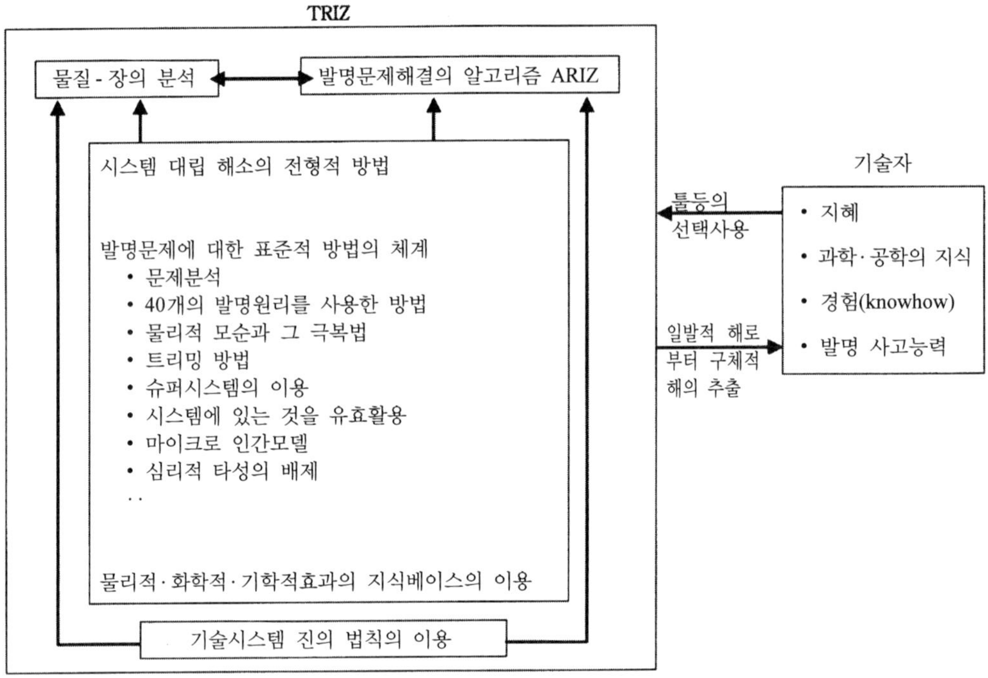

knowhow : 단독, 또는 결합하여 공업목적으로 도움이 되는 종류의 기술을 완성하거나 또는 그것을 실제로 응용하는 데에 필요한 비밀의 기술적 지식과 경험 또는 그들의 집적을 말한다(1961년, 국제상업회의소가 채택한 노하우 보호조항), 노하우에는 유형적인 것(예를 들면, 처방전, 도면, 모형, 기술기록, 사양서, 공정 매뉴얼 등), 무형인 것(예를들면, 실제적 방법, 무형정보, 기술적 훈련)등이 있는데, 그것들 자체로는 무형재인 것이다.(헤이본샤 백과사전 11권, p780)

그림 6.1 〉〉 TRIZ의 구성과 기술자의 관계

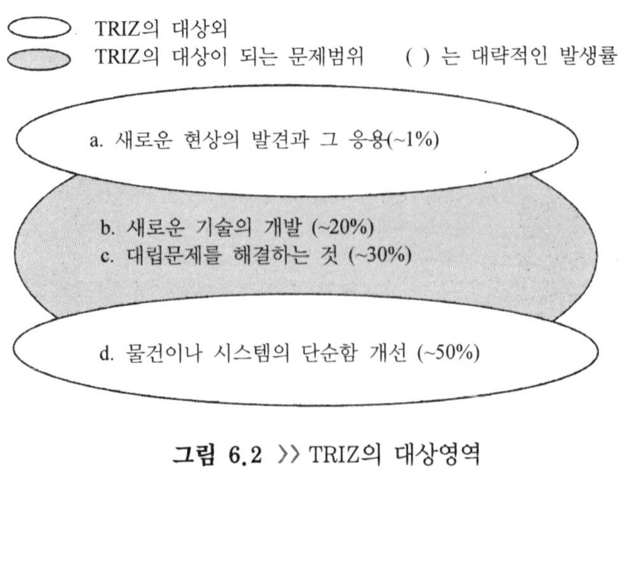

그림 6.2 〉〉 TRIZ의 대상영역

6.1.2 TRIZ에 관한 Q&A

다음의 물음에 답함으로서 TRIZ의 본질과 특징을 이해하는데 도움이 된다.
(맞으면 ○, 틀리면 ×, 어느쪽도 아니면 △을 붙인다)

1. 시행착오의 방법이다.
2. 체계적인 문제 해결방법이다.
3. 한사람으로 문제를 해결할 수 있는 방법이다.
4. 막대한 양의 데이터베이스의 지혜, 지식을 활용할 수 있다.
5. TRIZ로 풀리지 않는 문제가 많다.
6. 불가능이라는 글자는 없다.
7. 발견적 방법(퍼즐을 푸는 것과 같은 방법)이다.
8. 다른 기술분야의 지식을 해당문제의 해결에 적용하는 방법이다.
9. 브레인스토밍을 이용하지 않는다.
10. TRIZ 또는 TRIZ 소프트웨어가 해당 문제의 해결책을 제공해준다.

답

1. △. 일반적으로 문제해결은 1회의 사고만으로는 얻기가 어렵다. 여기에서 Altshuller 등은 「TRIZ의 여러 기능을 사용하면서 문제해결을 위해 반복하는 사고 프로세스 "발명적 문제해결의 알고리즘(ARIZ)"」를 여러번 반복 수정하고 있다. 이 프로세스는 기술자의 "지혜"(여기서는 과학·공학지식이나 경험, 노하우, 아이디어·발명사고능력을 동원하여 문제해결 능력과 이해하도록 한다)와 대상이 되는 문제마다 다르기 때문에 고정된 프로세스는 없다. 그러나, TRIZ를 사용하면, 시행회수는 확실히 감소될 수 있을 것이다.
2. ○. 그림 6.1 참조할 것.
3. ○. 기술자 1인만의 지혜로는 해결책은 한계가 있다. TRIZ는 많은 수의 특허에서 일반해(또는 귀납법이라고도 한다)를 유추하고 있으므로, TRIZ를 이용하면 다수의 사람들의 지혜를 활용하는 것이 된다.
4. ○. 개인의 지식을 뛰어넘은 물리적·화학적·기하학적효과의 지식 베이스가 준비되

어 있다.

5. △. 상당수의 문제는 TRIZ를 이용해서 풀 수 있다고 생각해도 되지만, 그 성과는 기술자의 “지혜”에 크게 의존하고 있다. 앞서 언급한것처럼 TRIZ는「a. 새로운 현상의 발견과 그 응용」에는 도움이 되지 않는다.
6. ×. 아이디어를 끌어내기 쉽도록 지원해주지만, 만능은 아니다. 아이디어를 유발하는 트리거로서의 역할을 하고있다고 생각하는 것이 타당하다.
7. ○. TRIZ에서는 원리, 이펙트 등은 많은 특허사례에서 추상적인 기술의 일반해법을 도출하고 있다. 이러한 일반적인 해법으로부터 문제에 따른 구체적인 해답을 발견적으로 유도하는 것이 유저인 기술자의 일이기도 하다. 이 작업의 레벨, 좋고 나쁨은 기술자의 자질에 달려있다.
8. ○. 이것이 TRIZ의 본질이라해도 과언이 아니다「다른 분야에서는 유사한 문제가 해결되는 것이다」이것을 모르는 기술자(즉 유저)에게는 크게 도움이 된다. 자신의 분야에 껍질에 갇혀있어서는 해결할 수 있는 문제도 해결할 수 없다.
9. ×. Altshuller는「브레인 스토밍은 여기저기의 기술자 몇 명이 모여서 의논하는 것으로 그 멤버의 지식만으로는 문제해결은 불가능하다」라는 의견을 가지고 있다. 저자들은「여러분야의 기술자가 심도있게 의논하는 것에서 새로운 발상이 태어난다.」는 입장을 갖고 있다. 인간 끼리의 의논이라면 서로 응답하고 절차탁마 할 수 있게된다. 이제부터 TRIZ를 중심으로 해서 프로젝트의 멤버와 TRIZ 컨설턴트가 의논해가는 방식이 채택되도록 될 것이다. 이 때에는 그것에 상응한 멤버의 선정과 실시방법이 수정되고 새로운 타입의 브레인스토밍이 고안되어갈 것이다. 이와 같은 방법은 부록 A를 참고하길 바란다.
10. ×. TRIZ에 제시되어있는 해는 각가의 특허의 내용에서 추출된 일반해(즉 귀납해)이므로 기술자는 TRIZ가 순수한 구체적인 해(귀납적해에서 유도된 연역적해)을 도출해 내는 것이라고 환상을 품어서는 안된다. 일반해로부터 구체적인 해를 연역하는 것은 유저 자신의 발명작업이다. 따라서 이 작업의 성과의 레벨은 “유저의 지혜”에 크게 의존한다.

6.2 TRIZ의 방법

아래에 TRIZ의 대표적인 문제해결 방법의 개요를 설명한다.

(1) 문제분석과 문제의 설정

문제가 되는 시스템의 요구기능은 무엇인가를 명확하게하고 문제점을 찾아내는 분석방법이다. 가치공학(VE)의 기능분석과 거의 같은 방법이라 할 수 있다. 구성부품에 주목하는 것이 아니라 시스템이 실현될 기능에 주목하고 문제를 분석한다. 그림을 그려서 분석하는 것이 바람직하고 그 예를 그림 6.13에 표시하였다. 그림 6.11에는 슈퍼 시스템의 이용에 대해서도 동시에 기술하고 있다.

Altshuller 등은 문제를 잘 해결할 수 없는 것은 "문제의 정의"에 문제가 있다고 생각하고 있다.

1) 최대의 문제

새로운 기술 시스템의 개발에 있어서는 문제를 작게 파악하는 것이 아니라 기능에 주목해서 문제를 적극적으로 크게 파악하는 것이 중요한 것이다. 예를들면,

- 「차고의 문짝을 개선한다」 라고 설정하는게 아니라, 「자동차를 도둑이나 날씨로부터 지키기 위한 차고를 보호할 격리방법을 찾는다」고 설정한다.
- 「키 홈에 붙은 축을 개량한다.」는 것이 아니라, 「톱니바퀴와 축을 연결하는 최선의 방법을 찾는다」이다.
- 「포장장치를 개선한다」가 아니라, 「제품을 안전하게 수송하는 가장 좋은 방법을 찾는다」가 된다.
- 「지체부자유인 노인을 어떠한 방법으로 욕조에 넣을까」가 아니라, 「노인의 몸을 어떠한 방법으로 청결하게 할까」가 되어야 한다.

예 : 「전구의 유리가 충격으로 깨지므로 충격에 깨어지지 않는 전구를 만들고 싶다.」라는 과제가 있다고 하자. 보통은 유리를 강화하지만 유리에 작용하는 충격력을 완화하는 등의 대책을 마련한다. 그러나 TRIZ에서는 「필요한 것은 전구가 아니라,

빛이다.」라고 생각한다. 빛을 얻기위해서는 반드시 전구일 필요가 없고 상황에 따라 발광 다이오드, 아크등분 등을 사용하는 방법도 있다.

2) 최소의 문제

기존 시스템의 문제점을 해결하는데 새로운 서브시스템을 추가하는 것이 아니라 문제가 되는 개소의 서브시스템을 트리밍하는 (제거한다)대책을 생각한다. 트리밍함으로서 시스템이 간단하게 되고 코스트 삭감이 된다. 본 항 (6)에서 상세하게 설명하도록 한다.

(2) 40개의 발명원리를 사용하는 방법

부록 B와 같이 "40개의 발명원리"를 사용해서 문제를 해결한다. 그러나 경우의 수가 많으므로 하나의 발명원리당 3분간 검토하면 2시간이나 걸린다. 아무것도 걸리지 않는 경우는 어쩔 수 없겠지만 본 항 (3)에 명기된 방법을 사용하면 효율적으로 문제를 해결할 수 있다.

(3) 시스템 대립의 해소를 위한 전형적 방법(TOSC : Typical Techniques for Overcoming System Conflicts)

앞서 기술한 "40개의 발명원리" 중 어떤 발명원리를 사용하면 좋을가를 부록 B에 표시한 39항목의 특성(물리적 특성, 공학적 특성 등)으로 분류한 "대립 매트릭스"가 시사해준다. 고전 TRIZ 의 대표적인 독특한 방법인 것이다. 6.3절에서 상세히 설명한다.

(4) 물리적 모순(Physical Conflict)과 그 극복법

"물리적 모순"은 독특한 TRIZ용어로 동일한 대상물에 모순되는 특성을 요구하는 경우를 물리적 모순이라고 정의하고 있다. 예를 들면, 「어떤 장소를 가열하고 싶다」 또는 동시에 「그 장소를 냉각시키고 싶다」고 하는 경우가 그것에 해당된다.

이러한 물리적으로 모순되는 문제가 나타나는 경우에는 "분리의 원리"가 해(해결책)를 얻을 수 있도록 도움을 준다. 이 원리는 물리적 모순을 기술적으로 "타협하지 않는 해결"하는 방책이다. 이하의 1)~4)에 "분리의 원리"와 그 사례를 표시한다.

1) 시간에 따른 분리

"시간에 따른 분리"는 시간대에 따라 현상이나 특성을 분리하는 원리이다. 시간을 강조하는 경우는 1)이고 상황을 강조하는 경우에는 4)로 생각하는 것이 좋다.

- 비행기의 바퀴는 이착륙시에만 밖으로 나온다. 비행시에는 공기저항을 줄이기 위해서 동체의 표면은 평활하지 않으면 안된다. 그러나 이착륙시에는 공기저항이 큰 바퀴가 필요하기 때문이다.
- 엘리베이터 이용층의 시간적변경. 출근시, 점심시간 등 이용이 집중되는 시간대에는 엘리베이터의 정지층을 제한해서 이송을 원활하게 한다.
- 아이스크림 튀김을 만들기 위해서는 아이스크림이 녹기 전에 튀겨서 그 직후에는 튀김옷이 보냉재로서 역할을 담당하고 있다.
- 에어백은 충돌시 빠르게 부풀어오르고 인체에 접촉하기 직전에 천천히 팽창하고 곧 수축한다.

2) 공간에 따른 분리

"공간에 따른 분리"는 공간(또는 장소)에 따라 현상이나 특성을 분리하는 원리이다.

- 이중초점 안경 : 멀리 초점이 맞는 윗부분과 가까이 초점이 맞는 아랫부분을 갖는 안경렌즈, 즉 원근양용 (다촛점)안경.

3) 부분과 전체의 분리

"부분과 전체의 분리" 는 부분과 전체로 현상이나 특성을 분리하는 원리이다.

- 자전거의 체인에는 각각의 요소는 회전 토크를 전달하기 위해 강하고 튼튼해야 하지만 전체로서스프로킷에 물려 돌기 위해서는 유연해야 한다.
- 다이빙대의 풀장 수면에 충돌완화를 위하여 풀장 아래에 기포를 방출하고 수면에 공기방울을 만든다. 다이빙한 순간 기포가 수면가까이에 있기 때문에 물의 비중이 작고 인체에 충격력이 완화된다. (그림 6.3 참조).
- 유니버셜 조인트는 축심이 맞지않는 2개의 축을 연결하는 경우에 사용된다. 회전 토크를 전달하기위해서는 충분히 강하지만 반지름방향의 굽힘에는 유연하다.

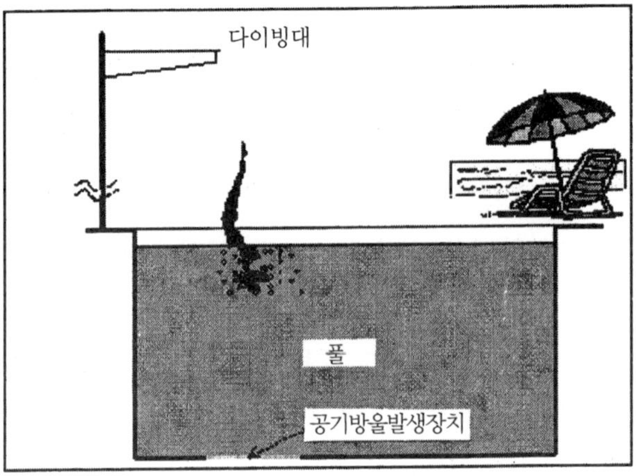

그림 6.3 》 충격완화장치

4) 상황에 따른 분리

“상황에 따른 분리”는 상황에 따라 현상을 분리하는 원리이다.

- 하이브리드카는 가솔린엔진, 전기모터와 엔진을 최적조건으로 전환하고 감속시에는 운동에너지를 전기에너지로 바꿔서 회수하고 연비의 향상을 도모하고 있다.
- 조광렌즈는 밝을 때는 어둡게, 어두울 때는 투명도가 증가하는 안경용 렌즈이다.
- 보통, 급행, 쾌속 등 정지역을 제한한 열차운행 시간표 편성은 시간적으로 빠르고, 대량의 운송을 가능하게 하는 철도운용 시스템이다.

  예 : 와트[1)]의 증기기관

전형적인 “분리의 원리”를 표시한다. 와트[1)]의 증기기관은 「어떤 장소를 가열하고 싶다.」, 또는 동시에 「그 장소를 냉각하고 싶다」라는 물리적모순을 해결하고 있다.
산업혁명 초기에는 탄광 안에 모아둔 물을 끌어올리는데 뉴코멘 기관이 쓰이고 있었다. 이것은 보일러에서 물을 가열해 증기로하고 그 증기를 실린더 내로 보낸다. 다음에 물을 주입해서 증기를 냉각하여 물로 되돌림으로서 실린더 안을 진공으로 만든다. 이 프로세스를 반복함에 따라 피스톤을 상하로 이동시켜 물을 펌핑한다. 이것은 가열 프로세스와 냉각 프로세스를 “시간에 따른 분리”를 하고 있다. 와트는 매회 기관을 가열, 냉각하는 것으로 에너지 손실이 큰 것을 깨닫고, “공간에 따른 분리”를 채용했다. 실린더는 항상

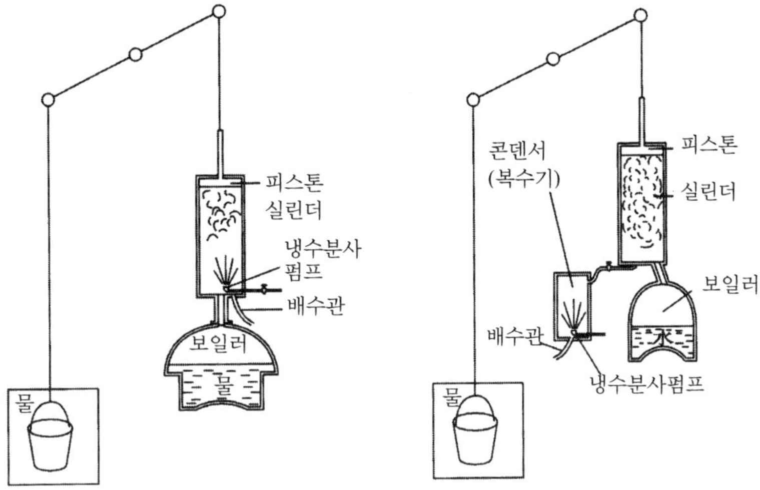

(a) 뉴코멘기관의 개념도 (b) 와트기관의 개념도

그림 6.4 >> 뉴코멘 기관에서 와트 기관으로[12)]

가열상태로 별도로 장착한 복수기는 냉각에 의하여 증기를 물로 되돌린다. 한쪽은 가열을 다른쪽은 냉각을 담당한다. 이것에 의하여 에너지가 대폭 절약된다.[8,12)] (그림 6.4 참조)

(5) 물리적·화학적·기하학적효과의 지식 베이스(Effect) 이용

지식 베이스(TRIZ에서는 "Effect"라고 불리고 있다)를 사용해서 문제해결의 힌트를 얻는 방법이다. 지식베이스는 표형식이나 컴퓨터의 데이터베이스로 작성되어 간단하게 검색할 수 있도록 연구되어 있다. 이것은 물리학, 화학, 기하학에 관한 효과나 법칙을 문제해결의 과학적, 공학적 효과집으로 정리된 지식베이스이고, 역순사전으로 이용되므로, 기술적문제해결의 아이디어 발상에 유효하다. 부록표 B.4에 이팩트집을 표시하였다. 상세하게는 문헌3)과 6)을 참조하기 바란다.

새로운(또는 다른 분야의) 원리나 현상을 이용해서 새로운 시스템을 개발하므로서 이상해에 근접하도록 하는 종류의 문제로서 적용하는데에 유효한 방법이다.

예 :

과전류시에 전기회로의 차단에는 납합금제에 휴즈와 노휴즈브레이커가 사용되고 있다. 과전류가 흐르면 전자는 융점이상으로 온도가 올라가 휴즈가 녹아서 회로가 열린다. 후자는 평상시에 전류에 대해 스프링힘과 전자력이 평형을 이루고 있기 때문에 접점은 닫혀있지만 과전류가 흐르면 전자력이 증대해서 접점이 열리도록 설계되어있다.

가장 간단한 구성이고 신뢰성이 높은 전기회로의 차단장치를 개발하는 요구가 있었다. 데이터베이스를 조사하면 「상온에서 전도성이 높은 액체(예를들면 나트륨)는 증발하면 전도성이 극히 낮은 기체가 된다」는 현상이 있다. 이것을 회로의 접점에 응용하는 것을 생각한다. 평상시에는 전류가 흐르지만 과전류시에는 유체의 온도가 상승해서 기화하고 회로가 차단 된다. (그림 6.5 참조). 과전류의 원인을 제거하면 몇번이라도 사용할 수 있다. 그래서 휴즈나 노휴즈브레커에 비해서 「전류를 차단한다」라는 기능에 대해서 보다 이상해에 가까운 해를 얻을 수 있다. 시스템 코스트, 점유스페이스 등의 마이너스 요소가 최소가 된다. “액체의 증발”을 이용한 새로운 휴즈의 발명이다.

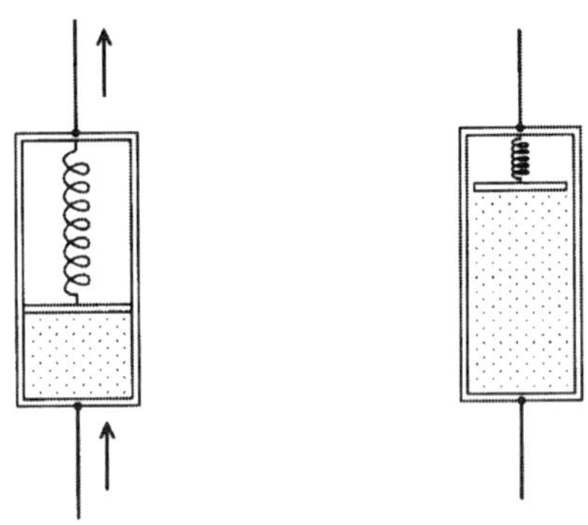

(a) 정격전류가 흐를때　　(b) 과전류에 따른 차단시

그림 6.5 〉〉 액체의 기화를 이용한 영구 휴즈 (원리도)

(6) 트리밍

시스템 내에 불편한 문제점이 있다면 문제점에 관계된 구성요소(기구, 부품)을 트리밍한다(제거하다). 트리밍된 부품의 기능은 본항 (7)에 기술할 슈퍼시스템이나 다른 구성부

품 등으로 대신하게 된다.

이 수법은 TRIZ에서 빈번하게 사용한다.

예 :

(a) 전기청소기의 먼지봉투에 먼지가 쌓이고 흡입력이 저하된다. 결국 먼지봉투가 불편한 구성부품이 된다. 이러한 경우 먼지봉투를 트리밍하는 것이 TRIZ가 생각하는 방법이다. 트리밍 된 먼지봉투의 기능은 다른 구성부품으로 대체되고 다른 부품을 변형시켜서 대신하게 한다.
또 하나의 전기청소기로 불편한 점은 배기이다. TRIZ의 고안법에서는 배기를 트리밍하는 것이다. 배기의 기능은 다른 것으로 대신하도록 하는 것을 생각한다. 청소기를 나중에 설명할 그림 6.11과 같이 "슈퍼시스템"을 포함해서 표현하고 검토하면 같은 것으로 흡기가 있다. 흡기로 대신시키는 것을 생각할 수 있다.
문제해결의 결과 사이클론 방식 전기청소기나 배기순환형전기청소기로 시판되고 있다(또한 시판제품이 TRIZ를 사용하였는가 하는 것은 불명확하지만 TRIZ와 같은 사고방법으로 문제를 해결하였다고 추정할 수 있다).

(b) 달 탐사선의 조명용전구
1960년대 구 소련연방은 달 표면상의 풍경을 화상으로 지상에 송신할 목적으로 무인 달 탐사선을 띄웠다. 달 탐사선의 전방에 달 표면을 비추는 투광기를 사용하기로하면 조명용전구가 달 표면 착륙시 충격으로 파괴되어버린다는 문제가 있었다. 프로잭트의 책임자 바바킨은 다음과 같이 문제를 해결하였다.
기존의 전구에서는 달 표면착륙시에 충격으로 전구 유리가 파괴될 수 있다.
→ 소켓연결부나 그 외 전기회로와 전구유리의 강도를 올린다.
→ 전자의 강도를 올리는 것은 가능하다. 그러나 후자의 강도를 올리는 것은 어렵다.
→ 전구 유리의 목적 · 기능은 무엇인가(이것이 해를 얻는 포인트).
→ 필라멘트의 주위에 진공을 만드는 것이다.
→ 달 표면위는 진공이다.

여기서 바바킨은 전구 유리가 없는 전구를 제안했다(그림 6.11 참조). 이것은 트리밍의 일례이다.

(7) 슈퍼시스템의 이용

슈퍼시스템이란 대상으로 하고 있는 시스템이 제어할 수 없는 환경이나 제어가 곤란한 다른 시스템을 뜻하는 것이며 예를 들면 자연(태양, 기상), 전력계통 등이다.

슈퍼시스템의 이용이란 제어할 수 없는 시스템을 적극적으로 이용해가자는 방법이다.

정원 밖의 경치를 적극적으로 도입해서 정원의 구성요소로 하는 조경기법이 있는데, 이것과 마찬가지로 기술 시스템에 구성요소로서 슈퍼시스템을 도입해 나가자는 생각이다.

예 :

냉동 소고기를 항공기 우송을 하는데 전용 제트 수송기가 사용되고 있다. 수송기에는 냉동설비가 완비되어 있다. 그렇지만 가격경쟁이 치열하여 수송 가격을 내릴 필요가 대두 되었다. 냉동설비는 상당한 중량이 있기 때문에 이것을 경량화 함으로서 1회에 수송가능한 냉동소고기량이 증대시키는 시도를 하였지만 생각만큼 장치의 경량화가 불가능했다. 이 문제의 해결방법은?

최대의 문제점은 냉동설비의 중량이 무겁고 공간을 차지한다는 것이다. TRIZ에서는 문제가 있는 냉동설비를 트리밍한다. 트리밍 한 시스템의 기능은 어디엔가 보관해두지 않으면 안된다. 여기서 그림을 그려 문제를 분석해보면 고도 1만미터에는 바깥 온도가 마이너스 약 50℃이다. 이 슈퍼시스템(외부 기온)을 이용하면 된다! 냉동설비로는 간단한 송풍장치로 바꿔놓는 것만으로 충분하다.

이 예에서 사용한 TRIZ의 방법은 최소의 문제(문제분석, 트리밍법, 슈퍼시스템의 이용)이다.

(8) 시스템에 현존하는 것을 유용하게 활용

새로운 기능을 추가하거나 불충분한 기능을 강화하거나 할 경우에 새로운 구성요소를 도입하지 않고 이미 기존에 있는 것을 유용하게 활용한다.

예 :

컴퓨터 키보드를 먼지로부터 지키기 위해서 키보드 커버가 씌워져있다. 플라스틱제 커버 등이 사용되고 있다. 그러나 이것은 키보드 사용중에 사용되지 않은 부품이므로 불필요한 부품으로 볼 수도 있다.

여기서 커버를 트리밍한다. 트리밍 된 부품의 기능은 시스템에 있는 것을 유용하게 활용한다. 키보드를 바라보면 손을 놓는 수지제 패드가 있다. 이 패드는 키보드 사용시에 유효한 기능을 담당하지만 키보드를 사용하지 않을 때 불필요하게 된다. 이 패드를 방진커버로 사용하면 된다. 접이식의 방진커버겸용의 손을 놓는 패드의 발명이다.

이러한 패드가 부속인 키보드가 데스크톱 컴퓨터가 시판되고 있다.

(9) 마이크로 인간 모델(똑똑한 소인, SLP : Smart Little Persons)

기술자자신이 장치, 입자, 원자·분자 등의 대상물이 되어보고, 아이디어를 사고한다. 이 개념은 고든의 시넥틱스[8)]에 대한 창조과정에서 "의인화"에 해당된다. 시네틱스에 대해서는 부록 A에 상세히 기술되어 있다.

이 방법은 전자를 의인화해서 새로운 반도체의 개발 등에 이용될 것이다.

(10) 기술 시스템 진화 법칙[3,5)]의 이용

기술 시스템은 그림 6.6과 같이 유년기(I), 성장기(II), 성숙기(III), 쇠퇴기(IV)순으로 옮겨간다. 이 동안에 획기적인 발명이나 작은 개량이 더해지면서 S자 곡선을 나타내는 생애패턴을 그리면서 진화한다. 주된 진화의 패턴에는 아래의 것이 있다.

1) 이상성향상의 추구에 따른 진화
2) 서브시스템의 불균일한 진화
3) 시스템의 다이나미즘과 제어성이 높은 방향으로 진화
4) 복잡함을 증가시키는 방향, 또는 단순화하는 방향으로 진화
5) 매칭과 미스매칭을 반복하는 진화
6) 미크로레벨과 장의 사용이 높아지는 방향으로 진화
7) 인간의 관여가 적어지는 방향(즉 자동화)로 진화

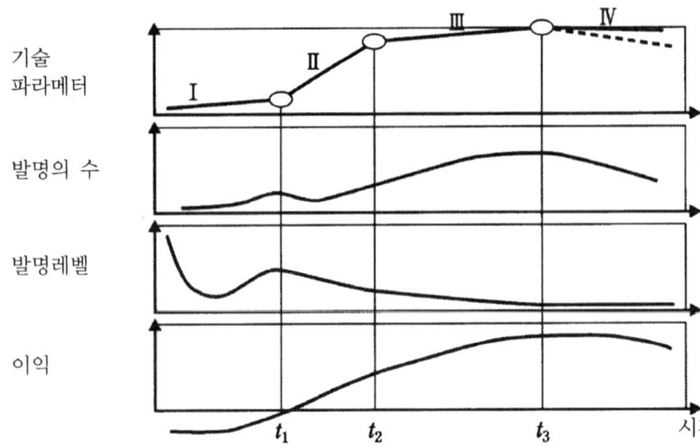

출전 : Invention Machine Corporation

그림 6.6 〉〉 기술 시스템의 진화와 발명 또는 이익(소위 S자 곡선)[문헌 3)에서 전제]

여기에서는 일례로서 4)에 대해서 단순하게 설명한다. 그림 6.7과 같이 기술시스템은 단일에서 2체 시스템, 더욱이 다체 시스템으로 복잡화하지만 어떤 시점에서 새롭게 발명이나 발견에 의해 다시 단일 시스템으로 회귀한다.

다른 구체적인 예는 문헌 1), 3), 6)을 참조하기 바란다. 그러나 이것은 모두 진화 패턴의 결과이고 이 패턴만으로는 각각의 기술시스템의 진화에 대한 구체적인 시사를 얻는 것은 불가능하다. 1장 「1.1.5 발상법의 분류」에서 기술한 방법도 유효할 것이다.

(11) 심리적 타성의 배제

자칫하면 기존개념에 사로잡혀 버리지만 한번 백지로 돌아가서 검토해 본다. 그러면 가장 훌륭한 해를 얻을 수 있는 가능성이 증가한다.

(12) 발명문제해결의 알고리즘 ARIZ (Algorithm for Inventive Problem Solving)

문제해결에는 「해결해야하는 문제의 본질을 정확하게 파악해서 우수한 해결안을 도출하는 아이디어 발상의 일종으로서 사고 프로세스」가 필요하다. Altshuller 등은 문제해결이라는 것을 문제설정에서 해결까지의 프로세스를 전체적으로 파악하고 발명자의 사고

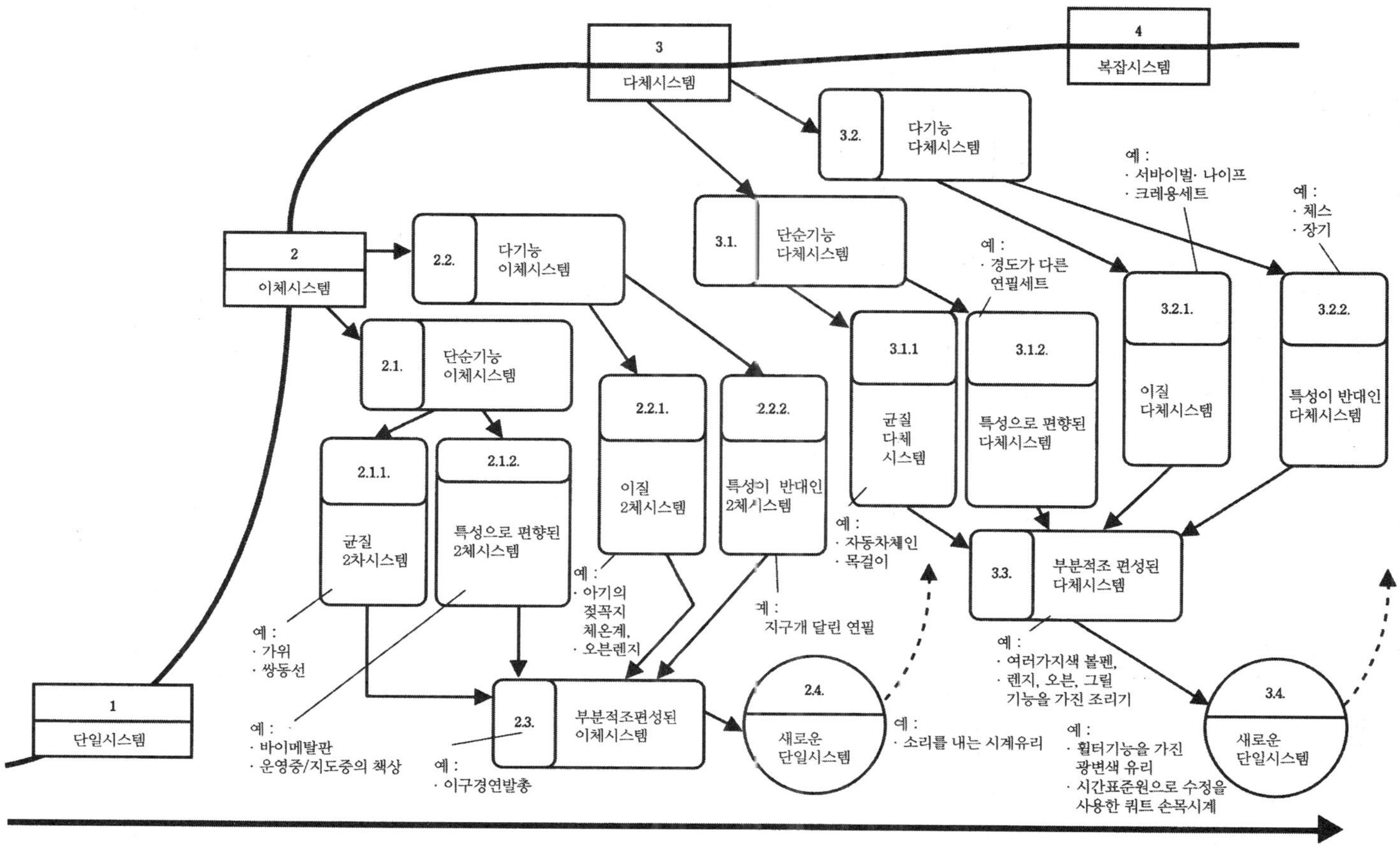

그림 6.7 ›› 기술 시스템의 진화 [문헌 5)와 11)을 참조]

프로세스를 표준화 하는 것을 시도하고 있다. 그러나 결정적인 표준 프로세스가 보이지않고 누차 개선을 시행하고 있다. 이것은 해결법이 문제에 따라 다르고 다양하기 때문이다. "ARIZ"는 문제해결의 알고리즘으로 이것에는 해결안을 도출하는데 이 항에 설명한 모든 원리, 수법 등을 구사 하는 통합적인 문제해결수법인 것이다.

TRIZ 컨설턴트의 경험에 따르면 ARIZ는 TRIZ를 사용해서 문제를 해결하면서 자연히 자신에게 맞는 순서를 알게되는 모양이다. 최신의 ARIZ는 ZRIX-85C (표 6.2 및 그림 6.8 참조)이지만 ARIZ 에 대해서는 문헌 11)에 상세히 설명하고 있다.

표 6.2 〉〉 ARIZ - 85 C 의 단계[문헌 11)의 표에서 인용]

단계명	각 단계별 목적
1. 문제의 설정	• 문제를 명확하게 한다. 막연한 문제를 기술적 대립·모순으로서 현존화 해서, 문제를 명확하게 기술한다.
2. 문제의 모델의 분석	• 그 문제에 이용가능한 자원을 인식하고, 문제 고유의 구조를 발견해 낸다.
3. 이상해와 물리적모순의 결정	• 목표로 하는 이상해(IFR)와 그 실현의 장해가 되는 물리적 모순을 명확하게 한다.
4. 물질이나 장의 자원의 적용	• 문제의 해결책(해법)에 유용한 물질-장의 자원을 동원해서, 체계적으로 이용한다.
5. 정보원의 적용	• TRIZ의 정보 - 이펙트 등의 툴을 활용한다.
6. 문제의 설정 변경	• 문제의 본질 부분을 검증한다. 발명이 따르는 문제는 최초부터 바르게 설정해 두는 것이 희귀하기 때문이다. 본질 부분이 변경(처음에 설정한 구속이나 제약의 제거, 심리적 타성의 제거 등)은 이 종류의 문제에서는 당연할 것이다.
7. 대립·모순의 해소	• 물리적 모순을 제거한다. 이것에는 새로운 요소를 추가하지 않는 것이 이상적이다. 이 단계의 목적은 이전 단계에서 도출된 해법의 품질을 체크하는 것이다.
8. 얻어진 해법의 적용 (공학적 해결책)	• 해법의 채용. 우수한 아이디어는 특정 문제 이외에도 같은 종류의 문제에 적용될 예정이다.
9. 분석방법·순서의 개선	• ARIZ에서 채용된 유저의 방법·순서를 평가하고, 개선할 부분이 있으면, 개선한다.(이 단계는 TRIZ 전문가용이다).

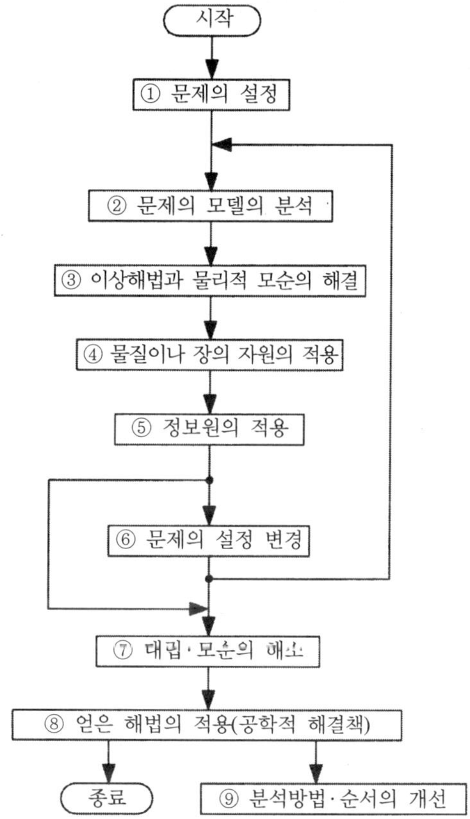

그림 6.8 〉〉 ARIZ - 85C의 스텝

(13) 물질-장의 분석(Substance-Field Analysis)

76개의 문제해결수법을 사용하는 것이지만 그 수법이 엄밀히 정의되어있고 더욱이 수가 많아서 사용하기가 어렵다. 미국의 대형 메이커에 이 방법을 가르친 구 소련에서 미국으로 이주한 TRIZ 컨설턴트는 「TRIZ의 전문가라면 사용할 수 있지만 1년에 수회 사용한다는 빈도이면 그다지 추천할 수 없다」라고 코멘트하고 있다. 또한 저자들도 이용을 시도해봤지만 아주 곤란했다. 구체적인 내용은 참고문헌 6)에 상세히 기록되어있다.

6.3 시스템 대립 해소의 전형적 방법

(TOSC : Typical Techniques for Overcoming System Conflicts)

(1) 전형적인 기술 시스템의 대립

기술 시스템에는 「강하게하면 무겁게 된다」, 「무겁게 하면 응답이 늦어진다」라는 한쪽 특성을 개량하면 그 반작용으로 다른 특성이 악화되어버린다는 것을 알 수 있다. 이것을 전형적인 기술시스템의 대립이라고 한다.

(2) 대립 매트릭스 (Contradiction Table)10]

전형적인 기술 시스템의 대립을 해결하기 위해 만들어진 것이 대립 매트릭스(고전 TRIZ의 최대 성과라고도 한다)이다.

부록 B에 설명된 "40개의 발명원리" 중에서 어떤 발명원리를 사용하면 되는가를 잘 나타내주고 있다. 대립 매트릭스의 종렬횡렬의 39항목은 부록표 B.4에 표시된 "움직이는 물체의 중량", "속도", …, "측정의 정도", "생산성" 등의 물리, 공학, 설계, 생산에 관한 특성에서 성립되고 있다.

그림 6.9에 나오듯이 다음의 순서로 시스템 대립을 해소하는 것이 가능하다.

1) 개선하고 싶은 특성 또는 개선된 특성을 부록 B의 "대립 매트릭스"의 행에 표시되어 있는 항목에서 선택한다.
2) 그 결과 어느 특성이 악화되는가(악화된 특성)?
   악화되는 특성 또는 악화된 특성을 "대립매트릭스"의 열에 표시되어 있는 항목에서 고른다.
3) 1)과 2)의 특성이 교차하는 란에 있는 번호가 이 문제를 해결하는 "발명원리"의 번호를 표시하고 있다. 가장 많은 해답을 얻고있는 순서로 네모난의 왼쪽 위부터 오른쪽 아래에 최대 4개가 표시되어있다. 비어있는 네모칸은 과거에 이러한 케이스는 거의 없었다는 것을 나타내고 있다. 3개 이하밖에 없는 것은, 유효한 케이스로 그 개

10] contradiction과 conflict를 모순이라고 번역하고 있는 책이 많지만, 여기서는 전자를 대립, 후자를 모순이라고 번역하기로 한다.

	악화되는 특성 / 개선하고 싶은 특성	1 움직이는 물체의 중량	· · ·	14 강도	· · ·	39 생산성
1	움직이는 물체의 중량		· · ·	28.27 18.40	· · ·	35.03 24.37
⋮	⋮	⋮		⋮		⋮
14	강도	01.08 40.15	· · ·		· · ·	29.35 10.14
⋮	⋮	⋮		⋮		⋮
39	생산성	35.26 24.37	· · ·	29.28 10.18	· · ·	

(a) 대립 매트릭스

29. 공기압 또는 액체압의 이용
35. 물체의 물리적·화학적 상태를 변경·집중한다.
10. 작용의 사전준비
14. 직선에서 곡선으로

(b) 발명원리

그림 6.9 〉〉 대립 매트릭스의 이용법

수밖에 없었다는 것을 나타낸다.

4) 이들 “발명원리”를 힌트로 해서 최적이라고 생각되는 해답을 찾아낸다.
또한 개선하고 싶은 특성, 악화되는 특성이 1조 뿐인 경우도 있다. 이러한 경우는 그 대립 매트릭스를 다시한번 적용하면 된다.

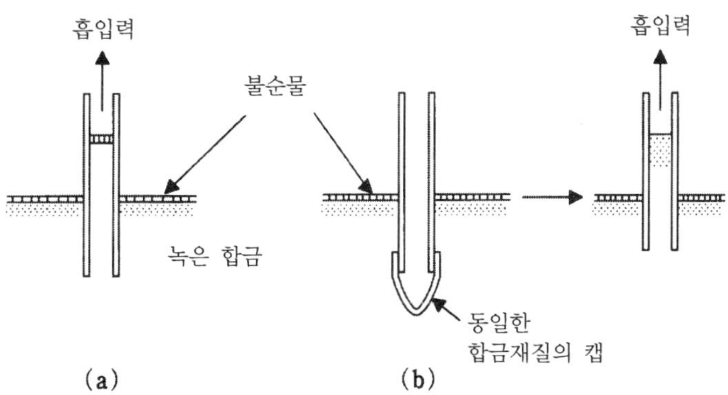

그림 6.10 〉〉 불순물이 적은 합금의 재료방법

예 : 합금재료의 불순물을 제거하는 방법
합금재료에 불순물이 남아있으면 강도가 약해지고 저하되는 것을 알 수 있다. 불순물은 그림 6.10 (a)와 같이 용탕의 표면에 떠 있기 때문에 진공흡입법으로 용융된 합금을 빨아내면 이 불순물도 동시에 빨아들이게 된다. 거기서 그림 6.10(b)와 같이 흡입구에 합금과 같은 성분의 캡을 씌우면 표면의 불순물을 밀어낸 후에 캡은 탕 안에서 녹게되므로 불순물이 적은 합금을 흡입하게 되는 것이다.
책 마지막 부록 B의 대립매트릭스표를 이용해서 이 해결방법의 검증을 시험해본다. 그림 6.9(a)에 설명한 행에 개선하고 싶은 특성으로 "14. 강도"를 선택한다. 그 다음에 열에 악화되는 특성으로 "39. 생산성"을 선택한다. 그 이유는 불순물의 혼합부분을 폐기하는 작업을 넣으면 생산성이 극단적으로 떨어지기 때문이다. 양자의 교점에는 29, 35, 10, 14가 존재한다. "발명원리" 번호에서 각각의 내용을 조사한다(그림 6.9 (b) 참조). 그 안에서 "10. 작용의 사전준비"를 골라서 사전에 「세라믹제 파이프의 선단에 캡을 씌운다」는 것을 상기한다. 이 캡의 재질은 합금의 물과 같은 성분이면 파이프 삽입시에 불순물을 가로로 밀어낸 후에 용탕 안에 녹아서 흡입이 가능하게 한다.
또한 그것과 별개로 직접 "발명원리"의 입장에서 보고 "33. 균질성(동질재료의 사용)"의 「a. 서로 영향을 주는 물체를 같은 재료나 성질이 유사한 재료로 만든다」를 발췌하여 「합금의 용탕과 같은 성분이 되는 합금의 캡」을 착상한다. 이렇게 해결하는 루트는 여러개 존재한다.

6.4 TRIZ의 이해를 돕는 예제

(1) 사례 : 달 탐사선의 조명용전구

다시 이 예제를 들어본다. 1960년대 구 소련은 달 표면의 풍경을 화상으로 지상에 송신하는 목적으로 무인 달 탐사선을 띄웠다. 탐사선의 전방에 달 표면을 비추는 투광기를 사용하기로 하면 조명용전구가 달 표면착륙시 충격으로 파괴되어 버린다는 문제가 있었다.
이 예제에 대해서 문제분석을 위한 그림을 그림 6.11에 그려보자.

· 그림 그리는 방법

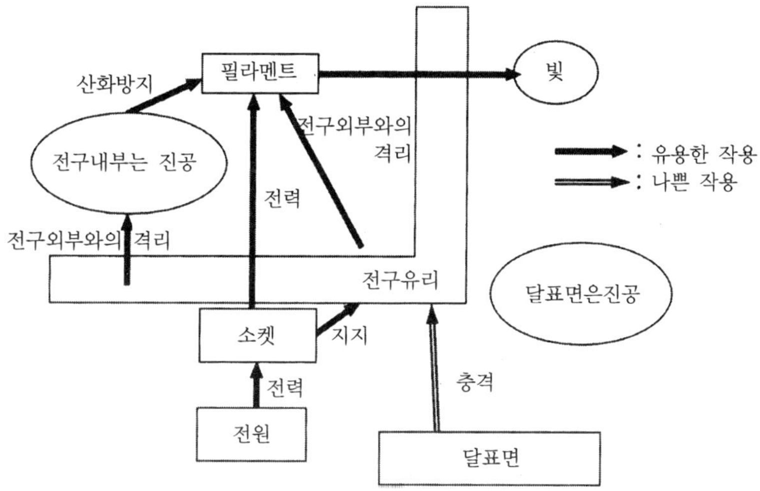

그림 6.11 〉〉 전구의 문제분석도(기능그래프)

그림에는 주요구성부품과 슈퍼시스템을 그린다. 「바라는 것은 무엇인가」를 명확히 한다. 이 예제의 경우는 "빛"이다.

유용한 작용은 예를 들면 화살표를 실선으로 그리고 주석도 기입한다. 나쁜 작용은 이중실선으로 그리고 주석을 기입한다. 이렇게 하여 그림을 그리면 분석이 용이하게 된다.

이와같이 문제분석의 그림을 그리므로서 전구 유리가 1번문제(이중실선의 "충격"이 기술되어 있다)이고 전구 안은 진공임과 동시에 달 표면에서도 진공인 것을 일목요연하게 알 수 있다. 따라서 전구유리를 트리밍하는 것으로 문제가 해결된다. 여기서는 "문제의 분석도"를 TRIZ와 같이 "물질-장의 분석도"로 쓰지않고 자유롭게 그려보았다.

(2) 사례 : 자동차 배기가스 촉매식정화장치의 개량[10)]

자동차의 배기가스가 엔진 시동시에 충분히 정화되어 있지 않다는 문제를 검토한다. 이 정화장치의 원리는 배기가스의 열을 이용해서 정화장치를 가열하고 배기가스를 재연소시켜 미연소물질을 정화하자는 것이다. 엔진시동시는 배기가스의 온도가 낮고 가열이 충분하지 않게되면 보조적으로 전기 히터로 정화장치를 가열한다. 정화장치의 현 시스템의 스케치를 그림 6.12에 표시하였다. 먼저 그림 6.13과 같이 정화장치의 기능그래프를 그리고 문제를 분석해보면 다음과 같은 것을 알 수 있다.

1) 엔진시동시는 배기가스가 정화장치를 충분히 가열하고 있지 않다(원인). → 2) 전기히터로 가열하므로 베터리가 소모된다(결과). → 정화장치가 배기가스를 충분히 정화하고 있지 않다(최종결과).

극력 새로운 요소를 추가하지 않은 것에 유의해서 그림 6.13의 기능그래프에 표시한 바와 같이 정화장치안에 형상기억합금제의 벨브를 도입하고 배기가스 통로의 길이를 배

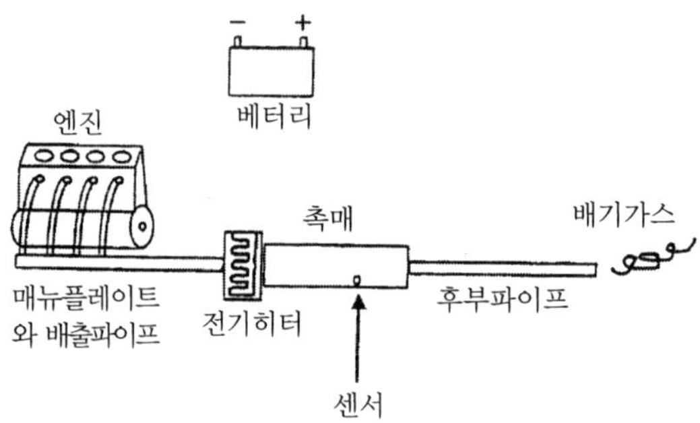

그림 6.12 〉〉 기존시스템의 스케치 [문헌 10)에서 전재]

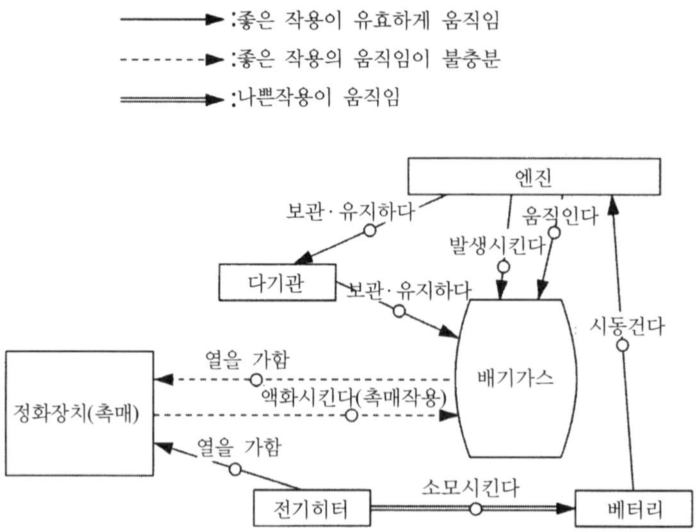

그림 6.13 〉〉 기존시스템의 기능 그래프 [문헌 10)에서 전재]

기가스 온도의 고저에 맞춰서 변경할 수 있도록 하여 문제를 해결하고 있다. 즉 저온시에는 이 벨브가 닫혀있고 유로를 길게해서 저온의 배기가스라도 장치를 가열할 수 있도록 하고 고온시에는 벨브가 열려서 유로를 짧게하고 장치의 과가열을 방지하고 있다.

그림 6.13에 표시한 기능 그래프는 제3장에서 기술한 "기능구조도"(문헌 9) 참조)의 생각하는 방법에 가깝다. 기능 그래프가 각각의 요소를 구체적인 부품이나 부분의 물품명사로 표시하고 있는 것에 대하여 기능구조도에서는 물성명사로서 표현하고 있다.

(3) 사례 : 모바일용 연료전지의 소형화

연료전지를 소형·얇은형으로 하고 모바일 기기나 보청기의 전원에 사용하는 연구가 현재 진행되고 있다. 19세기초에 연료전지의 아이디어가 발표되었다. 물을 전기분해하면 수소가스와 산소가스가 발생하는데 이것을 역으로 해서 수소가스와 산소가스를 반응시키면 전기를 발생하게 된다. 이것을 가상적으로 표 6.2에 표시한 ARIZ-85C의 문제해결의 순서에 따라서 소형화한다는 문제를 해결하여 보자.

○ 문제해결의 순서

1) 문제의 설정

연료전지가 크게되어 있는 것은 수소가스와 산소가스를 저장해야 하는 것 양기체를 컴팩트하게 담는것 양기체를 반응시켜 연속적으로 발전하는 방책을 고안하는 것이다.

2) 문제 모델의 분석

① 자원으로 수소와 산소가스를 발생시킨다.
② 그들을 저장해둔다.
③ 양 가스를 천천히 시간을 두고 계속적으로 반응시킨다는 것이다.

3) 이상해와 물리적모순의 결정

이상해는 성능을 저하하는 것이 아니라 소형화하는 것이다. 이를 위해서 모든 구성요소를 소형화하는 것이다.

4) 물질이나 장의 자원의 적용

5) 정보원의 적용

a) 산소가스의 저장 : 공기는 질소, 산소 등의 혼합기체이고 무한정으로 산소가스를 이용할 수 있다 → 슈퍼시스템을 이용해서 산소가스를 저장하지 않는다 → 산소가스 용기를 트리밍한다.

b) 수소가스의 발생 : 수소의 발생원으로 매타놀을 이용한다 → 백금촉매로 매탄올을 분해하여 수소를 발생시킨다.

c) 양 가스의 지속적인 반응 : 이팩트 「E7 : 액체, 기체를 움직인다」(부록표 B.2 참조)에서 모세관현상이나 침투를 이용한다. → 미세한 구멍의 열린 막이나 침투막을 이용한다. 또는 나노테크놀로지(초 미세기술)의 카본나노튜브나 프라렌을 이용하는 것도 생각해볼 수 있다.

6) 대립·모순의 해소

전기를 발생시키기 위해서는 전해질을 저장해서 수소가스와 산소가스를 이온화하고, 그 양측에 전극을 두지 않으면 안된다. → 전해질을 저장하기위해서는 침투막 보다 작은 구멍이 뚫린 막을 이용하는 편이 좋다.

7) 공학적 해결책

두께 1/50 mm 정도의 수지 필름에 여러개의 열린 미소 구멍에 전해질을 주입하고 양면에 전극과 백금촉매를 붙인 구조를 채용한 아이디어를 채택하게 된다.

이렇게해서 매탄올 연료 약 20g으로 수소 가스를 발생시키고, 산소가스와 반응시켜 100 mA의 전기를 일으킨다. 휴대전화에서는 1개월간 연속사용이 가능하다.

(출처 : 일본경제신문, 미래전략 「휴대전화에 연료전지」2001년 9월 21일 ; 마이니찌신문, 「연료전지최전선」2002년 8월 14, 15일)

(4) 사례 : 프레하브·콘크리트 건축자재의 강화

1) 문제

콘크리트 건축자재는 그 밀도를 올리면 강성이나 강도가 올라가는 것을 알 수 있다. 종래 건재는 형틀(거푸집)에 주입된 상태이고 바이브레이터로서 충진되었지만 소음이 심했다. 그래서 건축자재가 크게 복잡한 형태를 하고 있는 경우도 장치가 크게 걸리지 않고 소음이 낮고 간단한 장치로 밀도 높은 건축자재를 만드는 방법을 검토하였다.

2) 해결안

a) 먼저 "이팩트"를 열람해서 「E24 : 물체의 구조를 만들고 안정시킨다」(부록표 B.2 참조)를 검색하면 간섭, 정재파, 모아레현상, 자기파동, 상전이, 기계적·전기적 진동, 케비테이션이 E24를 실현하는 수단의 물리작용으로 제시될 수 있다.

b) 이 가운데 진동에 주목한다. 콩이나 작은 돌을 상자 등에 쑤셔넣는 경우에는 상자를 흔들어가면서 쑤셔넣는 방법이 잘 사용된다. 그 이유는 진동이 작은 돌 사이에 정지마찰이 운동마찰로 변경됨으로 마찰력을 감소시키고 또한 간격을 만들어 그곳에 끼워들게 함으로 한정된 공간에 보다 많이 쑤셔넣는 것이 가능해 진다.

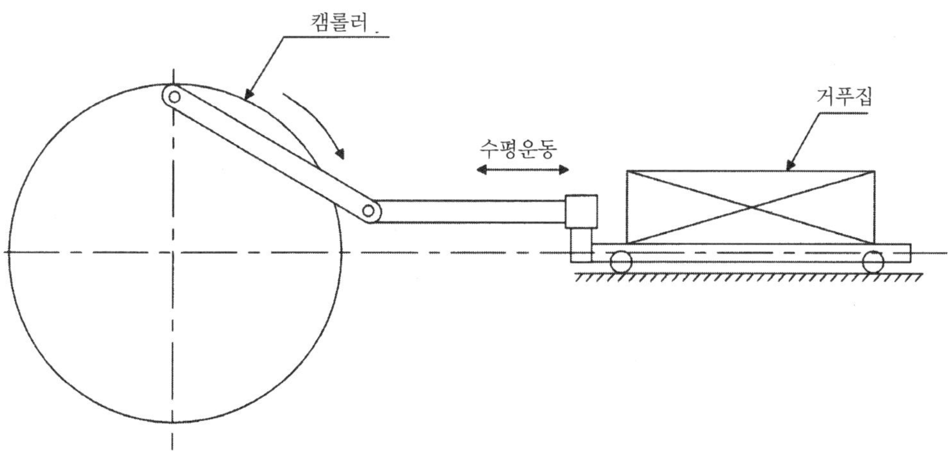

그림 6.14 〉〉 수평진동에 따른 콘크리트 건축자재의 조여지는 장치
상품명 : 「셰이크레이터」, 특허권자 : 마쓰오카 콘크리트공업(주) 특허 제2944982, 2978133, 실용실한 3059914호

c) 콘크리트 건축자재는 자갈, 모레, 시멘트, 물의 혼합물로서 진동시킴으로 콘크리트 건축자재의 밀도를 높일 수 있을 것이다.

d) 거기서 그림 6.14와 같은 장치를 시험제작해서 아이디어의 검증을 시행했다. 그 결과 건재의 상대 동탄성계수는 본방식(진동수 60Hz, 지속시간 약 90초)를 채용함으로 이전의 바이브레터에 의한 충진방식에 비해서 약 1.5배에서 약 2.0배 정도가 되는 양호한 충진을 할 수 있었다. 더욱이 건재의 표면이 매끄럽게 되고 한냉지에서의 동결・융해라는 현상의 반복에 따른 콘크리트 내의 크랙 확대가 어렵게 된다는 양호한 결과도 얻을 수 있었다.

(5) 사례 : 식품폐기물의 사료로 하는 처리법

1) 문제

남은 음식이나 식품공장에서 수분을 포함한 식품폐기물을 가축이나 애완견의 사료로 재활용하고싶다. 사료로는 먹기쉽도록 과립상태로 보존이 쉽도록 건조시킨 상태로 제조하고 싶다.

2) 해결안

a) 일단 "이팩트"를 열람해서 「E14 : 물체를 파괴한다」(부록표 B.2 참조)를 검색해서 E14를 실현하는 수단으로서 방전, 전기역학적 충격, 탄성파, 공명, …, 이 검색되었다. 이것을 힌트로 유체역학적 충격을 이용할 수 없는가 결국 고속의 가열증기로 폐기물을 파쇄할 수 없는가를 검토하고 음속풍동의 원리를 생각해낸다. 그러나 간단한 바람으로는 밀도가 낮고 파괴력이 적으므로 증기를 사용하기로 하고 마하1정도의 속도를 갖는 가열증기로 폐기물을 해체해서 과립상로 하려고 생각하였다. 그러나 노즐에서 증기를 분사하면 단열팽창에 의해 증기의 건조도가 저하되어 폐기물의 건조효과가 저하되는 것을 생각해볼 수 있다.

b) 여기서 다음으로 증기와 고온가스를 단열팽창의 직전에 노즐부분에서 혼합하기로 했다. 건조에 관한 적당한 "이팩트"가 보이지 않으므로 이팩트 「E3 : 온도를 높인다」를 조사해보면 전자유도, 유전체, …가 나오지만 의도한 것은 아니었다. 여기에서 독자적으로 「가열한다」, 「온풍을 맞힌다」, …등을 생각해낸다. 「온풍을 맞힌다」또는

a)에서 검토한 고속류와 고온가스를 혼합해서 얻을 수 있다. 고온의 초음속류로 폐기물을 맞히면 파쇄와 건조가 동시에 시행된다. 이것은 "발명원리"의 「5.조합시킨다」(부록표 B.3, 표 B.5 참조)에도 합치된다.

c) 다음으로 폐기물의 전달부분에 있다. 이팩트「E6 : 물체를 움직인다」를 조사하고 원심력을 픽업하였다. 회전하는 드럼에 폐기물을 넣는다. 처음에는 수분이 포함되어

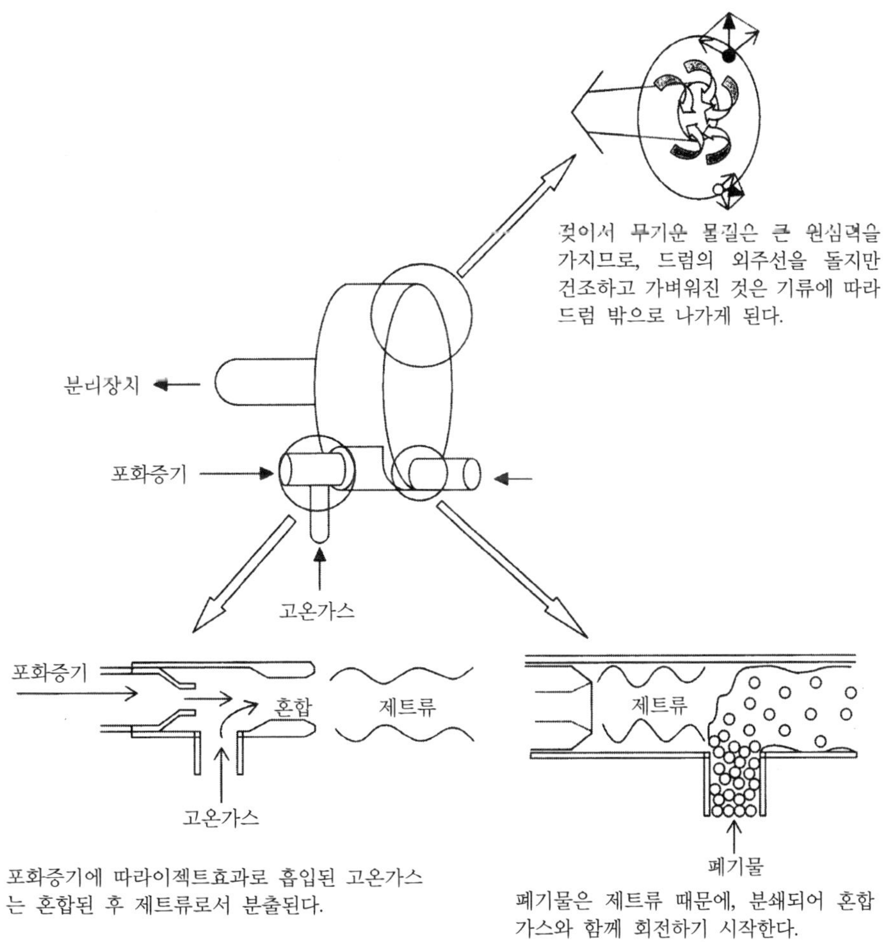

그림 6.15 》 식품폐기물을 파쇄·건조하는 장치
상품명 : 「USS 드라이어」, 특허권자 : 주식회사 미쓰도모열학
(대표자 이케가미노부히코). 특허 제2901951호

있으므로 폐기물은 외주부로 모이지만 거기에 혼합가스를 불면 폐기물은 파쇄 · 건조되어서 중량이 저하되고 그것에 따라 드럼의 중심부에 모이므로 여기서 외부로 배출해 내는 것이 가능하다.

d) 그 결과 그림 6.15에 표시된 식품폐기물을 제트열풍으로 단시간에 보존사료로 변환하는 장치를 고안해냈다.

6.5 요약

(1) 이전의 원리와 전혀 다른 신제품을 개발하는 경우에는 이것을 “최대의 문제”로서 파악하고 주로 이팩트나 발명원리를 사용하면 좋은것은 없는가 개발이 진행된 시작단계에서 여러 문제가 발생하므로 그때에는 “최소의 문제”로서 파악하고 TOSC에 따라 대립 매트릭스와 발명원리를 쓰는 것이 좋다.

(2) 기존제품의 개량의 경우 최초부터 “최소의 문제”로 파악하고 TOSC에 따라 대립매트릭스와 발명원리를 쓰는 것이 좋다.

(3) 모든 경우에 ARIZ는 유효할 것이다. 개발의 모든 단계에서 ARIZ를 활용해서 반복하여 설계의 해를 이상해에 가깝도록 하면 좋다.

(4) 장-물질모델보다도 그림 6.11이나 그림 6.13의 기능그래프 쪽이 사용상에 룰이 없으므로 자유롭게 발상을 전개할 수 있다.

(5) 기능그래프는 모두 물품명사로 기술되므로 기존제품의 개량에는 유효하지만 새로운 원리에 기초한 신제품의 개발에는 기능의 표현으로서 제3장에 기술된것처럼 물성명사를 사용하는 것을 권한다.

(6) TRIZ의 다른 툴은 적당하게 보조적으로 사용하면 좋지 않겠는가.

참고문헌

1) V. Fey & E. Rivin 著, 畑村洋太郎 & 実際の設計研究会：TRIZ 入門, 日刊工業新聞社 (1997) 12, 14, 55, 68

2) 日経 BP 社編：超発明術 TRIZ シリーズ 3, テクニック編「図解 40 の発明原理」, 日経 BP 社 (1999) 22, 27

3) 三菱総合研究所編著：革新的技術開発の技法, 図解 TRIZ, 日本実業出版社 (1999) 45, 46, 98

4) V. Kosse 著：超発明術 TRIZ シリーズ 4, 演習編「TRIZ を使った問題解決編」, 日経 BP 社 (2000)

5) Y. Salamatov 著, 中川徹監訳, 三菱総合研究所-知識創造研究チーム：超発明術 TRIZ シリーズ 5, 思想編「創造的問題解決の極意」, 日経 BP 社 (2000) 212

6) 日経 BP 社編：超発明術 TRIZ シリーズ 6, 理論編「クラシカル TRIZ の技法」, 日経 BP 社 (2000) 180

7) 日本設計工学会編：TRIZ (革新的問題解決理論) による設計の基礎 (1), (2), 日本設計工学会誌, Vol. 35 No. 3, No. 4 (2000)

8) 北郷　薫：設計工学基礎, 設計工学シリーズ 1, 培風館 (1972) 50

9) 川面他：体系的アプローチによる工学設計法と TRIZ による概念設計, TRIZ (革新的問題解決理論) による設計の基礎 (2), 日本設計工学会誌, **35**, 4 (2000) 119-126

10) 小西慶久：TRIZ 応用事例 (触媒式排ガス浄化装置開発への適用), TRIZ (革新的問題解決理論) による設計の基礎 (2), 日本設計工学会誌, **35**, 4 (2000) 127-130

11) S. D. Savransky : Engineering of Creativity, Introduction to TRIZ Methodology of Inventive Problem Solving, CRC Press (2000) 116, 315

12) 山田大隆：心にしみる天才の逸話 20, ブルーバックス B-1320, 講談社 (2001) 194

CHAPTER 7

USIT 법 : 통합적 구조화 발명사고법(간이화 TRIZ)

USIT법[1](유시트, Unified Structured Inventive Thinking)은 TRIZ (발명적 문제해결의 이론)[2,3]의 엑세스를 도출해서 재구성하고 기술적문제를 창조적으로 해결하기 위한 간명한 사고프로세스를 제공하는 것이다.

그림 7.1에 표시된 플로우차트를 참조해서 USIT법의 문제해결 프로세스를 순서대로 설명한다. 설명을 할 수 있는 한 구체적으로 하기 위해서 저자의 다음 4건의 적용사례를 예를 든다.

- 사례 A. 게이트 벨브로부터 누수의 검출[4]
- 사례 B. 수지시트 발포비율의 증대[5]
- 사례 C. 중 고층 건물의 화염대책[6]
- 사례 D. 액자걸이문제[7]

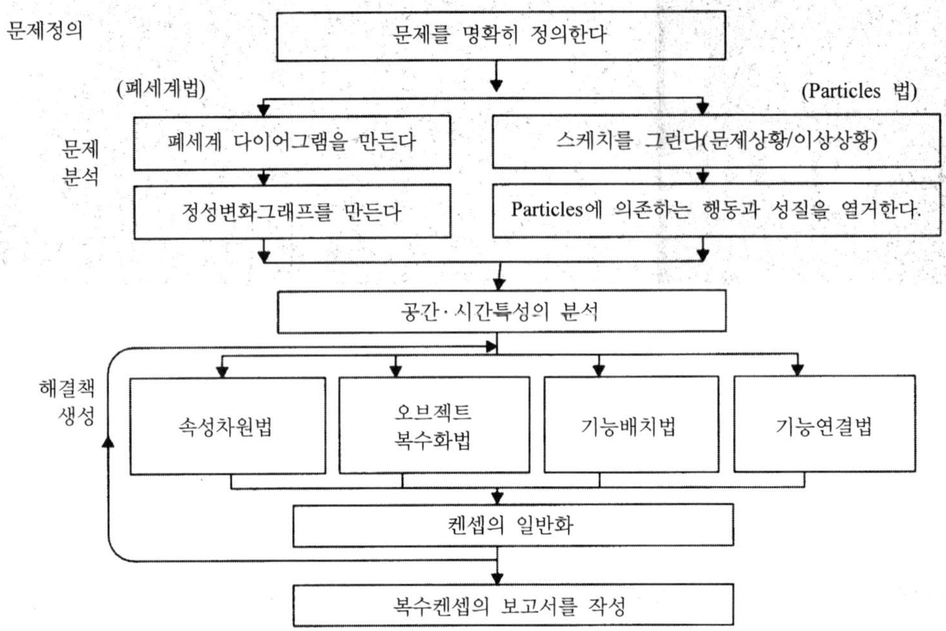

그림 7.1 〉〉 USIT 법의 프로차트 (시카프스의 원도를 필자가 수정)

7.1 USIT법의 문제정의 프로세스

USIT법에서는 풀어야 할 문제를 명확하게 하는 「문제정의」의 과정을 중요시한다. 실제 적용에서 성과가 있을까는 문제정의 단계에서 거의 결정된다. 그림 7.2와 그림 7.3은 시카프스의 USIT법 연수 세미나에서 저자가 적용사례 2건에 대한 문제정의단계의 기록이다.

이 단계에서는 먼저 실제문제의 담당자가 자료나 실험 데이터 등을 제시하고 포함된 문제를 설명하고 해결해야할 과제나 목표를 설명한다. 이것을 그룹 전원에게 질의 응답과 토의를 하고 다음 항목을 명확히하고자 한다.

(a) 문제설정 : 풀어야 할 문제를 1~2행의 문장으로 정의한다.
(b) 그림설정 : 문제상황의 이해를 돕기위한 간명한 개념도를 그린다.
(c) 오브젝트군 : 문제의 시스템을 구성하는 오브젝트를 열거한다.

(d) 근본원인 : 문제가 되도록 하는 근본원인을 기술한다. 1항목(때로 복수)

(e) 최소한의 오브젝트군 : 문제를 필요한만큼 최소한으로 줄일때의 오브젝트군

USIT 법이 문제설정에서 찾고 있는 것은 이와같이 단순·명쾌하다. 그러나 실제로 실시해보면 최초로 실제문제 담당자가 생각하고 있었던 문제를 포착하는 방법이 불충분하고 문제를 가장 크고 깊게 포착해야 하는 것이 분명하게 되는 경우가 많다. 문제설정을

문제설정 : 고압의 게이트 벨브를 검사할 때에 물을 사용한다. 소량의 누수(2~3방울/ 분 정도)를 검출하려고 한다.

그림해석 :

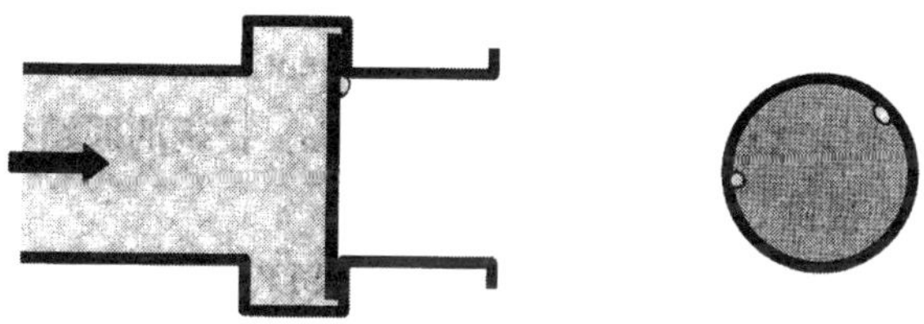

오브젝트론(관찰군) : 게이트벨브 본체, 게이트 프레이트, 물(벨브내), 물(물방울)
근본원인 : 물이 "transparent"(변화)되기 때문이다.
최소한의 관찰군 : 물(물방울)

그림 7.2 〉〉 VSIT법의 사례 A의 문제정의[4)]

문제설정 : 고압의 가스로 용해된 폴리머로부터, 발포수지 시트를 추출해 형성할 때, 발포 배율을 향상시킨다.

그림해설 :
용액수지
고압가스압입

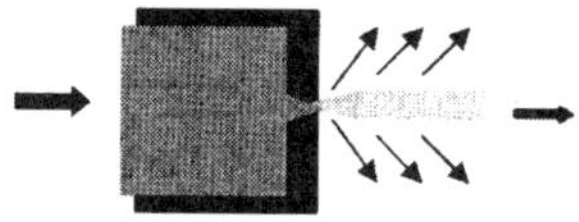

연신

발포수지 시트

발포배율
이론 최대치 ~ 10배
실제 2 ~ 3배

근본원인 : 가스가 표면에서 증발한다.
발포셀이 커지지 않는다.

오브젝트군 : 발포수지, 용해수지, 가스, 노즐, (공기)

그림 7.3 〉〉 USIT법의 사례 B의 문제정의

1~2줄으로 작성하라는 것은 문제의 목표를 하나로 좁혀서 명확히 하라는 것이고 5줄이상 쓰면 목표가 흐려지고 만다. 이 문제설정의 방법이 변하면 이후의 작업방향이 변한다.

근본원인을 바르게 인식해 두는 것도 중요하다. 실제 문제에서 무엇이 원인이고 어떠한 방법을 강구해야 할 지 모르는 경우는 여러가지 실험을 하여 실험 데이터를 모으고 그 메카니즘을 분석·이해하여 처음 알 수 있는 것이다. 근본원인의 인식이 다르게 되어있으면 전혀 다른 방향으로 노력하게 된다. 근본원인이 명확해지면 문제의 초점을 효과적으로 좁힐 수 있고 해결 노력을 집중할 수 있다. 이 근본원인을 없애는 해결책이 중요한 의미를 가지고 근본원인과 관계가 적은 점의 개량은 부차적이다.

또한 근본원인의 이해와 평행하고 문제 접근의 물리적(또는 화학적)이해도 백업되어야 한다. 문제의 메카니즘을 가능한한 정확히 이해하고 적어도 현상을 정확히 이해하는 노력이 필요하다.

문제정의 단계의 중요성을 단적으로 보여주는 예로서 사례C를 설명한다. 이 사례는 TRIZ 교과서의 문제 43(페이지 70)에 있는 다음과 같은 연습문제를 시초로 하고 있다.

「새로운 빌딩은 점점 높아지고 20층, 30층 높이의 빌딩이 출현하고 있다. 그러나 구명기술은 실질적으로 변화하지 않고 있다. 불이 났을때 계단이나 엘리베이터는 거대한 굴뚝이 되어버리므로 창문외에 사람을 구출하는 것은 불가능하다. 불길은 금방 퍼지고 초고층빌딩은 타서 곧 변해버릴 것이다. 가장 긴 사다리차라도 12층 정도까지 밖에 닿지 않는다. 로프나 헬리콥터를 장비하고 있는 구출대도 별 도움이 안된다. 불이 붙은 건물에서 긴급히 피난할 간단하고 신뢰성이 높은 방법이 필요하다. "구명 튜브"가 발명되어 있지만 노인들이나 아이들은 사용할 수 없다. 빌친스키가 "중력 엘리베이터"를 개발했다(문헌의 페이지 70에 기재된 그림 참조). 이것을 다시 개량하고자 한다.」

이 문제의 「문제의 구조」를 정리하면 그림 7.4와 같이 된다.

저자는 이 그림에 상상하는 것을 머리 속에 생각해 그리면서 「역시 인간이 스스로 행동할 수 있는 것은 계단이므로 계단을 안전한 피난로로서 확보할 필요가 있다. 굴뚝효과로 사용할 수 없게 된 경우라면 …」이라고 생각하였다. 그리고 「그러한 굴뚝으로 되지않게 하면 된다는 것이다. 그것에는 계단에 창문을 크게 열수 있으면 된다는 것이다」라고 생각해서 메모에 적어놓는다. 후일 자세히 쓴 것이지만 문제설정은 「화재시에 안전하게 피난할 수 있는 계단을 설계한다, 특히 굴뚝상태가 되지 않도록 한다」이다. 이 적용사례에서는 문제설정이 해결책의 대부분을 결정해버릴 만큼 중요하였다고 말할 수 있다.

「문제의 구조」를 정확하게 잡아서 물리적 메카니즘의 이해를 기초로 하고 그중에 중요한 것, 공략해야 할 것을 명확하게 하는 것이 USIT법에서 하려고 하는 문제설정이다. USIT법에서는 문제를 하나로 좁힌다. 만일 좁혀질 수 없으면 복수의 문제가 있는 것을 명확히 하고 그 하나씩을 USIT법으로 해결해가는 것이 좋다.

고층건물이 늘고 있다.(20층 ~ 100층 등)
- ➡ 화재대책이 필요
  - ➡ 피난 또는 구명대책을 찾는다
    - ➡ 통상의 수단을 사용한 피난
      - ➡ 엘리베이터를 이용한 피난　×굴뚝이 되므로(제어·구동이 멈춘다)
      - ➡ 계단으로 피난　×굴뚝이 되므로
    - ➡ 소방에 의한 구출활동
      - ➡ 사다리차를 이용한 구출　△ 12층까지 밖에 쓸 수 없다.
      - ➡ 구조대에 의한 구출(로프, 헬리콥터 등)　△ 그다지 기대할 수 있다.
      - ➡ 창문으로 구출활동
    - ➡ 긴급피난 수단
      - ➡ 구명튜브를 이용한 긴급피난　× 누구나 사용할 수 있는게 아니다.
      - ➡ 동력엘리베이터를 이용한 긴급피난　× 개량여지가 많다
        - ➡ 새로운 긴급피난 방법의 제안

그림 7.4 〉〉 USIT법의 사례 C로 당초 제시된 문제의 구조[6)]

7.2 USIT 법의 문제분석 프로세스[1)]

그림 7.1의 플로우 차트에 표시한 것과 같이 USIT법의 문제분석 과정은 2개의 흐름으로 나눠지고 어느쪽을 사용해도 좋다. 양쪽을 순차적으로 사용해도 좋다. 제1의 흐름은 「폐세계법」이라 하고 문제를 둘러싼 현재의 시스템을 기술하는 것에서 출발한다. 한편 제2의 흐름은 「Particles법」이라고 하는데 현재의 시스템에 의존하지 않고 먼저 이상해를 생각하고 그 후에 이상해의 실현법을 검토한다. 이들 2개의 흐름은 합류해서 그 다음에 공간·시간특성의 분석을 시행하게 된다.

7.2.1 USIT법에서 기본개념의 정의

USIT법은 다음 3개의 기본개념을 일관해서 사용하고 있다.

(1) 오브젝트(object)

물체. 그것 자체로 존재하고 공간을 차지하고 다른 오브젝트와 상호작용하여 속성을 변화시킨다.

예 : 물, 파이프, 전자, 광자
오브젝트가 아닌 예 : 구멍, 열, 전류 등
예외 : 정보는 특별히 오브젝트로 본다.

(2) 속성

오브젝트 성질의 카테고리를 속성이라 한다.

예 : 색, 무게, 팽창율 등
속성이 없는 예 : 빨간색, 30 kg 등(이것들은 속성의 값이고, 특성값이다.) USIT법은 기술을 상세하게 다루지 않고 특성값을 취급하지 않는다.

(3) 기능

오브젝트간의 상호작용을 표시하고, 오브젝트의 속성을 변화시킨다.(또는 변화를 방지한다.)

예 : 색을 변화시킨다. 가속한다. 녹인다. (contain)

7.2.2 문제분석(그 1) 폐세계법

(1) 오브젝트와 기능의 관계를 폐세계 다이어그램으로 기술한다

먼저 최초에 현재 시스템의 본래의 설계의도를 기능분석에 따라 명확하게 한다. 이를 위해서 다음의 룰로 폐세계 다이어그램을 구성한다.

- 문제정의에서 얻은 최소한의 오브젝트군 만을 취급한다.
- 이 시스템에서 가장 중요한 오브젝트(시스템의 존재이유를 이루는 오브젝트)를 판단하고 그것을 최상위(A)에 놓는다.
- 그 다음에 다른 오브젝트 B, C, …를 「상위의 것에 좋은 기능적관계에 있는 순서」로 내려가며 배치한다.(세부사항은 뒤에 설명)
- 하나의 오브젝트를 중복해서 배치하면 안된다.
- 모든 오브젝트를 배치한다. 기술하고 남은 오브젝트는 서브의 다이어그램으로 표현(또는 삭제)한다.
- 직접 상하관계에 있는 오브젝트 간에 좋은 기능적관계를 대표하는 기능을 각각 1개씩만 기입한다.

위에서 오브젝트 A를 상위로 하고 오브젝트 B를 바로 아래로 하기 위해서는 다음의 조건을 모두 만족하고 있는 것으로 한다.

- B는 A에 좋은 관계에 있다(B가 A를 생성한다. B가 A의 파라메타를 변화시킨다. 또는 B가 A를 없앤다. 등).
- B는 A와 물리적으로 접촉하고 그렇지 않으면 작용할 수 없다.
- 설계자의 의도로서 A가 B보다 앞에 있다. A가 B보다 중요하다.
- 만약 A가 없어지면 B는 불필요(완장)하게 된다. B의 주된 존재이유가 A이다.

기능의 기술은 이와같은 상하관계에 따라 명확히 하는 것이고 상하관계에 있는 오브젝트 사이에 하나의 기능만을 쓴다. 이것은 상당히 강한 제약이다. 이 제약은 설계의도(즉 본래의 움직임)을 명확하게 파악하기 위한 것이다.

예를들면 TRIZ의 교과서 문제에서[8] 달 표면 탐사용의 전구 유리를 파괴하지 않도록 하는 문제가 있다. 답은 「유리를 없앤다」이다. 시카프스는 전구의 폐세계 다이어그램이 그림 7.5와 같이 표시되어 있기 때문에 이 답이 자연스럽게 나온다고 한다.

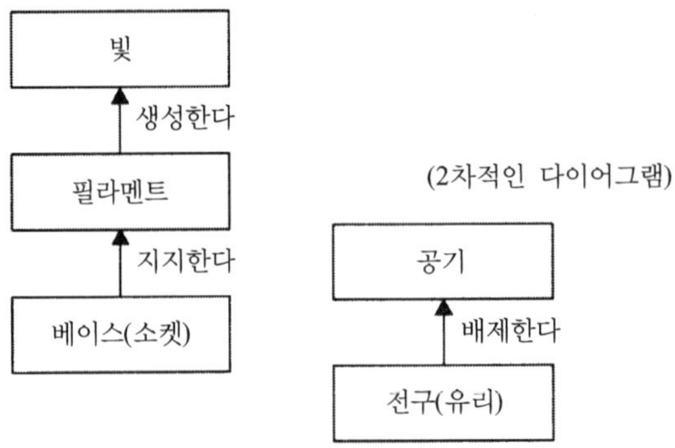

그림 7.5 〉〉 폐세계 다이어그램의 예 : 전구

위에서 언급된 누수검사 사례의 경우에는 폐세계 다이어그램은 그림 7.6과 같이 표시되었다. 정보를 특별히 오브젝트의 일종으로서 취급되고 있기 때문에 이 검사 시스템의 의도를 잘 표현할 수 있다.

(2) 오브젝트의 속성을 열거한다.

다음으로 폐세계다이어그램에 표시될 수 있는 모드 오브젝트에 대해서 오브젝트의 속

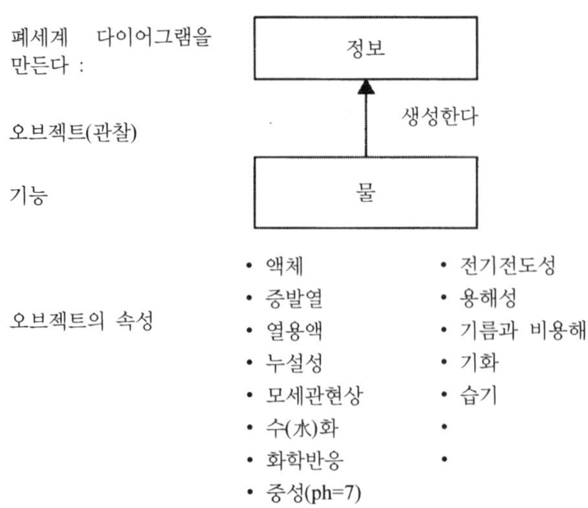

그림 7.6 〉〉 폐세계 다이어그램의 예(사례 A)

성을 열거한다(그림 7.6). 생각을 넓히는 것이 이 단계의 주목적이므로 문제에 직접 관계하지 않아도 생각할 수 있는 만큼 열거하는 것이 좋다.

(3) 정성변화 그래프의 형식으로 관여하는 속성을 분류한다.

정성변화 그래프는 그림 7.7의 형식으로 표현한다. 이 그래프의 본래 의도는 문제를 낳는 (나쁜) 효과를 종축으로 하고 그것을 일으키는 요인이 되는 속성을 횡축로 해서 상관관계를 도식화하는 것이다. USIT법 발전과 함께 그래프를 세세하게 (정량적으로) 그리지 않고 요점을 대충 파악하고 (정성적으로) 그리는 것의 중요성을 인식할 수 있다. 좌우 그림의 경사진 직선도 단순하게 증대이냐 감소이냐를 구별할 뿐이라고 이해하면 좋다.

여기에서 작업은 전항(2)에서 열거한 여러속성을 번호순서로 체크하고 문제를 남는 효과(종축)에 대해서 상관관계가 있는가 어떤가를 판단하는 것이다. 상관이 증대관계에 있는 속성을 왼쪽에 감소관계에 있는 속성을 오른쪽에 작성한다. 상관이 없는 속성은 무시한다. 또한 종축 시스템이 목표로하는 기능(예를들면 누수의 검출)로 표현해도 좋다.
이 그림을 보면 TRIZ에서 하는 「기술적모순」11](어떤 측면(속성)을 개량하려고 하면 다른 측면(속성)이 나쁘게 된다고 하는 모순)의 다양한 케이스를 쉽게 읽을 수 있다. 또한 그림 7.7의 아랫방향 화살표는 어떤 속성의 변화에 대해서 종래에는 문제가 나쁜 효과가 생겨 있었던 것을 나쁜 효과가 생기지 않도록 변화시키는(정성적으로 변화시킨다) 해결책이 「발명적」인 해결책인 것을 생각해 낼 수 있도록 하기 위한 것이다.

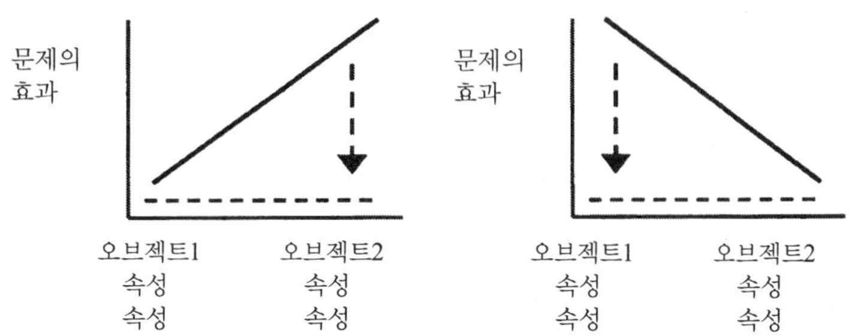

그림 7.7 》 페세계법의 정성변화 그래프의 기술형식

11] 6장에서는 기술적 모순과 물리적 모순과의 혼동을 피하고 기술적 대립으로 하였다.

7.2.3 문제분석(그 2) Particles법

Particles법은 Altshuller가 「미크로의 소인들에 의한 모델링」을 하여 개량한 것이다. 이상해를 먼저 생각한다는 TRIZ의 철학을 실천한다는 것이다. 다음의 프로세스로 진행한다.

(1) 현재의 문제현황을 그린다.

여기에는 사례 B[5)]를 그림 7.8에 예시한다. 문제의 초점인 발포 메카니즘에 관련된 부분만을 확대해서 그리게된다.

(2) 이상해의 현황을 그린다

TRIZ에서 말하는 이상해란 「완전히 기능하고 가격은 제로이고 존재하지 않는다(무에서 유를 만든다)」는 것이다. 여기까지 가지 않아도 이상으로 생각하는 상황을 간단하게 그린다(그림 7.8). 그 실현방법을 그리려고 하면 안된다. 이상적인 결과만을 그린다.

(3) 「Particles」를 그림 중간에 그린다.

문제현상과 이상해를 비교해서 양 그림에서 변화가 있는 위치에 ×표시를 그리고 이것을 「Particles(입자)」라고 생각한다(그림 7.8).

Particles는 「임의의 성질을 가지고 임의의 행동이 가능하다(마법의) "물질" / "장"」인 (TRIZ에서는 힘, 상호작용, 장, 에너지 등을 총칭해서 "장" 이라고 한다). 이 Particles에 어떤 행동을 해달라고 하는 것이 좋을까, 그것에는 어떤 성질을 가지면 좋은가 하는 것을 이제부터 생각한다. 마법과 같은 것이지만 최종적으로는 자연법칙에 따라 "물질" 또는 "장"에서 실현하는 점이 동화와는 다르다.

Altshuller의 "미크로 소인들"을 Particles라고 바꾸어 부르는 것은 이스라엘 인들이고 people을 과혹한 상황하에 놓고 싶지 않다는 분석자의 무의식 바이어스를 피하기 위한것이라고 한다. TRIZ의 교과서에서 소인의 그림을 그리고 있는 것과 비교하면 (○ 표가 아니라) × 표로 한 것에는 추상성을 높이는 데에 공헌하고 있다고 생각한다.

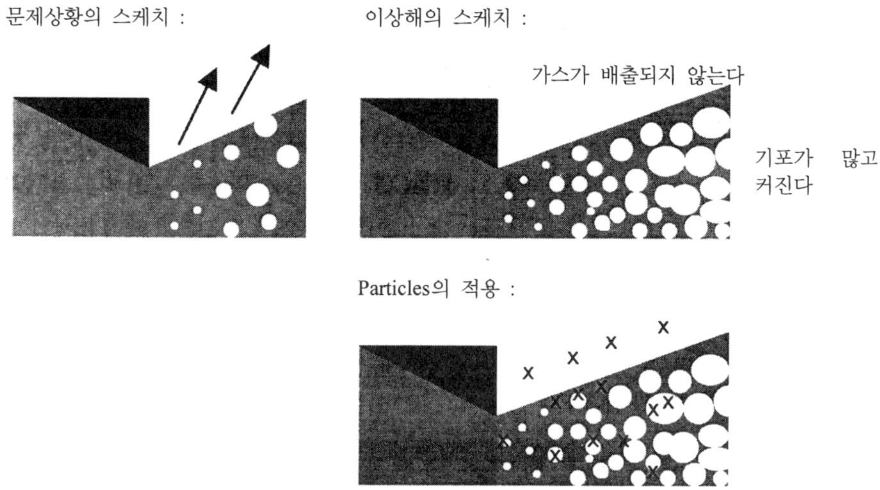

Particles XXX를 수지의 내부, 기포의 안과 주변, 또는 수지의 바깥쪽에 배치하였다.

그림 7.8 〉〉 Particles 법에 따른 분석의 예(사례B)

(4) Particles 에 맡기는 행동을 계층적으로 상세화해서 표현한다.

Particles로 하여 좋은 행동을 간결한 글로 표한하고 그 표현을 단계적으로 요소행동으로 분해해간다(그림 7.9). 최상부는 이상해를(그림에서 변환해서) 문장으로 표현한 것이라고 한다. 요소를 분해할 때에 분해한 요소행동이 반드시 동시에 필요한 것인가(AND) 또는 어떤 요소행동이 있으면 좋은가 (OR)을 판단해서 기입한다. 하단의 요소를 분해할 때에 인접한 요소를 의식할 필요는 없다.

행동의 표현에는 기술용어를 사용하지않고 일상의 평이한 단어를 사용하는 것이 좋다. 기술용어는 명확한 기술개념을 배경으로 가지고 있고 그것이 이후의 실현수단의 고찰을 제약해버리기 때문이다. (TRIZ에서는 이것을 “용어에 의한 심리적타성”이라고 한다.) 예를들면 그림 7.9에서 「거품으로 가스를 모은다」는 표현으로 거품의 내부에서 여러 행동을 시시사하고 「거품의 주위에서 가스를 바꾸어 짜낸다」라고 표현해서 거품의 외부에서의 여러 행동을 시사하고 있는 것은 좋은 쪽의 사례인(여기의 「짜낸다」는 비유적인 의미이다.).

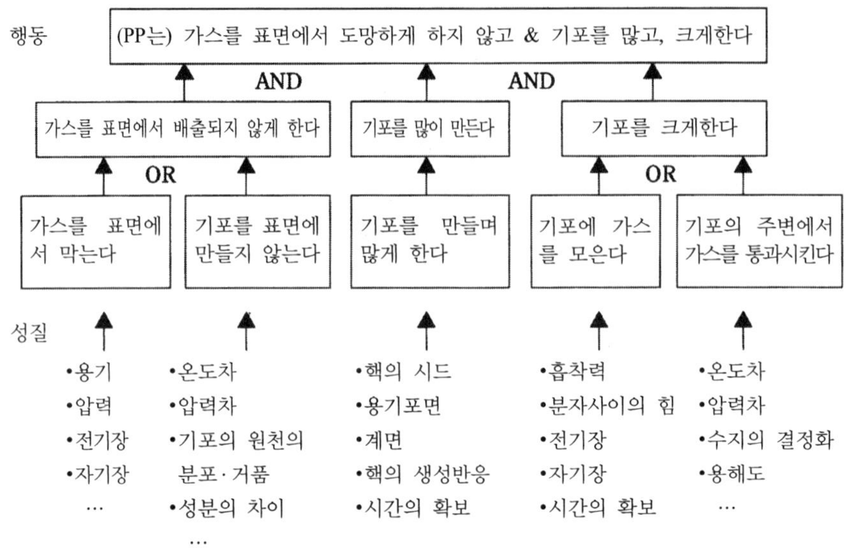

그림 7.9 》 Particles 에 맡기는 행동과 성질을 그린 예(사례 B)

(5) Particles 가 가지면 좋은 성질의 후보를 열거한다.

각 행동요소의 아래에 각각의 행동을 하기 위하여 Particles이 가지고 있으면 좋다고 생각하는 성질을 생각나는 대로 열거한다(그림 7.9). 이 단계에서는 아직 추상적인 성질로 있어도 상관없다. 그림 7.9의 사례에서는 가스를 표면에서 블록하기 위해서는 용기의 벽이 있으면 좋을 것이다, 압력이 바깥쪽이 높은 면이 좋을것이다, 전기장에서 (가스에 전하가 있다고 하고) 되돌리면 좋겠다, 등을 생각해 나간다. 이 예들에서 「성질」이라고 하는 것은 「속성」보다도 더 넓고 포괄적인 용어인 것을 이해했으면 한다.(같은 모양으로 「행동」은 「기능」보다도 넓은 의미이다.).

이들 「성질」을 기술할 때에 분석자의 머리속에는 그 현실법에 단편적인 아이디어가 떠오른 것이다. 이들 아이디어는 다음 컨셉트 생성의 단계에 연결되는 것으로 기억함과 동시에 「성질」의 표기에 (지나치게 구체화되지 않는 레벨에서) 간단하게 표현해두면 좋다.

7.2.4 문제분석(그 3) 공간·시간특성의 분석

폐세계법과 Particles법 어느쪽에서 분석했을 경우에도 그 후에 이 분석을 시행한다. 종축에서 문제가 되는 효과(또는 목표로 하는 기능)을 잡고 그 공간과 시간에 관한 특징을 정성적인 그래프로 표현한다. (그림 7.10)

사례 B의 경우에 공간을 표현하는 횡축에는 압출 노즐에서의 거리를 잡는다. 거품의 증대·성장의 과정을 그래프화 함과 동시에 수지의 밀도분포의 변화를 표시했다. 가스가 수지표면에서 배출되지 않는다는 조건을 생각해내고 수지의 표면에는 거품을 만들지 않는다는 방침을 세우고 수지내부와 표면층과의 밀도의 차이를 그래프에 표현했다. 그림 7.10 오른쪽 위 그림에는 막 두께 방향의 거리에 따른 변화를 표시하고 내부와 표면의 차이를 한층 명확하게 했다.(거품의 분포를 표면층에서도 같게 한다는 조건으로 하면 부분적으로 다른 해결책이 필요하게 된다.)

시간특성을 표시하기 위해서는 수지의 작은부분에 주목하고 노즐에서 용융상태로 압출되고 발포되어 고체화되기까지의 변화를 그린다. 그래프는 그자체 축방향의 공간특성 그림과 동일하게 되지만 거품이 증대해서 성장해 나가는데 시간이 걸리는 것을 명확히

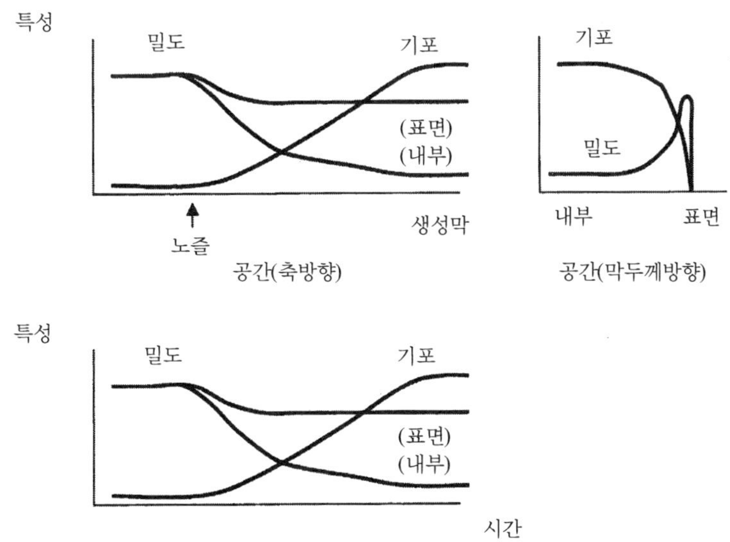

그림 7.10 》 공간·시간특성의 분석의 예(사례 B)

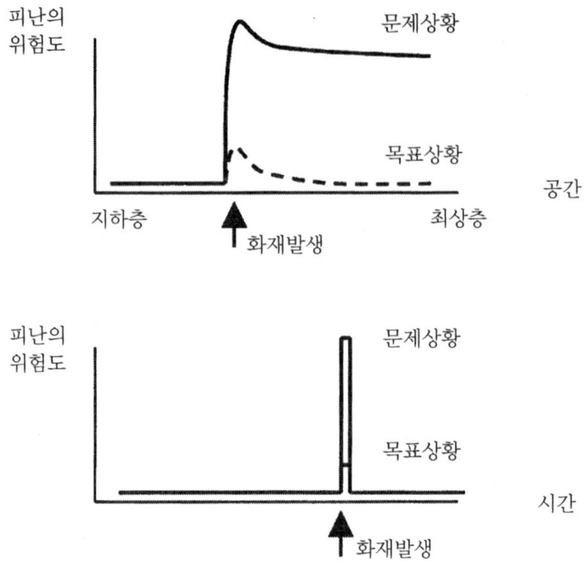

그림 7.11 〉〉 공간·시간특성의 분석의 예(사례 C)

인식시킨다.

사례 C의 피난을 위한 단계의 경우에 대해서 공간·시간특성을 도시하면 그림 7.11과 같이 표시된다.[6)]

공간특성이 표시되는 것은 불이난 층에서 계단실에 불이나 연기가 들어간 경우에는 현재의 폐쇄적인 단계에서는 굴뚝효과 때문에 계속 윗층까지 높은 위험도가 된다. 목표는 불이난 층까지의 위험도를 낮춤과 동시에 윗층까지의 위험도를 없애는 것이다.

시간특성이 표시되는 것은 가장 간명하다. 긴 평상의 시간이 있고 어느 때 돌연 불이 남에 따라 고도의 위험이 생긴다. 평상시를 위한 요구(편리함의 요구)와 화재의 긴급시를 위한 요구(안전성의 요구)가 서로 다른 경우가 많다.

TIRZ에 의한 중요한 개념으로서 「물리적 모순」의 개념이 있다. 「시스템 하나의 측면에 대해서 정·역의 상반되는 방향으로의 요구가 동시에 있다」라는 모순이다. 이와같은 모순에 대해서 우리는 「그것은 불가능하다」라고 생각하는 경우가 많다. 이때 TRIZ는 눈을 번쩍 띄게하는 해결책을 준다. 그 해결책은 「공간·시간·그 외의 조건에 따라 요구를 분리한다」라는 원리에 따른다. USIT법의 공간·시간특성 분석은 TRIZ의 이 원리를 떠올리게 한다. 계단의 사례 C에 대해서는 시간에 따른 분리의 원리를 사용할 수 있다.

7.3 USIT법에서 해결책 컨셉트 생성의 단계[1)]

USIT법의 제 3단계에서는 지금까지의 분석을 거쳐서 해결책의 컨셉을 생성하고 최종적인 제안서로 정리한다. 그림 7.1의 플로우차트에 표시된 것처럼 4종의 해결책 생성수기법과 해결책의 일반화 기법을 반복해서 사용하고 해결책을 넓히고 심화시켜 나간다.

7.3.1 속성 차원법

오브젝트의 속성에 주목하는 방법이 있다. 시카프스는 일반론으로 다음을 거론한다.

- 어떤 속성을 활성화 한다 / 불활성화 한다.
- 가변(변동) 속성을 불변(고정)으로 하고 또는 불변속성을 가변으로 한다.
- 공간속성에서 시간속성으로 시간속성에서 공간속성으로 변환한다.

액체의 체적 : ➡ 시간을 들여서 모은다.
증발열 : ➡ 열을 가해 봉을 접촉시켜서 증발시킨다.
➡ 증발열에 의한 온도변화를 열전대 등으로 측정한다.
➡ 증발할 때의 소리를 듣는다.
➡ 증발할 때의 소리를 소형 마이크로 확대해서 듣는다.

젖는 성질·모세관현상 :
➡ 티슈퍼미더를 대서 젖는가를 확인한다.

수화 : ➡ 수화에 따라 발생하는 것을 사용한다.
예 : 황산구리수용액을 스며들게 한 종이를 고온건조시켜서 시험지를 만든다.
물이 있으면 수화하고 푸른색이 된다.

전기전도성 : ➡ 미소간격의 전극을 만들다. 물이 있으면 전기가 통한다.

그림 7.12 〉〉 속성차원법에 따른 해결책생성의 예(사례 A)

누수 검사법의 사례에서는 검지대상인 물의 여러 속성에 주목하고 분석단계에서 리스트업 한 각 속성(그림 7.6 참조)을 사용해서 하나하나 검출법을 생각해나가는 것이 유효했다(그림 7.12 참조). 예를들어 증발열이라는 속성이 물의 증발의 현상을 상기시키고 가열된 봉을 접촉시키면 쉬쉬쉬 라는 소리가 나므로 그 소리를 들으면 된다는 방법을 착상했다. 물로 되는 반응(이온 등의 주변에 물분자가 모여 결합하는 것)이 속성으로서 리스트업 되어있기 때문에 물을 빨아들여 색이변하는 시험지를 만드는 착상할 수 있다. 이들은 일상생활 안에서 기술이나 현상을 연상함으로서 많은 예가 있다.

7.3.2 오브젝트 복수화법

시스템 중 하나하나의 오브젝트에 주목하고 다음 조작을 시도한다.

- 오브젝트를 다수로 한다(multiply)/분할한다(divide)
- 오브젝트의 수를 제로에서 무한대 까지 하고 양극단을 생각한다.

누수 검사법의 사례A에서는 1군데에서 검사하는 방법이라면 버블의 안쪽 원주를 따라서 순차적으로 검사하지 않으면 안된다. 이것을 복수화 하는 것을 생각하면 원주에 따른 모든 점에서 동시에 병행하여 검사하는 방법을 제안해냈다. (그림 7.13 참조)

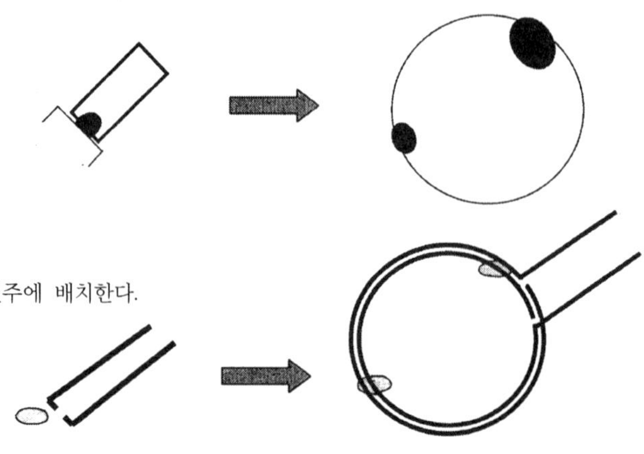

그림 7.13 》 오브젝트 복수화법에 따른 해결책 생성의 예(사례 A)

7.3.3. 기능 배치법

시스템 내의 여러 기능(특히 폐세계 다이어그램으로 표현하는 기능)에 주목한다.

- 기능을 오브젝트 사이(신규도입의 오브젝트를 포함한다)에 재배치한다.
- 기능의 교환, 변경, 중첩, 분리, 복합 등

7.3.4 기능연결법

하나의 기능에 또 하나의 기능을 시퀜샬(Sequencial)에 링크하는 방법이다. 실현수단을 복수단으로 조합하여 효과를 발휘시킨다.

그림 7.12의 예에서도 이 방법은 거의 무의식 중에서 사용된다. 예를들면「가열된 봉을 접촉시켜 물을 증발시킨다 → 증발시 소리를 듣는다 → 소형 마이크로 확대해서 듣는다」는 기능을 3단계로 링크되어 있는 것이다.

7.3.5 컨셉의 일반화

USIT법에서는 하나씩의 해결책을 써내려가는 동시에 그것들을 일반화한 말로서 표현하는 것을 권장한다. 기술의 (구체적인) 상세함이 아니라 가급적 일반성이 있는 개념 레벨에서 창조적인 해결책을 내고자 하는 바램 때문이다.

이 일반화의 방법을 더욱 적극적으로 이용하고 그림 7.14의 화살표의 순서로 해결책을 전개하면 좋다. 이 방법은 로드맵이라든가 마인드 맵핑으로 불리는 경우도 있어 이 방법 단독으로도 브레인 스토밍보다 더욱 생산성이 높다.

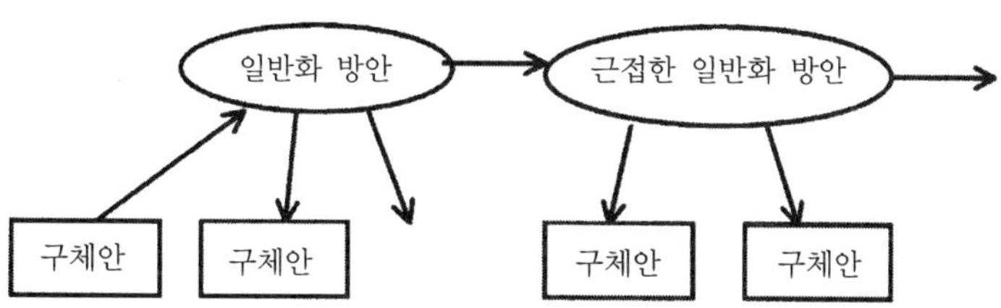

그림 7.14 〉〉 일반화를 활용한 로드맵의 작성방법

7.3.6 해결책 컨셉의 요약과 보고서 작성

위에서 기술된 4종의 기법과 그 일반화 방법을 적절한 차례로 반복해서 사용하고 얻어진 해결책을 열거한다(그림 7.1참조). 이때 4종류의 기법이 오브젝트 · 속성 · 기능의 각각을 조작대상으로했다는 것에 주목하고 분석단계에서 열거한 것을 순차 조작대상으로 고찰해가면 된다. 또한 로드맵(그림 7.14 참조)의 형식으로 정리해 나가면 좋다. 최후에 이들의 해결책의 컨셉을 체계화 · 개념화해서 보고서를 만든다. 이 보고서의 작성까지가 USIT법의 일관된 프로세스이다.

사례 B의 문제에서 작성한 해결책 컨셉을 표 7.1에 표시하였다.[5] 이 사례는 Particles법으로 분석되어 있고 분석과정에서 자연스럽게(위의 4종의 해결책 기법을 그다지 의식하지않고) 이들의 해결책의 착상과 체계화를 실행할 수 있었다. Particles에 위탁한 행동과 성질의 다이어그램(그림 7.8 참조)는 「이상해」을 탑다운적으로 분석한 것이므로 로드맵과도 가까운 표현으로 되어있다. 이 때문에 행동의 마지막부분과 성질의 항목을 어느 정도 실현가능성의 판단도 서로 교차하여 기술적 아이디어를 정리해나가면 자연스럽게 해결책 컨셉의 체계가 얻어진다고 생각된다.

또한 사례 C에 대한 해결책 컨셉의 요점을 표 7.2에 표시하였다.[6] 이 해결책은 문제설

표 7.1 〉〉 컨셉트의 생성(사례 B)

(1) 발포시키기 위한 시드를 넣는다. 균일한 용해액에 불균일한 요소가 필요 분말상태의 고체, 폴라스 또는 표면활성 또는 가스흡착력이 있는 것 시드주변의 기포의 형성에 필요한 시간을 확보한다. (2) 노즐부분에서 먼저 접촉을 가하고, 압력 · 온도제어를 한다. 압력을 한번에 풀지 않는다. 용기의 역할을 유지한다. 기포의 형성과 확대해서 적용한 외부조건을 만들어 시간적으로도 유지한다. (3) 막의 표면에 기포를 만들지 않고, 가스가 표면에서 도망가지 않게 한다. 막의 표면에서 냉각하고, 표면층에 폴리아를 조기에 석출시킨다. 막의 표면과 내부의 온도차를 형성하고, 발포조건을 제어한다. 접촉표면은 기포형성에 분활성으로 해둔다. (4) 막의 내부에서 가스가 모두 기포의 형성 · 확대에 기여한다. 상당시간 · 온도나 압력의 조건을 적당하게 유지 · 변화시킨다.

표 7.2 ⟩⟩ 사례 C에 대한 해결책 컨셉의 요점

(1) 평상시의 편리함을 생각해서, 내부계단의 방식을 기본으로 한다.
(2) 방화나 피난통로를 확보를 위해서 내부계단의 분리방식을 기본으로 한다.
(3) 화재・지진시에는 계단식의 창문 등을 크게해서 외부에 개방한다.
(4) 비상시에 계단실에서 열어둔 창문을 긴급구조의 출입구로 이용한다.
(5) 비상시에 계단실의 개출부 개방을 건물 제어실에서 조작한다.

정의 단계에서 「그렇다, 굴뚝효과를 없애면 된다」라고 착상하고 매우 자연스럽게 나온 것이다. 그래도 USIT법의 시간특성 분석과 이들에서 유도되는 TRIZ의 물리적 모순의 (시간에 따른) 분리의 원리가 이 해결책의 기초원리가 되는 지도원리로 되어 있다.

7.4 USIT 법의 개량

TRIZ도 USIT법도 새로운 분야이다. 세계의 최신 정보 또는 필자의 연구나 해설은 필자가 편집・운영히고 있는 WWW 사이트 「TRIZ 홈페이지」[2]에 빈번하게 게재되어 있으므로 참조하길 바란다. 이 사이트에는 일문과 영문페이지가 있고 주요기사를 양방향으로 번역・소개하고 세계적으로도 주목・평가되고 있다.

이 1년여의 주요한 성과로 본 편의 USIT법(및 그 배경으로서 TRIZ)에 관련되는 것은 대략 아래와 같다.

(a) TRIZ 교과서의 일본어판 출판을 완성하고 TRIZ 의 엣센스[13]에 관한 이해가 깊어졌다.

(b) USIT 가 「TRIZ의 엣센스를 사용하기 쉽게 간결하게 문제해결을 시행하는 방법이다」라는 이해가 한층 깊어지고 TRIZ의 국제회의에서 발표[14] [15]하고 평가되었다.

(c) 시카프스의 USIT 교과서[1]의 예제에 대한 저자의 해설[7]이나 자신의 적용사례에서 사고과정의 상세한 해설[16]이나 이스라엘의 ASIT[4]법의 한층더 깊은 이해 등을 통해서 USIT의 의의나 해결책 생성기법군의 이해가 깊어지고 저자가 USIT 자신을 개량하고 있다.[17]

(d) USIT 트레이닝 세미나에서 경험의 축적으로 USIT 트레이닝법이 확립되었다.[17]

(e) 일본에서 TRIZ 유저 중에 저자의 USIT 법 세미나를 수강하고 자신들이 TRIZ/USIT를 회사내에 전개하려고 하는 사람들이 생겨났다.[18)]

여기에는 특히 위의 (c)에 대해서 기술한다.

사례 D「액자 걸기의 문제」의 문제정의12] : 일반적으로 액자 걸기의 세트(즉 벽에 박혀지는 1개의 못, 액자 상단에 고정된 2개의 훅, 또는 이들의 훅에 연결된 1개의 줄로 구성되어 있다)를 개량하고 걸쳐진 액자가 기울지 않는(기울이기 어렵다) 방법을 고안하라.

이 문제를 폐세계법으로 분석한 결과 특히「정성변화 그래프」(그림 7.7 참조)에 대해서 그림 7.15의 표현을 얻었다. 이 그래프는 나쁜 효과와 상관관계(증대관계)에 있는 속성들(즉「문제인자」)와 나쁜 효과와 역상관관계(감소관계)에 있는 속성들(즉「억제인자」)를 명확하게 열거하려고하는 것을 알 수 있다.

이 정성변화 그래프에서「그림에 표현된 상관관계에 따라서 나쁜 효과를 감소하도록 속성의 값을 선택한다」는 것이 전형적인「공학적 해결」의 방법인 것이다. 이러한 해결책은 당연히 먼저 검토해야 하는 것이다. 그러나 그것만으로는 해결할 수는 없고 누차 TRIZ 라는「기술적모순」「물리적모순」에 만나게 된다. 이러한 곤란에 처할 때 이 상관관계 그것을「질적으로 변화시켜 버리자」라는 것이 (특히 ASIT[9)] 강조한다)「정성변화 조건」(「질적변화의 요구」)이고 그림의 점선으로 표시되어 있다.「문제인자를 사용하지 않게 된다」,「문제인자와의 상관을 없앤다」, 또는「나쁜 효과의 해를 이익으로 바꾼다」라는 것이 가능해지면, 그것은 창조적인 발명이 된다.

시카프스는 이「액자걸기의 문제」에 USIT법의 해결책 생성기술을 여러 가지로 적용하고 다수의 해결책을 제안했다. 그것들의 해결책의 관련을 저자가 정리한 것이 그림 7.16이다. 여러 가지 안은 위의 정성변화 그래프에 열거된「문제요인」을 극복하고「억제요인」을 증강하려고 하는 것을 알 수 있다. 이와같은 정신으로 폐세계법의 분석결과를 사용하면 좋다. 이 그림은 분석결과를 포함하고 해결책생성의 전체상을 다루려고 하는 점에서 Particles법에서의 Particles 에 위탁한 행동의 계층적인 설명(그림 7.9 참조)과 대응하는 것이다.

12] 사례 D는 시카프스의 USIT 교과서[1)]의 부록 맨끝부분의 예제 E9이고 이과계통의 고교생을 위한 세미나를 바탕으로 하여 USIT법에서 pcorticles법을 제외한 문제해결방법의 일부를 기술한 것이다. 저자는 이것을 일본어로 번역하여 홈페이지에 게제함과 동시에 저자의 USIT법 트레이닝 세미나에서 설명하고 다시 그 슬라이드에 상세한 설명을 붙어서 TRIZ 홈페이지에 게재하였다.[7)]

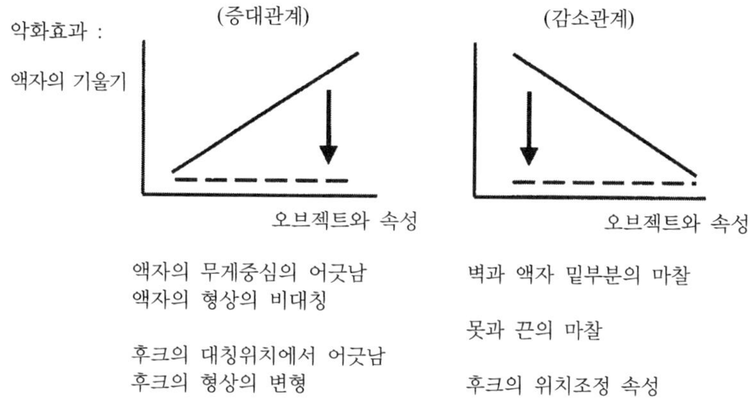

그림 7.15 〉〉 액자의 문제[7]에 대한 정성변화그래프(사례 D)

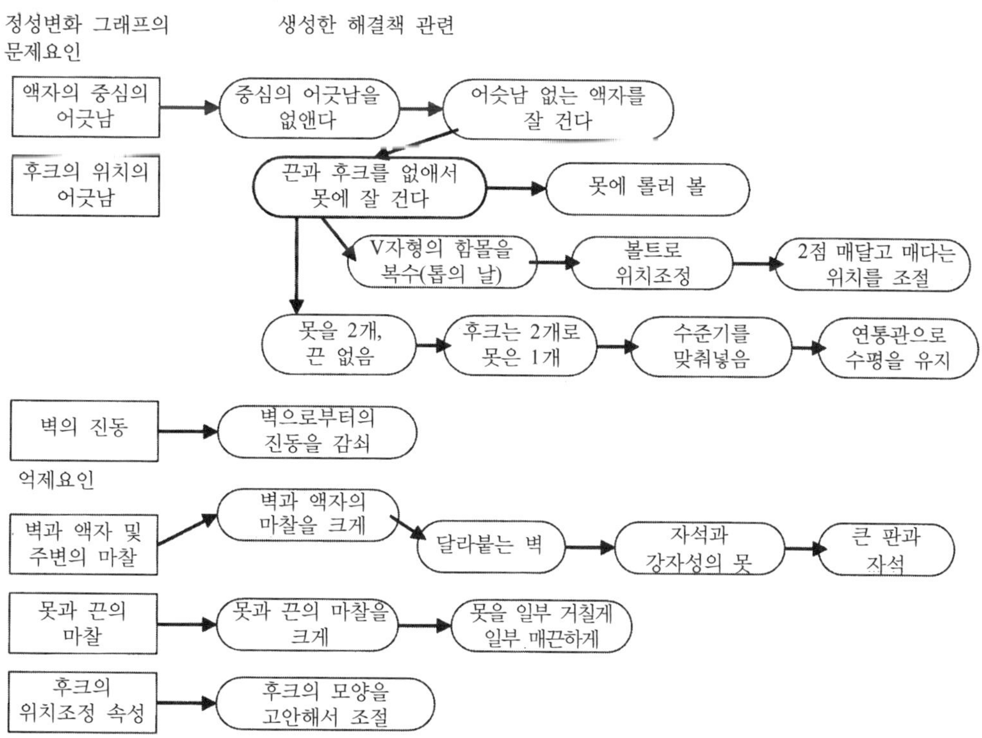

그림 7.16 〉〉 액자의 문제에 대해 생성한 해결책의 관련도(사례 D)

그림 7.17 〉〉 액자의 문제 하나의 해결책 : 일부가 거칠고 일부가 매끄러운 못(사례 D)

해결책의 일례로서 그림 7.16의 하부에 있는 「못의 표면을 일부분은 거칠게하고 일부분은 매끄럽게 한다」안을 택해보자. 이 안이 나온 것은 「액자가 기울어졌을때 끈이 못에 닿는 곳에서 미끄러진다」라는 관찰에 기초하고 있고 이에 따라 「액자가 기울지 않기 위해서는 못과 끈과의 마찰을 크게하면 된다」고 하는 발상이 있다. 그러나 「액자의 쏠림을 조정하는 단계에서는 못과 끈은 매끄러운 편이 하기 쉽다」라고 하는 면이 있다. 여기에서 시카프스는 그림 7.17과 같은 못을 고안했다. 「처음에 못이 미끄러운 부분에 끈을 걸어서 액자의 기울기를 조정하고 조정이 끝나면 끈을 밀어넣어서 못의 거친 표면의 부분에서 액자를 유지시킨다.」

그런데 「이 해결책은 USIT의 어느 해결책생성방법을 사용한 것일까?」라고 생각하면 대단히 흥미롭다. 이전에는 (시카프스도)「어떤 해결책생성방법을 사용하면 어떤 해결책이 얻어진다」라고 설명되어왔다. 그것은 암울하게도 「하나의 해결책은 어떤 하나의 해결책 생성방법의 결과로서 얻어지는 것으로 다른 방법으로부터는 얻을 수 없다」라고 이해되어 왔다. 그러나 저자는 「그림 7.17의 해결책은 USIT법의 해결책 생성방법의 어느것을 사용해도 얻을 수 있다」라는 것을 알아냈다.[7)]

- 속성차원법(7.3.1 항) : 못의 표면 거칠기의 「속성」을 공간적으로 가변하고 2개의 다른 값을 나타냈다.
- 오브젝트 복수화법(7.3.2 항) : 못 「오브젝트」를 2개로 복수화해서 (또는 2분할해서) 그 표면 거칠기의 속성을 수정(변경)한 것에 재통합하였다.
- 기능배치법(7.3.3 항) : 못이 담당하고 있는 2개의 「기능」, 즉, 끈의 위치 조절기능과 끈의 유지기능을 분리하고 못의 2개의 공간적 부분에 배치시켰다.
- TRIZ의 분리원리 : 「못의 표면은 끈의 조정을 위해 매끄럽게 하고 동시에 끈의 유지를 위해서는 거친 것이 필요했다」라는 (TRIZ에서 말하는) 「물리적모순」에 직면하여 「이들이 성질을 공간적으로 분리한다」라는 「분리원리」를 사용하였다.

중요한 것은 이와같은 다면적인 해석이 거의 모든 해결책에 대해서 가능하다고 인식한 것이다. 그것은 USIT의 3개의 기본개념「오브젝트-속성-기능」이 각각 상호 의존하는 것이기 때문이다. 속성을 가지지 않는 오브젝트는 없고 오브젝트의 속성에 작용하지 않는 기능은 없기 때문이다. 이와같이 인식하면 USIT법의 각종 해결책생성기술은 생각하기 쉬운것부터 적용하면 좋고 상호 특히나 완장한(그러므로 확실하게 해결책을 발견해낸다) 해결책생성기법군인 것을 알 수 있다.

위의 인식을 새롭게 발전시킨 결과 USIT법의 플로우 차트(그림 7.1 참조)의 해결책생성단계를 그림 7.18과 같이 개량했다.

개량의 첫 번째는 USIT의 3개의 기본개념「오브젝트-속성-기술」에 대해서 각각에 주목하고 조작하는 3종의 해결책 생성방법을 명확히했다. 순서도 바꾸어서 오브젝트 복수화법, 속성차원법, 기능배치법으로 하였다.

개량의 두번째는 USIT법의 제4의 해결책 생성방법으로 시카프스의「기능연결법」을 대폭 확장하고,「컨셉 조합법」으로 그림과 같이 위의 세가지 기법에서 분리해서「컨셉 일반화법」으로 전개한 것이다. 이것은 다음과 같은 방법이 있다.

컨셉 편성법 : 2개(또는 복수)의 컨셉들을 기능적, 시간적, 공간적, 구조적, 원리적 등의 측면에서 여러 가지로 조합하여 새로운 하나의 컨셉을 도출한다.

- 기능적 조합 : 기능증강 · 확대 · 억지 등(즉, 시카프스의「기능연결법」에 해당).
- 시간적 조합 : 추차, 사전, 사후, 상호, 사이클, 역순 등
- 공간적 조합 : 개별적으로 횡으로 나열하고 공간적으로 전후로 상하로 겹쳐서 상자 안에 상자, 장소 공유 등
- 구조적 조합 : 다른 레벨에서 다른 조건일 때에 등
- 원리적 조합 : 하이브리드에서 백 그라운드로 등

이와같은「조합」은 시스템의 개별 오브젝트 · 속성 · 기능 등에 적용하는 것이 아니라 해결책의 컨셉 그것에 적용한다고 생각한 것에서 새로운 시야가 열린다. 상기와 같이 컨셉 조합은 대단히 광범위한 해결책 생성방법을 포함하고 있고 예를 들면 TRIZ의 40의 발명원리 중에는 이 컨셉 조합법의 일종으로 해석하는 것이 자연스런 것이 다수 있다.

더욱이 이 방법은 TRIZ의「분리원리」를 바꾸어말한 것이기도 하다.「분리원리」는

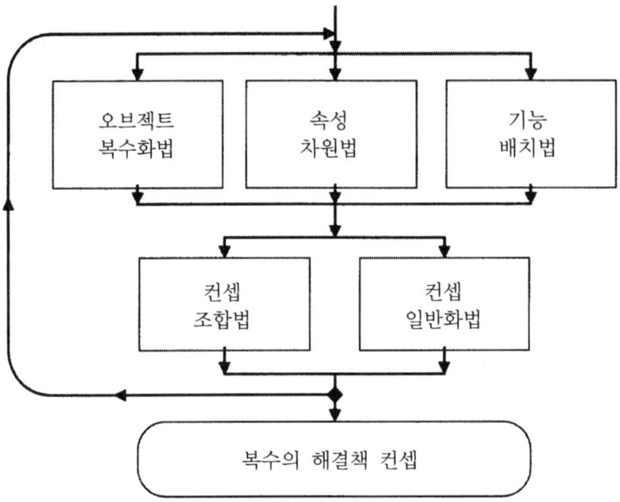

그림 7.18 》 USIT법 플로우차트의 해결책 생성단계의 개량판(부분)[10)]

(정 · 역의 요구가 동시에 있을 경우) 그것들의 요구를 시간적 · 공간적 또는 그 외의 다른 조건으로 「분리해서」, 각각의 경우에 각각의 조건을 만족하는 해결책을 만들어서, 그것들을 「조합한다」라는 원리인 것이다. 「분리」 후에 「조합」이 필요한 것이고 저자가 말하는 「컨셉 조합법」이 그것을 보다 솔직하게 표현하고 있다고 할 수 있다.

이상에서 설명한 것처럼 TRIZ와 USIT법의 이해가 깊어지는 것에 더불어 저자는 USIT을 TRIZ 와 같은 것이라고 인식하게 되었다. USIT법은 「초심자를 향한 TRIZ의 간단한 부분만을 갖고온 작은 세트」가 아니라 「TRIZ의 에센스를 잘 뽑아넣은 쉽고 그리고 본질의 문제해결방법이다」라고 인식에 이르렀다.[10)13]]

7.5 USIT 법의 기업에의 도입방법

USIT법을 기업에 도입하기 위해서는, 개발원인 포드사의 시카프스의 실천을 모델로 하

13] 2002년 9월이 되면 이점을 한층더 명확히 할 수 있다. 즉, TRIZ의 모든 해결책 생성기법(발명원리, 발명표준해, 진화트렌드, 분리원리)을 재정리하고 USIT의 5종 해결책생성기법(그림 7.18)에 통합되었다. 이 결과 USIT는 분명한 체계를 가진 강력한 문제해결기법이 되었다.

면 좋다.[12)] 또 저자가 일본에서 시행한 USIT 연수 세미나의 경험을 발표하고 있으므로 참고했으면 한다.[10)]

USIT의 연수 세미나의 프로그램은 3일간으로 첫날의 오전에 TRIZ와 USIT법의 개요에 대한 강의를 하고 나머지 2일 한나절은 실제문제 3~4건을 뽑아내서 철저한 그룹연수를 시행한다.

각 그룹은 3~4명이 표준적이다. 참가자는 전원이 어떤 실제문제를 준비해두고 당일 참가자간의 조정으로 과제의 중요성과 참가자의 관심에 맞추어 채택한 테마를 선택한다. 각 그룹은 문제제안자(그 문제의 실제 담당자)와 협력멤버로 구성되어있지만 협력멤버는 어느정도 전문분야의 이질성이 있는 것이 바람직하다.

연습은 USIT법의 프로세스에 따라 5섹션으로 행해진다. 각 세션에서는 먼저 강사가 그 단계에서의 USIT법의 사용방법을 설명하고 다음으로 모든 그룹이 병행해서 각각의 문제에 적용한다. 그 후 전원 앞에서 각 그룹의 멤버가 연습결과의 프리젠테이션을 시행하고 전원에 따른 토의 안에서 강사가 지도해 나간다. 분석단계의 폐세계법과 Particles 법에는 문제에 따라 약간 경향이 있거나 없는 것이 있지만 모든 테마에 양쪽 방법을 적용해 보는 것이 좋다. 해결책 컨셉의 생성단계에는 2세션을 담당하고 최초에 Particles 법과 공간·시간특성분석의 결과를 베이스로 하여 어느 정도 자유롭게 컨셉의 생성을 시행한다. 그리고 폐세계법의 분석결과를 채택하여 4종의 해결책 생성방법을 보다 의식적으로 사용해서 컨셉의 확대를 도모한다. 더욱이 거기까지 얻어진 해결책의 아이디어를 대충 평가해서 중요·유망한 것의 강화와 부차적 문제점의 극복을 생각하면 좋다.

이 공동연습의 방법은 크게 유효했다. 그 이유는 참가자는 자신의 문제, 실제 문제를 취급하고 있기 때문에 동기가 높다. 각자의 담당 테마를 2일 한나절 계속 생각함으로서 문제이해가 깊어지고 자신의 아이디어가 해결에 기여하는 실감이 있고 다른 멤버의 생각에서 배우는 것도 많다. 3~4건의 문제해결이 병행하여 진행되고 있고 그것들의 문제와 해결의 진행을 동시에 이해할 수 있다. USIT법의 방법을 스스로 시행할 수 있을 뿐만 아니라 병행한 다른 그룹이하는 방법의 장점이나 문제점을 동시에 이해하고 자신들의 방법에 피드백 할 수 있다.

저자의 세미나 경험에서는 모든 테마에 걸쳐 6~20건 정도의 해결책 컨셉를 얻을 수 있었다. 물론 이들 컨셉을 기술로 확립하기 위해서는 이후에 비즈니스적인 검토와 기술적검토 · 실험이 필요하다.

이들 경험을 토대로 해서 저자는 USIT법의 평가와 도입방법을 다음과 같이 생각하고 있다.

(1) USIT법은 현장문제의 컨셉 생성단계에 유효한 문제해결법 · 사고법이다.

⇒ 기업기술자가 습득하면 이 사고의 창조성을 각 단계로 상향시킬 수 있다. 기술자의 육성에 불가결한 요소이다.

(2) USIT법의 습득은 TRIZ보다도 훨씬 더 용이한데 3일간의 연수가 필요하고 충분하다.

⇒ 회사내에 USIT법의 전문가를 육성해서 리더로 하고 사내연수를 반복해 시행해서 USIT법을 이해하는 기술자를 다수 양성해두면 좋다.

(3) 문제해결에는 USIT방법과 문제에 관한 과학적 · 기술적 소양의 양쪽이 필요하다.

⇒ 각 분야의 기술자가 USIT법의 습득을 노력함과 동시에 USIT법의 습득자가 기술의 현장에 나가서 문제해결의 노력을 하면 유효하다.

(4) USIT법은 그룹의 공동작업에 적용된다.

⇒ 구체적인 문제에 대해서 관계된 기술자 그룹에 USIT법의 습득자가 더해져서 공동의 문제해결을 시행하면 좋다.

(5) USIT 법 연수는 실제문제를 취급하고 성과를 올리고 있다.

⇒ 실제문제의 문제해결을 USIT 법 연수와 같은모양의 형식 · 구성으로 시행하면 좋다. 사내에서 복수의 (일견 관계가 없는) 테마를 모아서 연수의 요령으로 3일간의 공동작업을 시행한다. 참가자들 사이에 의외의 협력이 가능해진다. 또한 시간을 단락지어 해결을 도모하면서 연구개발의 쾌속화의 관점에서도 유효하다.

(6) 실제 문제의 컨셉 생성에 적용하고 있다.

⇒ 회사내의 중요한 실제문제로 해결을 위한 기본적인 아이디어를 필요로 하고 있는 단계의 문제에 점점 실천해 나가면 좋다. 긴급한 문제, 중요한 문제, 좋은 해결책이 얻어지면 효과 · 영향이 큰 문제 등을 선택해서 적용시켜 나가면 좋다.

(7) 기술적 자세한 내용은 다음 과정에서 검토할 필요가 있다.

⇒ USIT 법에서는 기술의 자세한 내용은 다루지 않고 자유로운 발상을 하려고 하고 있다. 이를 위해서 얻어진 해결책 컨셉을 다음의 공정으로 기술적 · 비지니스적으로 검토할 필요가 있다. 이러한 검토는 일본 기업의 실정에서는 컨셉 생성을 담당한 것과 같은 그룹이 시행하는 경우가 많을 것이다. 이 단계에서는 TRIZ의 소프트툴의 사용을 시작으로 각종 설계기법 평가기법을 적용하는 것이 바람직하다.

(8) USIT법의 배경에는 TRIZ의 상상이 있다.

⇒ USIT법의 하나하나의 프로세스 배후에 TRIZ가 만들어진 상상 · 지식 · 기법이 있고 TRIZ의 이해가 깊어지면 USIT법을 간략화한 프로세스에 깊이가 더해진다. 이러한 의미로 USIT법과 TRIZ를 항상 병행하여 학습 · 실천하는 것이 좋다.

(9) USIT법의 쉬운 문제해결 과정과 TRIZ의 지식 베이스(특히 소프트툴)를 병용하면 좋다.

⇒ 이하의 3종류의 사용방법에서 실정을 더해서 선택하면 좋다.

① USIT법에 따라 그룹에서 문제해결을 시행한 후에 TRIZ 소프트툴에서 아이디어를 보강한다.

② 그룹에서의 문제해결 프로세스는 USIT 법으로 시행하고 한편, TRIZ 소프트툴을 개인 학습용, 개인의 발상보조로 사용한다.

③ USIT법에 의하여 그룹에서 문제해결을 시행하지만 그룹은 1~2주의 간격을 두고 만나고 그 사이에 담당자가 TRIZ 소프트툴로 아이디어를 보강한다.

결론적으로 TRIZ의 에센스를 이어받아 간명하고 실천적인 방법으로서 USIT법에 따른 창조적인 컨셉 생성기법을 저자는 높게 추천한다. TRIZ의 학습은 이 USIT법의 실천중 곳곳에서 이루어진다. 마지막으로 USIT법의 개발자 시카프스 박사의 지도와 격려에 깊이 감사한다.

독자 모두가 TRIZ 또는 USIT을 배워서 자신의 문제에 창조적인 해결방법에 활용할 수 있기를 바라면서 글을 마칩니다.

참고문헌

1) Ed. N. Sickafus : Unified Structured Inventive Thinking : How to Invent, NTELLECK, Grosse Ile, Michigan (1997), 488
2) 中川　徹編集 : TRIZ ホームページ ("TRIZ Home Page in Japan"), (1998～), URL : http : // www. osaka- gu. ac. jp / php / nakagawa / TRIZ /
3) 中川　徹 : 創造的な問題解決の方法論「TRIZ」を知ろう！, プラントエンジニア, **31**, 8 (1999) 30
4) 中川　徹 : USIT 法の適用事例報告 (1) ゲートバルブからの少量の漏水の検査法, TRIZ ホームページ (1999 - 7)
5) 中川　徹 : USIT 法の適用事例報告 (2) 高圧ガス入り溶融ポリマーから多孔性樹脂を成形する場合の発泡倍率の増大, TRIZ ホームページ (1999 - 7)
6) 中川　徹 : 高層建築物における火災対策を考えた階段の構造 : 火災時に窓を開放する階段室 (TRIZ/USIT 事例研究), TRIZ ホームページ (2000 - 8)
7) 中川　徹 :「額縁掛けの問題」への解説, TRIZ ホームページ (2001 - 7)
8) Yuri Salamatov 著, Valeri Souchov 監訳 : TRIZ : The Right Solution at The Right Time, Insytec (1999) ; 三菱総合研究所訳, 中川　徹監訳 : 超発明術 TRIZ シリーズ 5, 日経 BP, (2000 年 11 月)
9) Roni Horowitz, Oded Maimon: DETC '97, (1997 年) ; 中川　徹訳 : TRIZ ホームページ (2000 - 3)
10) 中川　徹 : やさしい USIT を使って TRIZ のエッセンスを訓練・適用した経験, TRIZCON 2002 : Altshuller Institute　第 4 回 TRIZ 国際会議, セントルイス, 2002 年 4 月 30 日 - 5 月 2 日, (英文) ; 和訳 : TRIZ ホームページ (2002 - 1)
11) Ed Sickafus : TRIZCON 99 (第 1 回 TRIZ 方法論と応用シンポジウム), (1999) ; 中川　徹訳 : TRIZ ホームページ (1999 - 3)
12) Ed Sickafus : 第 1 回 TRIZ 国際会議 (1998 - 11) ; 中川　徹訳 : TRIZ ホームページ (1998 - 12)
13) 中川　徹 : USIT--簡易化 TRIZ による創造的問題解決プロセス, 設計工学, **35**, 4 (2000 年) 111
14) 中川　徹 : USIT 法トレーニングセミナー (3 日間) の試行報告 (2), TRIZ ホームページ (2000 - 2)
15) 中川　徹 : TRIZ のエッセンス－50 語による表現, TRIZ ホームページ (2001 - 5)
16) 中川　徹 : 中高層建築物における火災対策を考えた階段の構造 (TRIZ/USIT 適用事例), TRIZCON 2001 : Altshuller Institute　第 3 回 TRIZ 国際会議, ロサンゼルス, 2001 年 3 月 25 - 27 日 (英文) ; 和訳 : TRIZ ホームページ (2001 - 4)
17) 中川　徹 : TRIZ のエッセンスをやさしい USIT 法で学び・適用する, ETRIA 主催世界会議 TRIZ Future 2001, バース, 英国, 2001 年 11 月 7 - 9 日 (英文) ; 和訳 : TRIZ ホームページ (2001 - 8)
18) 三原祐治 : TRIZ の社内展開の方法, TRIZ ホームページ (2001 - 11)
19) 中川　徹・古謝秀明・三原祐治 : TRIZ の解決策生成諸技法を整理して USIT の 5 解法に単純化する, ETRIA 主催世界会議　TRIZ Future 2002, ストラスブール, 仏国, 2002 年 11 月 6-8 日 (英文) ; 和訳 : TRIZ ホームページ (2002 - 9)

품질공학(다구치메소드)

CHAPTER 8

8.1 신제품개발과 품질공학

품질공학은 다구치 겐이지(田口玄一)에 의해 개발된 새로운 학문체계로서 세계적으로는 다구치메소드, 일본에서는 품질공학이라고 하고 Robust 설계라고 하기도 한다. 기술개발에 대한 철학을 가지고 있고 그 철학을 실현하기 위해서 방법론과 일체가 된 것이다. 먼저 그 고안방법부터 설명한다.[1,2)]

기업의 합리화나 재생시에 대부분의 경우 시행되는 것은 인원의 삭감이다. 그러나 이러한 합리화는 기술개발의 결과로서 이루어지는 합리화는 다른 것이다.

기업에는 인원이 남는 것이 아니라 인원에 맞춘 유효한 일을 하게하는 경영자가 적다는 것이다. 기업이 일을 만들어낸다는 것은 다른 기업의 유사상품을 제조하거나, 가격인하를 하는 것으로 해결할 문제가 아니라 새로운 기술 컨셉에 기초한 신제품을 개발하고, 새롭게 고용을 창출하지 않으면 안된다.

새로운 기술개발이라는 것은 매우 위험한 모험이고 성공할지 어떨지도 불투명한 일을 기술자에게 억지로 하게하지 않으면 안되는 두려움이 있다. 이러한 위험을 범할 프로세스는 하루아침에 성공한 것은 없기 때문에 바로 물음에 답할수는 없지만 이러한 악순환이 결국에는 새로운 기술개발의 기회를 잃게 되는 것이다.

기술자는 어떠한 형태로든 새로운 기술을 한두개 가지고 있지만 많은 기업은 그것을 죽여 버리고 만다. 그런 기술을 크게 육성할 것인가 안되는 것인가를 조급하게 결정하는 것은 언제나 쉽지 않다. 거기에 경영자의 망설임이 있을 것이라 생각한다. 신기술의 좋고 나쁨을 비교적 단기간에 판단할 수 있는 것이 품질공학의 방법인 것이다. 물론 그러한 기술로 만들어진 제품이 시장을 확보할 수 있을지 어떨지도 큰 과제인 것이지만 그것이야말로 창조된 기술의 질에 관계되어있다고 해야할 것이다. 문제는 그러한 기술의 존재를 파악하고 대책을 세우는 경영자가 적다는 것이다. 만일 이와같은 것이 이루어졌다면 기술자 자체의 질이 변화한 것이다.

새로운 컨셉이나 시스템을 생각해 내는 단계를 품질공학에서는 「시스템 선택」이라고 하지만 이것 자체는 품질공학의 방법이므로 기술자의 창조성, 그것에 관계된 부분이다. 그러나 그러한 생각이 나와있다면 다음의 단계에서는 품질공학에서 「기본기능」이라고 하는 방법에 따라 새롭게 고안된 시스템에 검토를 더하면 된다.

그러한 새로운 사고법은 어떤 목적을 실현하려하고 있지만 그 목적을 달성하기 위한 기술수단을 함께 생각하고 있다.

기술수단은 그림 8.1에 설명된 것과 같은 모양으로 실현된다. 그것은 간단한 자연현상이 아니라 인공적인 입력으로 어떤 의도를 출력으로서 얻으려고 하는 것이다. 품질공학에서는 이 입력 M을 「신호인자」라고 부르고 출력 y와의 사이에 선형관계

$$y=\beta M$$

이 성립되면 좋다고 한다.[3] 새로운 품질공학의 입장에서는 1차항 뿐만이 아니라 2차항, 3차항이어도 좋다.

제로점 비례식에 구애되는 것은 이러한 기술은 입력에 대해서 출력의 가법성이 성립하고 매우 단순화되어있기 때문에 이 관계가 안정적으로 성립되면 이러한 기술은 성공 가능성이 높다고 할 수 있게 된다.

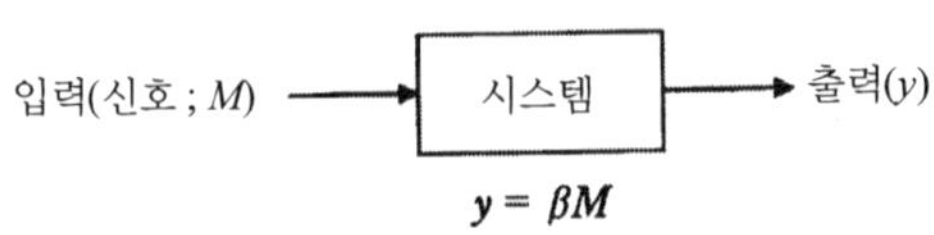

그림 8.1 〉〉 시스템의 입력과 출력의 관계

이 선형관계는 단순히 자연현상으로 만들어지는 것이 아니라 8.5절의 그림 8.2에 표시하지만 여러 조건이나 설계상수에 따라서 실현되는 인공적인 것이다. 이러한 파라메타「제어인자」라고 부르고 있다. 현실에는 이와같은 입출력의 관계를 혼란스럽게 하는 것이 다수 존재하고 있고 이것들을「노이즈인자」라든가「오차인자」라고 부르고 있다.

자연과학을 공학에 응용하는 과정은 이상의 제어인자나 오차인자를 어떻게 취급하는가 하는 과정이라고 생각하지만 많은 경우 이 방법은 경험에 의존하거나 기술력으로 해결하는 것 이외에는 없었다. 즉 오차조건을 잡아두고 정밀화해서 코스트업의 대책을 세우고 자신의 목적을 달성하기 위한 제어인자에 여러 조정을 시도하는 것이다. 자동제어라고 하는 것도 소위 그 최대의 성과라고 할 수 있다.

품질공학에서는 의도적으로 큰 오차를 주고 위의 $y=\beta M$ 이라는 선형관계에 있는 β의 스케터링이 작게되는 제어인자 즉 파라메타의 선택을 시행하게 된다. 이것을 품질공학에서는「파라메타 설계」라고 부르고 중심적 기술이다.

오차원인을 탐구해서 대책을 세우는 것이 아니라 오차원인을 풀어놓고 있어도 기능을 할 수 있는 설계조건을 추구하는 것이다. 즉 가격을 낮추고 효율 좋은 기술을 개발한다.

8.2 품질공학의 발상과 이후의 발전

1980년에 다구치가 벨 연구소의 반도체 개발에 성공을 거둔 이후 세계적으로 다구치메소드라 불리며 널리 알려지게 되었다. 일본에서도 1993년 일본규격협회에 사무국을 두고 품질공학 포럼이라는 학회에 준하는 조직이 결성되어 1998년에 품질공학회가 되었다. 일본에서는 일반적으로 익숙해져가지만 주로 기업의 기술개발을 통해서 많은 연구성과가 생겨나고 있다.

파라메타 설계방법은 기술을 성공시키는 방법이라기보다는 기술자가 생각해 낸 것의 좋고 나쁨을 일정한 방식을 따라서 실험을 시행하는 것으로서 비교적 용이하게 분명히 하는 특징이 있다. 우수한 사고법은 우수한 성과를 낼수 있다는 것이 표시되고 불필요한 생각은 그만의 문제가 지적되고 있다.

예를들어 후지제록스의 경영자가 품질공학의 본질을 보다 일찍 이해하고 그것을 채택하여 소형 복사기에서 미국의 제록스에 앞섰다. 그 저변에는 다구치의 힘이 컸고 또한 품질공학을 이해하는 경영자가 있었다는 것이다. 후지제록스에 이어서 대부분의 복사기메이커가 품질공학을 도입한 것도 그 효과의 크기가 이해되는 것이다.[4)]

일본에서는 Daguchi씨는 실험계획법의 권위자로 유명하다.[5)] 세계적으로는 농업 분야에서 생겨난 실험계획법을 공업의 분야에 응용했다고 한다. 따라서 다수의 기업에서 넓리 활용되고 있지만 학계 등의 연구방법으로 사용되는 경우는 적다. 원래 통계의 세계에서는 다구치 실험계획법은 이단이라고 불리고 1980년대에 Daguchi씨가 미국의 벨 연구소에서 반도체 기술개발에서 큰 성과를 거두었을 때도 미국의 통계학자와의 사이에서 큰 논쟁이 있었던 것은 사실이지만 기술개발의 성과가 논쟁을 종결시켰다.

다구치 실험계획법은 1940년대말 당시 전전공사의 무사시노(武藏野)통신연구소에서 생겨났다. Daguchi씨의 말을 빌리면 전전공사는 전화기의 설계는 하지만 전화기의 제조는 하지 않는다. 더욱이 그 전화기를 유저에게 빌려줘서 고장이 나면 무료로 수리, 교환하지 않으면 안됐다.

다시 말하면 제조조건도 사용조건도 불명확한 제품설계의 방법을 연구하는 것이 필요하고 그것이 새로운 실험계획법의 개발에 연결되었다. 당시에는 소위 통계적 방법으로서 일본의 기업이 실험계획법을 적극적으로 도입 개시한 시기이다. 그런데 Daguchi씨에 따르면 실험계획법의 본질은 데이터의 평균값을 사용해서 현상을 해명하기 위한 방법이었고 소비자에게 발생하는 여러 가지 스케털링에 대응하여 설계를 하는 툴로서는 불충분한 면을 가지고 있었다고 한다.

더욱이 실험계획법에서 특징적으로 사용하고 있는 직교표는 실험의 효율화를 도모한다고 하는 것이 상식인데 비해 직교표는 실험의 체크를 위한 툴(실험의 실패를 확인하는)이라 한다. 일반적으로 수용도 이해도 하기 어려운 주장을 하기에 이르렀다. 이러한 주장의 바탕에 실험계획법과는 별개로 생각된 것이 현재 품질공학의 세계에서는 상식이 되어있는 SN비와 파라메타 설계이다.

무엇보다 문제가 없는 초기의 설계현황에 대해서 문제가 발생하지 않는 기술개발 또는 설계를 시행하고자하는 것이 품질공학의 진수이다.

2002년에 품질공학회에 소속되어있는 회원은 약 2100명이다. 대학 연구소 등보다도 기업소속의 회원이 압도적으로 많다. 잠재적으로는 더욱 많아서 품질공학을 활용하고 있는 사람 수는 수십배가 될 것이다.

이 중에는 조직적으로 활용하고 있는 기업과 기업 안에서 개인이 도전하고 있는 경우로서 상당히 차이가 있는 것은 사실이지만 어떤 형태로 성공이 보여지고 있는 것이 대부분이다.

조사연구로서는 미국의 MIT 대학원의 박사논문에서 미국의 기업 활용 현황이 보고되어 있다. 일본에서는 전기통신대학에서 조사연구가 시행되고 있다. 품질공학은 젊은 학문이기 때문에 곧 새로운 발전이 있을 것으로 생각되나 발전을 정착시킬 것을 목표로 기능성의 평가 방법을 도입해 사용하기 위해서 국제규격화의 제안이 진행되고 있다.

설계기술의 정보화에 따라 설계의 자동화가 진행되고 시뮬레이션이 활용될 것이지만 시뮬레이션에 의한 평가, 최적화는 확실히 21세기 품질공학의 주요과제가 되어있다. 즉 실험을 만드는 시작 레이스의 설계인 것이다.

8.3 품질공학의 구성

품질공학이 체계적으로 구성되기 위해서는 다구치 등이 많은 사례를 해결하면서 많은 변천을 거쳐서 발전시켜 왔다.

현재의 시점에 국한하여 말하면 품질공학은 거의 2개의 분야로 나누어질 수 있다고 생각한다. 그중 하나는 물건을 만드는데 사용되는 기술개발의 분야이고 이것은 다시 2개로 나누어질 수 있고 「오프라인 품질공학」과 「온라인 품질공학」이다. 또 하나의 분야는 현상을 관찰하고 판단하는 분야로서 소위 패턴인식이고 「마하라노비스 · 다구치(MT)시스템」이라고 불린다. MT 시스템의 내용은 현재는 MT법, MTA법, MMTA법, MTS법 등 여러개로 분류되고 있다.[7)]

(1) 오프라인 품질공학

이것은 품질공학 발전의 핵이라고 할 수 있지만 그 중심에 있는 것이 파라메터 설계법이다. 많은 사람들은 파라메타 설계를 기술개발의 방법론으로서 이해하고 있다. 이것은 반드시 틀리다고는 할 수 없지만 이와같은 이해의 입장에서 품질공학은 사용할 수 있는가 없는가 하는 생각에 빠지기 쉽다. 파라메타 설계의 목적은 기술력의 평가이므로 기술력이 없는 경우는 좋은 결과가 나올 수 없는 것은 당연하다. 그것은 품질공학이 사용될 수 없는 것이 아니라 품질공학에 따라서 기술의 빈약함을 잘 알 수 있는 것에 감사해야 한다.

(2) 온라인 품질공학

이것은 제조공정의 품질공학이고 공정의 조성, 신난 등에 사용되는 것이다. 여기에서는 손실함수라는 것을 사용하고 제조품질과 가격과의 균형을 맞추기 위해 공정 설계방법이 제안되고 있다. 1960년대의 후지사진필름(주)의 공정문제에서 시작되었지만 (주)댄소 등에 적용되고 있는 과정에서 그 내용이 심화되었다.[8)]

또한 품질공학은 종합 계측기술이라고 하듯이 계측기술과 깊이 연관되어 있다. 계측기술을 계측관리의 면에서 보면 온라인 품질공학이지만 품질공학에서 말하는 기본기능에 의한 평가라는 입장에서 보면 온라인 품질공학도 있다. 즉 이전의 계측기술이 스칼라 량의 측정에 있는 것에 비해서 다차원량의 정량화 기술인 것이다.

(3) MT 시스템

원래 MT 시스템은 인도의 물리학자이고 수학자인 마하라노비스가14] 고안한 마하라노비스의 거리라는 통계량을 병의 진단에 응용하는 것에서 시작하여 십수년이 경과되고 있다. 의학의 세계에서는 이해하기 어렵다는 것과 이대로 직접 기술에는 적용하기 어렵다는 점 때문에 보급은 되지 않았다.

1995년 Daguchi씨에 의해 화재알림 시스템의 응용이라는 논문이 발표되고 전기통신대학에서는 실험이 시행되고 유용성이 입증되었다.[10,11)] 이것을 계기로 많은 발표가 되어 생산적인 측면에서는 검사기술의 응용, 자동차의 충돌방지 등에 적용되게 되고 더욱이 사회현상전반으로 적용되게 되었다. 예를들면 기업 경영형태의 진단 등이다.[12)] MT시스템은 적용의 상태에 따라서 앞서 기술한 바와 같이 여러가지로 분류되지만 발전은 예상 이상으로 크게 된 것은 없지 않는가라고 생각되어진다.

14] Mahalanobis : 1893년생, 인도출신.

8.4 기능성 평가 방법

통신에서 사용되어 온 SN비를 확장하여 기술전반의 평가척도로 한 것이 품질공학에서의 SN비이다. 종종 어렵다고도 하지만 기술의 동향 중 유용한 정보(시그널)와 유해한 정보(노이즈)의 비를 표시한 것은 통신의 SN비 개념의 확장이다.

기술의 동향을 나타내는 SN비

$$\eta = \text{유용한정보(시그널)/유해한 정보(노이즈)}$$

로 표시하는 해석은 얻어진 데이터의 제곱의 합의 분해로서 이루어진다. 기술의 동향은 소위 기능이라고 불리는 것이다. 기술자체에는 반드시 어떤 기능이 있을 것이고 그 본질적인 것을 기본기능이라 한다. 기본기능이 유일한 것인가는 불명확하고 품질공학을 적용하고 있는 기술자의 대상기술의 이해 방법에 따라서 변한다. 물론 선정된 기본기능이 적당하였는가를 조사하는 것이 품질공학의 과제라고 할 수 있다.

많은 기술개발 또는 설계의 장에서 쓰이고 있는 특성값(측정에 의하여 얻어진 데이터)는 단순한 결과로서의 품질인 경우가 많다. 예를들면, 표면 거칠기라든가 공구수명 등이다. 표면 거칠기가 0.3μm의 가공에 대해서 거칠기가 0.2μm 작게되는 새로운 가공조건을 2개 더했기 때문이라고해서 거칠기가 -0.1μm가 되는 것은 아니다. 결국 표면 거칠기는 특성값으로서의 가법성을 가지고 있지 않다.

품질공학에서는「품질을 원하면 품질을 논하지 마라(To Get Quality, Don't Measure Quality)」라는 격언이 있다. 즉 품질이란 단순한 결과이고 중요한 것은 기본기능의 편차를 감소시켜야 한다는 주장이다. 품질의 편차 척도를 기능성이라고 부르고 있다. 기능성이 높게되어도(특성치의 편차가 작다), 특성치가 설계목표와 같이 된다고는 말할 수 없다는 반론이 있다. 그러나 품질공학의 많은 실험에서 명확하듯이 기능성을 높이면 특성치를 설계목표에 맞추는 것은 매우 용이하게 된다. 이와같은 의미에서 미국에서는 품질공학을 2단계 설계 방법이라고 한다.[13)]

지금까지의 설계론은 기본설계라든가 기능설계라고 부르고 먼저 목표치가 실현되도록 설계조건 또는 가공조건을 찾는 것을 제일 처음으로 하는 경우가 많다. 그리고 상세설계의 단계에서 특성값의 편차를 작게 하기 위하여 설계의 자유도가 작게 되어있다. 먼저 편차를 작게하면 현상이 단순화되기 때문에 목표치에 맞추는 것이 용이하게 된다.

주지한 바와같이 금형설계에서는 5~10회의 금형수정은 상식이 되어 있지만 품질공학의 방법을 채용하면 금형수정의 회수를 감소할 수 있다. 예를들면 금형의 설계 후에 사출성형조건의 편차를 작게 하였기 때문에 성형품의 치수가 설계치와 맞을 것이라고는 장담할 수 없다. 이것은 성형품 대응 금형을 설계하기 때문에 사출성형의 안정화를 도모할 수 있다. 사출성형조건의 안정화 연구를 선행하고 성형수축률를 예측한 후 금형설계를 하면 좋다. 품질공학이 문제해결형의 연구가 아니고 개발 · 설계단계의 연구라고 할 수 있는 이유이다.

8.5 기본기능에 따른 설계

다음은 방법론에 대해서 약간의 설명을 하였다. 자신의 전문분야에 가까운 구체적인 연구사례에 맞추는 것이 가장 바람직하다. 그림 8.2와 같이 대상으로 한 기술을 시스템의 입출력 관계로 생각한다. 시스템은 제어인자라고 불리는 설계상수(A, B, ……)로 구성되어있지만 동시에 시스템에 오차를 발생시키는 노이즈인자(오차인자 : X, Y, ……)의 영향을 받는다.

이와같은 상태에서 시스템의 동작으로는 입력 M에 따라서 출력 y를 얻지만, y는 실제로는 다음식과 같이 복잡한 함수이다.

$$\begin{aligned} y &= f(\mathrm{M},\ \mathrm{A},\ \mathrm{B},\ \cdots\cdots,\ \mathrm{X},\ \mathrm{Y},\ \cdots\cdots) \\ &= \beta \mathrm{M} + [f(\mathrm{M},\ \mathrm{A},\ \mathrm{B},\ \cdots\cdots,\ \mathrm{X},\ \mathrm{Y},\ \cdots\cdots) - \beta \mathrm{M}] \end{aligned} \tag{8.1}$$

위의 식에서 기능이 에너지의 변환과정을 나타낸다고 하면,

$$y = \beta M \tag{8.2}$$

의 관계가 이상상태이다. 즉, 입력 에너지가 비례적으로 출력으로 변환될 수 있으면 에너지의 가법성에서 필요없는 시스템이라고 할 수 있지만 실제로는 위 식의 우변의 제2항과 같은 오차를 발생시킨다. β는 제어인자의 영향에 따라 여러 가지로 변화하는 파라메타이

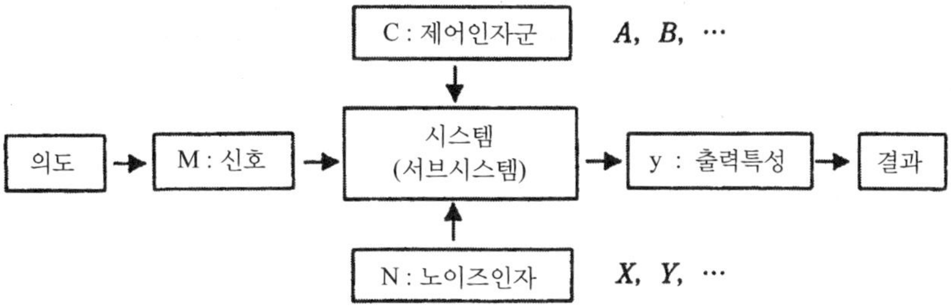

그림 8.2 〉〉 시스템을 설계하는 경우에서의 입출력의 관계

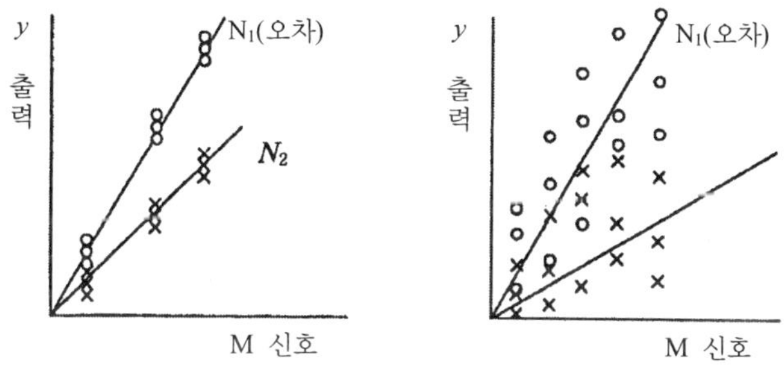

(a) A_1 : SN비가 크다　　(b) A_2 : SN비가 작다

그림 8.3 〉〉 2개의 제어인자 A_1 과 A_2에 따른 데이터의 기울기의 비교

표 8.1 〉〉 SN비를 구하기 위한 데이터

신호 / 오차	M_1	M_2	M_3
N_1	y_{11}	y_{12}	y_{13}
N_2	y_{21}	y_{22}	y_{23}

다. 여기서 SN비 η을 다음과 같이 정의한다.

$$\eta = \beta^2[f(M, A, B, \cdots\cdots, X, Y, \cdots\cdots) - \beta M]^2$$

표 8.2 〉〉 SN비를 구하기 위한 분산분석표

요인	f	S	V
β(비례항)	1	S_β	V_β
$N\times\beta$(비례항의 차)	1	$S_{N\times\beta}$	$V_{N\times\beta}$
e(오차)	4	S_e	V_e
T	6	S_T	V_T

의 평균시스템으로서의 유용한 정보를 감도 β^2이라 하고 이것에 대해서 분모가 유해한 정보이고 좋은 시스템이란 이 비가 최대가 되는 것이라고 생각된다. 이것은 예를들어 그림 8.3에 표시한 바와같이 제어인자 A_1과 A_2의 비로서 생각하면 알기 쉽다. A_1은 선형성도 있고 오차인자 N_1과 N_2의 차이도 작다. A_2는 비선형효과도 크고 더욱이 N_1과 N_2의 차이도 크다. 기본적으로는 SN비는 표 8.1과 같이 6개의 데이터로 구하면 된다. 이것으로 구하여진 표 8.2의 분산분석표는 제로점 비례식의 2승의 합의 분해이고 최소 2승법에 가까운 계산이지만 소위 회귀분석과는 다르다.

비례항의 차이의 변동은 $S_{N\times\beta}$와 오차변동 Se와가 SN비의 분모를 구성하지만 이와같은 자유도가 낮은 데이터에서 오차변동을 구하려고 하는 생각은 소위 수리통계학의 입장과는 다르다. 즉, 오차인자 N의 효과를 의도적으로 구하려고 하는 것이 매우 중요하다.

이와같이 실험계획법의 연장에 있어서 실험계획법과도 수리통계학과도 다른 것이므로 종래의 실험계획법이나 수리통계학의 분야에서 비판이 높아지고 1980년대의 미국에서는 상당히 심한 논쟁이 전개되었지만 그 후 품질공학의 성과와 기술론적인 전개에서 논쟁은 거의 종료되었다.[15)]

제어인자는 실제로 표 8.3과 같은 직교표 L_{18}을 기본형으로하여 할당된다. 이것은 종래의 실험계획법의 응용에 지나지 않기 때문에 위에서 기술한 오해가 생기기 쉽다. 그러나 여기서 사용되는 직교표와는 대상으로 한 기술의 미숙함을 체크하기 위한 리트머스 시험지의 역할을 하고 있다고 하는 것이 Daguchi씨의 독특한 주장이다. 대상으로 한 기술의 미숙함을 가능한 빨리 발견하는 것 즉 실험의 효율화 그것이 품질공학의 목적이다.

표 8.3 보다 표 8.4의 각 제어인자의 수준의 평균치 중에서 SN비가 높은 조건을 구할 수 있다. 감도 S란 SN비의 분자만의 값이다. 즉 출력의 평균적인 효과의 크기를 표시하

고 있다. 품질공학의 2단계설계에서 나중에 조정하면 좋은 값이다. SN비도 감도도 통신의 SN비와 같이 대수를 취하고 10배하여 소위 데시벨 표시를 할 수 있다. SN비를 -∞에서 +∞로 분포시키는 것이고 가법성을 갖게 하고 있다. 여기서 db로 표기한 것은 통신의 SN비의 dB와 구별하기 위함이다.

직교표 L_{18}은 이전에 실험계획법에서 자주 구할 수 있다. 소위 상호작용을 구할 수 없다. 상호작용이란 실험조건이 상호 간에 받는 영향의 정도가 조건에 따라 변화한다는 것이다. 즉 상호작용이 있다고 하는 것은

표 8.3 》 직교표 L_{18}로의 제어인자의 할당

요인	A	B	C	D	E	F	G	H	SN비	감도
No. \ 열 번호	1	2	3	4	5	6	7	8	db	db
1	1	1	1	1	1	1	1	1	η_1	S_1
2	1	1	2	2	2	2	2	2	η_2	S_2
3	1	1	3	3	3	3	3	3	η_3	S_3
4	1	2	1	1	2	2	3	3	η_4	S_4
5	1	2	2	2	3	3	1	1	η_5	S_5
6	1	2	3	3	1	1	2	2	η_6	S_6
7	1	3	1	2	1	3	2	3	η_7	S_7
8	1	3	2	3	2	1	3	1	η_8	S_8
9	1	3	3	1	3	2	1	2	η_9	S_9
10	2	1	1	3	2	2	1	1	η_{10}	S_{10}
11	2	1	2	1	1	3	1	2	η_{11}	S_{11}
12	2	1	3	2	2	1	3	3	η_{12}	S_{12}
13	2	2	1	2	3	1	3	2	η_{13}	S_{13}
14	2	2	2	3	1	2	1	3	η_{14}	S_{14}
15	2	2	3	1	2	3	2	1	η_{15}	S_{15}
16	2	3	1	3	2	3	1	2	η_{16}	S_{16}
17	2	3	2	1	3	1	2	3	η_{17}	S_{17}
18	2	3	3	2	2	3	1	3	η_{18}	S_{18}

표 8.4 〉〉 SN비 훈과 감도 S의 제어인자와 수준 등의 평균치(db)

인자 \ 수준	1	2	3	1	2	3
A 제어인자	η_{A1}	η_{A2}	-	S_{A1}	S_{A2}	-
B 〃	η_{B1}	η_{B2}	η_{B3}	S_{B1}	S_{B2}	S_{B3}
C 〃	η_{C1}	η_{C2}	η_{C3}	S_{C1}	S_{C2}	S_{C3}
D 〃	η_{D1}	η_{D2}	η_{D3}	S_{D1}	S_{D2}	S_{D3}
E 〃	η_{E1}	η_{E2}	η_{E3}	S_{E1}	S_{E2}	S_{E3}
F 〃	η_{F1}	η_{F2}	η_{F3}	S_{F1}	S_{F2}	S_{F3}
G 〃	η_{G1}	η_{G2}	η_{G3}	S_{G1}	S_{G2}	S_{G3}
H 〃	η_{H1}	η_{H2}	η_{H3}	S_{H1}	S_{H2}	S_{H3}
총평균값	η 평균값			S 평균치		

A_1 : B_1과 B_2의 출력의 차

A_2 : B_1과 B_2의 출력의 차

가 같지 않다고 하는 것이다. 이전에 설계기술에서는 이러한 상호작용의 조정이 설계기술의 중심에 있었다.

그 때문에 품질공학은 상호작용을 무시하면 좋지 않다는 비판이 되지만 실은 직교표 L_{18}에 따라 18개의 SN비를 구한다고 하는 것은 제어인자, 신호인자, 오차인자의 상호작용을 이용하고 있다는 것이고 결국은 상호작용의 큰 기술은 미숙한 기술이라는 것을 주장하는 것이 된다.

먼저 SN비가 높은 설계조건을 구할 수 있지만 실은 이것이 출력의 편차를 작게 할 수 있으므로 나중에 목표치로 조정하는 2단계 설계의 핵심이다. 실제로 실험을 체험하지 않으면 대부분 이해하기 어려운 부분이라고 할 수 있다. 먼저 목표치를 설정하고 나서 나중에는 편차를 조정하려는 기술에 익숙해져 버리면 매우 곤란하지 않으면 일부러 역발상을 하지 않는 것이다.

이후에 품질공학에서는 SN비가 높은 설계조건을 최적조건으로하고 최적조건과 현상태(초기)조건과의 SN비를 추정하여 표 8.5와 같이 그 차이(이득)를 구한다. 이것은 이전에 같이 가장 좋았던 실험조건을 선택하는 것과 근본적으로 다르다.

표 8.5 〉〉 SN비 훈의 추정과 확인실험(db)

조건	최적	현상	이득
추정	η 적	η 현	η 적 - η 현
확인	η 적	η 현	η 적 - η 현

이 2개의 조건에서 새롭게 실험을 하고 추정한 이득이 재현되는가 아닌가를 확인하는 「확인실험」에 품질공학의 진수가 있다고 해도 좋을 것이다.

이전에 실험이라면 예를들어 표 8.3의 직교표 L_{18}의 임의의 SN비가 최대이면 이것을 최적이라 할 것이다. 그러나 품질공학에서는 이와 같은 조건을 최적으로 하지 않고 다시 직교표 L_{18}의 조합에는 없지만 다시 SN비가 높은 조건을 구하고 실험의 재현성의 확인을 한다. 위에서 언급한 비와 같이 시스템에 상호작용이 있고 출력 y에 가법성이 없으면 SN비의 이득의 재현성이 얻어질 수 없고 그것이 기술개발에 있어서 제일 중요한 것이다. 이와 같은 경우 기본기능의 수정, 오차인자, 제어인자의 검토를 하는 것이 과제가 된다.

8.6 개발과 설계의 효율화 과제

기술개발에 있어서 다수의 파라메타와 오차조건이 존재하지만 파라메타 설계에서는 제어인자의 조합으로서 어느 정도의 데이터를 필요로 한다. 이것은 직교표 L_{18}을 사용해서 8개의 파라메타를 변화하여 조합된다. 더욱이 18가지 마다 입력을 3단계로 하고 오차인자를 2가지로 변화시키므로 최저 2×3=6개의 데이터가 필요하고 이것이 18가지이므로 108개의 데이터를 구하는 실험을 한다.

108개의 데이터를 취급한다고 하면 개발기간이 없던가 규모가 너무 크게 된다고 할 수 있다. 극히 얼마 안되는 기술범위에서 개발기간을 확실히 정하고 거의 답을 알고 있는 것 같은 실험 밖에 할 수 없기 때문이다. 결국 문제해결형의 실험 밖에 할 수 없기 때문이다. 이 기술에서 내재된 기본적인 동작을 생각하고 어떠한 샘플로 실험하는 가를 결정하는 것이 기술자의 기술력이다. 물론 시뮬레이션의 경우에도 파라메타 설정이 중요하다.

이미 기술한 바와 같이 바다에 속한 것인지 산에 속한 것인지 모르는 기술의 싹을 한

꺼번에 조사하는 것이 파라메타 설계이다. 실제로 표본도 제품도 없는 상황에서 이 기술이 좋은가 나쁜가를 판별하는 것이다. 이러한 관점에서 기술개발에 있어서 가장 중요한 방법이라고 말하여 지고 있다.

2000년부터 2001년에 걸쳐 품질공학은 극적으로 변화했다고 할 수 있다. 그것은 다구치 겐이치로씨에 의한 표준 SN비의 제안이다. 지면의 관계로 생략하지 않을 수 없지만 현재는 20세기형의 SN비와 21세기형의 SN비라고 말해지고 있다. 시뮬레이션에서 활용될 수 있지만 하드웨어에 실험에도 적용할 수 있다. 기본적으로는 실험하지 않고 시뮬레이션을 활용하여 실제로 제품을 만들어낸다고 하는 시험제작이 없는 제안이다. 이미 몇 개의 성과를 얻고 있다.

더욱이 MT 시스템에 있어서도 패턴 인식의 세계에 널리 침투하기 시작했다. 이전에 마하라노비스의 거리를 구하기 위해서는 상관계수가 높고 다중공선성이 있는 경우를 피하지 않으면 안된다지만 그것이야말로 중요한 방법이다. 품질공학의 세계는 기계, 전자, 화학, 의학만이 아니라 경영의 방법에도 확장되어가고 있다.

8.7 기업의 코스트와 소비자의 손실 밸런스

기업에게 있어 가격은 시장의 동향에 따라서 결정되므로 중대한 관심사이지만 이 근본이 되는 코스트는 수익에 직접적으로 관계되는 것으로서 항상 줄이는 것이 과제가 되어 있다. 간단한 합리화가 아니라 기술개발이야말로 코스트 저하의 관건이지만 불필요한 것을 없애기 위해서는 기술자를 통제하는 것이 아니라 오히려 좋게 되도록 연구시키는 편이 좋다. 좋게 되도록 시키는 데에 어떻게 성과를 얻는가 하는 것이 관건인 것이다.

가격을 저하시킨다고 하는 것은 기업에게 있어 이득뿐만 아니라 소비자에게 있어서도 커다란 이익이다. 그러나 제품의 품질이 저하한 것은 소비자에 피해를 주고 나아가서는 그것이 기업의 신용으로 되돌아간다. 품질공학에서는 품질을 「그 제품이 사회에 나오면서부터 사회에 대해 미치는 손실(다만 기능 그 자체에 따른 손실은 포함하지 않는다)」로 규정한다.

제품이 출하단계에서 합격품인가 아닌가 하는 것은 기업입장의 문제이고 소비자의 문제는 아니다. 결국 불량률이라 하는 것은 기업의 코스트에 있어서는 중요하지만 소비자에게는 관계가 없는 것이다. 소비자는 그 제품이 어느 정도 기대만큼 기능하는 가가 중요하다. 이와 같은 척도를 품질공학에서는 「손실함수」라고 하는 금액으로 평가하는 것을 제안하고 있고 이미 몇몇 JIS 중에도 규정되어있다. 즉 제품의 좋고 나쁨은 이상의 코스트와 소비자에 미치는 손실(품질)의 총합이 된다. 기술개발의 최종과제는 이 총 손실이다.[17)]

제품의 출하검사에 있어서 제품의 특성이 목표치의 전후로 어느 정도 떨어져 있다하더라도 출하해도 좋다고 판단되는 폭을 허용차라고 부르고 있다. 목표치를 m, 상/하 한의 허용차를 ⊿라고 하였을 때, m±⊿가 제품의 특성치의 폭이다. ⊿는 상/하 한에서 다른 경우도 있다.

기업에 대해 제품의 특성값의 편차에서 발생하는 손실에 대해서 질문하면 그림 8.4(a)와 같은 답이 되돌아 오는 경우가 많다. 그러나 소비자의 입장에서는 불량률이라던가 단순한 편치는 그다지 관계가 없고 오히려 중요한 것은 목표치에 대한 일치 정도이다.

여기서 그림 8.4(b)에 표시한 바와 같이 제품의 목표치로부터 차이(간격)의 2승에 비례해서 손실이 발생한다고 생각한다. 즉, 손실 L은

$$L = k(y-m)^2 \tag{8.4}$$

이다.

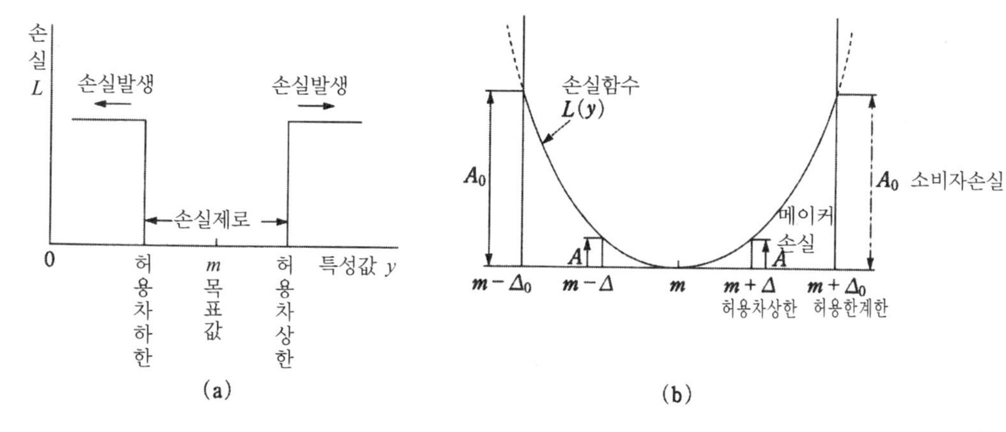

그림 8.4 〉〉 제품의 특성치의 격차와 손실의 생각법

제품의 목표치 m에서의 차이의 2승평균을 평균 2승오차라고 부르고

$$\sigma^2 = \frac{1}{n}[(y_1 - m)^2 + \cdots + (y_n - m)^2] \tag{8.5}$$

로 표시된다. 평균값 $\bar{y}$로부터 차의 2승을 오차분산이라고 부르고

$$\sigma^2 = \frac{1}{n-1}](y_1 - \bar{y})^2 + \cdots + (y_n - \bar{y})^2] \tag{8.6}$$

으로 표시한다. 양자를 구별하지 않고 오차분산이라고 부르는 경우도 있다. 손실 L은 제품 1개당

$$L = k\sigma^2 \quad (\text{원/개}) \tag{8.7}$$

로 표현하는 것이 가능하다. 식(8.7)에서는 $\bar{y}$는 m으로 조정할 수 있도록 했다.

제품이 다음의 단계(조립 메이커라든가 소비자)로 넘어갈때 허용한계$\varDelta_0$을 초과하면 반수의 제품에서 클래임(claim)이 발생한다고 한다. 이때에 평균손실로서 A_0엔의 손실이 발생한다고 하고 메이커의 손실을 A원이라고 하면 허용차 $\varDelta$는 메이커와 소비자의 균형점으로서

$$\varDelta = \sqrt{\frac{A}{A_0}}\,\varDelta_0 \tag{8.8}$$

이다. 이와 같이 목표치가 확실한 제품의 특성을 「희망목표 특성」이라 하고 식(8.8)은 희망목표 특성의 허용차이다. 이와 같이 허용차가 정해지면 메이커의 손실과 소비자의 손실이 평형하게 된다.

제조공정에서 발생하고 있는 품질손실에 대해서 생각해보자. 전기통신대학에서는 각 기업의 제조공정에서 체크되고 있는 같은 시기에 채취된 부품을 30시간 정도에 걸쳐서 수집하고 이것을 재측정하여 관리상태를 조사했다. 결과는 규정되어있는 허용차에서 보아도 불충분하고 더욱이 소비자에게 미치는 손실을 생각하면 허용차 자신을 속이는 것이 되었다.

이것은 실제 제조공정이 겉보기의 관리와는 다르게 되어 있는 것을 표시함과 동시에

다른 관점에서 보면 본래 그 제품에 요구되는 품질에 따라서 훨씬 나쁜 것을 만들고 있다고 하는 것이다. 이와 같은 해석은 손실함수를 사용함으로써 매우 명확하게 표시하는 것이 가능해진다. 즉, 품질 메이커에서는 겉보기의 허용차를 엄격히 하고, 제조공정에서 많은 고생을 하고, 심지어 실제로는 그 허용차를 만족하지 않는 부품을 만들고 있는 경우가 있다는 것이다.

희망목표 특성의 허용차의 결정식에서 보면 메이커손실A원이 싸지게 되면 허용차 Δ는 엄격하게 된다. 이것은 허용차를 완화하고 가격을 내린다고 하는 상거래습관과 모순이 되는 것처럼 보인다. 그러나 허용차를 완화하고 가격을 낮추는 것은 메이커에게는 형편이 좋게 되어도 소비자의 손실을 증대시키고 있는 것이 된다.

다만, 품질손실은 기술개발의 단계에서는 상대적인 것으로 밖에 예측할 수 없다. 파라메타설계의 단계에서는 실험실에서 얼마나 잘 하는 것이냐가 아니라 그것이 현실에서 적용된 때에 어느정도 성과를 얻는가를 예측하는 것이므로 상대적이 된다. 현실의 품질손실은 제품설계, 생산기술의 설계, 제조공정의 운용에 따라 변화한다.

소비자의 손실을 줄이는 것이 사실은 기업 내의 손실을 줄인다는 것을 사실로서 증명하여 보이는 것이 마츠다의 온라인 품질공학의 성과인 것이다. 소비자손실을 감소하는 것으로 사내불량이 극적으로 감소했다. 왜냐하면 허용차에서는 메이커와 소비자의 손실 균형점포인트이므로 소비자의 손실을 줄이면 기업의 손실도 감소하는 것이다. 그러나 손실함수로 인한 이익이라는 것은 소위 재무에는 없기 때문에 경영자는 손실함수를 신용하지 않았다. 마츠다의 성공으로 손실함수의 효용이 명확히 되는데에 실제로 25년 이상의 시간이 경과되고 있다. 품질공학의 혁신이 이해되기까지는 아직 시간을 필요로 하고 있다.

8.8 사례 : 전자회로의 파라메타 설계 순서

전자회로 설계의 최적화 사례[20), 21)]를 통해서, 파라메타설계의 방법을 기술한다. 이하 매뉴얼식으로 순서를 따라 설명한다.

(1) 대상으로하는 전자회로

대상으로 하는 회로는 그림 8.5와 같은 트랜지스터 증폭회로이다. 이 회로는 트랜지스터의 증폭작용을 이용한 것이고 입력전압 V_{in}을 증폭시켜서 V_{out}으로 출력한다. 그림의 V_{cc}는 직류전원 전압이다.

이 회로에서는 트랜지스터에 접속하고 있는 저항이 중요한 요소로 각각의 저항은 서로 작용해서 트랜지스터의 동작능력을 결정한다고 하는 특성을 갖는다.

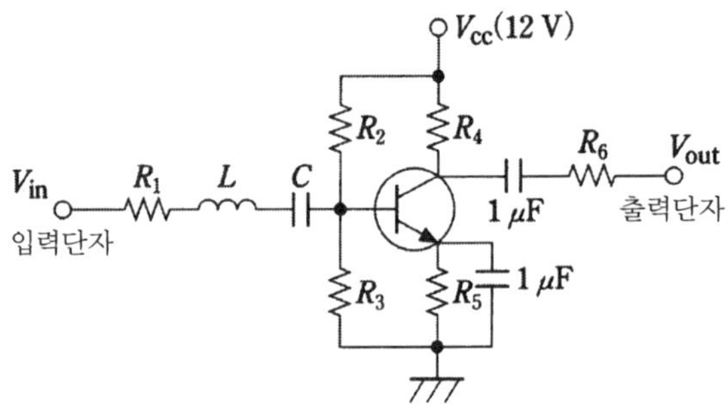

그림 8.5 〉〉 대상으로 하는 회로

(2) 회로의 이상적인 동작과 평가조건

대상으로 하는 회로에 대해서 입력전압(신호 M)에 대해서 출력전압 y가

$$y = \beta M \tag{8.9}$$

와 같이 선형으로 변화하는 것이 이상적이고 이 식이 성립하는 것이 이 회로의 동작(기본기능)이라고 생각하였다. 이 관계는 그림 8.6과 같이 표시하는 것이 가능하다. 입력과 출력 모두 교류이지만 여기에서는 교류의 실효값을 사용하고 있다.

구체적으로 신호인자는 표 8.6과 같이 설정하였다. 여기서 약간 번거러움이 있지만 전자회로특유의 문제로서 입력하는 전류의 주파수의 취급방법을 결정하지 않으면 안된다. 여기서는 주파수 J를 표시인자로서 취급하고 표 8.6으로 표시했다. 표시인자란 설계에서 미리 선택 할 수 없지만 간단한 오차조건이 아니라 설계시에 구별하여 실제 사용시에 그 레벨의 차이를 조정할 수 있도록 그리는 것이다.

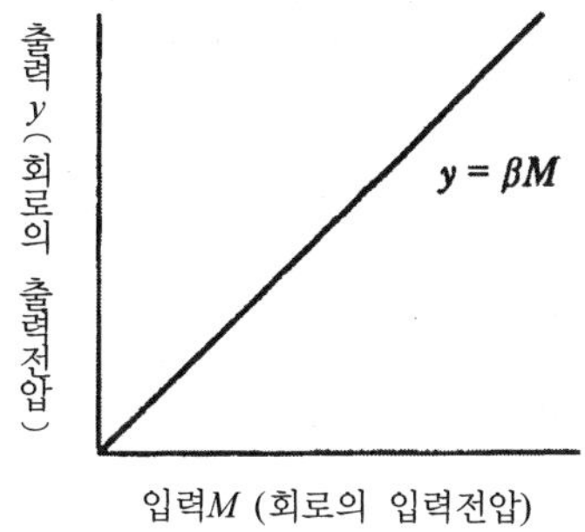

그림 8.6 〉〉 회로의 기본기능

표 8.6 〉〉 전자회로의 움직임의 평가조건

신호인자 입력전압(mV)	M_1 5.0	M_2 10.0	M_3 20.0	M_4 30.0
표시인자 주파수(kHz)	J_1 125.0	J_2 250.0	J_3 500.0	
오차인자 온도	N_1 저온	N_2 고온		

다음으로 실제 사용시에는 조정 등을 하기 어려운 오차조건 N으로써 사용상의 온도를 택하였다. 표시인자에 따른 기본기능의 변화 관계는 오차는 아니지만 표시인자마다 오차인자의 영향은 오차에 포함되어있다.

(3) 회로의 실험 데이터 예와 처리

실험에서 얻어진 데이터의 일례를 표 8.7에 표시한다. 이 결과를 이용하여 SN비를 구하는 계산의 과정을 표시한다. (f : 자유도)

모두 2승의 합

$$S_T = 510^2 + 610^2 + \cdots + 3810^2 = 125390500 \quad (f = 24) \tag{8.10}$$

표 8.7 》 회로의 출력 데이터의 예

오차인자	표시인자	M_1	M_2	M_3	M_4	선형식
N_1	J_1	510	1020	2010	3690	L_{11}=200550
	J_2	610	1180	2300	3910	L_{12}=217250
	J_3	580	1140	2250	3790	L_{13}=210900
N_2	J_1	520	1010	2000	3700	L_{21}=200700
	J_2	700	1170	2310	3930	L_{22}=218600
	J_3	590	1160	2280	3810	L_{23}=212550

선형식의 예

$$L_{11} = 5.0 \times 510 + 10.0 \times 1020 + \cdots\cdots + 40.0 \times 3690 = 200550 \tag{8.11}$$

유효 나눔 수

$$r = 5.0^2 + 10.0^2 + \cdots\cdots + 40.0^2 = 2125 \tag{8.12}$$

비례항의 변동

$$\begin{aligned} S_\beta &= \frac{(L_{11} + L_{12} + \cdots\cdots + L_{23})^2}{6r} \\ &= \frac{(200500 + 217250 + \cdots\cdots + 212550)^2}{6 \times 2125} \\ &= 124626376.7 \quad (f = 1) \end{aligned} \tag{8.13}$$

주파수간의 비례항의 차이의 변동

$$\begin{aligned} S_{J \times \beta} &= \frac{(L_{11} + L_{21})^2 + \cdots\cdots + (L_{13} + L_{23})^2}{6r} \\ &= \frac{(200550 + 200700)^2 + \cdots\cdots + (210900 + 212550)^2}{2 \times 2125} - S_\beta \\ &= 144608.6 \quad (f = 2) \end{aligned} \tag{8.14}$$

비례항과 오차인자(주파수를 포함한)의 상호작용의 변동

$$S_{N(J)\times\beta} = \frac{L_{11}^2 + L_{21}^2 + \cdots\cdots + L_{23}^2}{r} - S_\beta - S_{J\times\beta} \tag{8.15}$$
$$= \frac{200550^2 + 217250^2 + \cdots\cdots + 212550^2}{2125} - S_\beta - S_{J\times\beta}$$
$$= 1074.7 \quad (f = 3)$$

오차변동

$$S_e = S_T - S_\beta - S_{J\times\beta} - S_{N(J)\times\beta} \tag{8.16}$$
$$= 125390500 - 124626376.7 - 144608.6 - 1074.7$$
$$= 618440.0 \quad (f = 18)$$

오차분산

$$V_e = \frac{S_e}{18} = \frac{618440.0}{18} = 34357.8 \tag{8.17}$$

오차변동을 정리한 분산(종합오차분산)

$$V_N = \frac{S_{N(J)\times\beta} + S_e}{3 + 18} = \frac{1074.7 + 618440.0}{21} = 29500.7 \tag{8.18}$$

SN비

$$\eta = \frac{\frac{1}{6r}(S_\beta - V_e)}{V_N} \tag{8.19}$$
$$= \frac{\frac{1}{6\times 2125}(124626376.7 - 29500.7)}{29500.7}$$
$$= 0.331(-4.80 \text{ db})$$

감도

$$S = \frac{1}{6r}(S_\beta - V_e) \tag{8.20}$$
$$= \frac{1}{6\times 2125}(124626376.7 - 29500.7)$$
$$= 9772.30(39.90 \text{ db})$$

SN비를 구하는 것에 있어서 분자는 V_e를 당기지만 이 경우에는 V_e 가 V_N 보다 커졌으므로 이러한 경우에는 V_e 대신에 V_N을 사용한다. 감도 S는 일반적으로 위의 식으로 구하나 여기에서는 주파수 마다 감도 S_1, S_2, S_3을 조정해서 (출력의 값을 설계한다) 목표치에 맞추기 위해서 주파수별로 구한다. 예를들면 J_1의 경우라면

J_1의 비례항의 변동

$$\begin{aligned} S_{\beta 1} &= \frac{(L_{11} + L_{21})^2}{2r} \\ &= \frac{(200550 + 200700)^2}{2 \times 2125} \\ &= 37882720.6 \end{aligned} \tag{8.21}$$

J_1의 감도

$$\begin{aligned} S_1 &= \frac{1}{2r}(S_{\beta 1} - V_e) \\ &= \frac{1}{2 \times 2125}(37882720.6 - 29500.7) \\ &= 8906.6 \ (39.50 \text{ db}) \end{aligned} \tag{8.22}$$

SN비와 감도 S는 모두 대수변환후 10배로해서 데시벨(db) 표시를 시행한다. 이상이 계산은 실제로는 컴퓨터 소프트웨어로하는 것이 가능하다.

(4) 회로의 최적화를 위한 설계조건과 할당

위에서 언급된 회로의 설계조건은 표 8.8과 같이 A, B, …, H의 8종류의 제어인자를 선택했다. 제어인자의 수준값의 변화의 정도는 오더(order)가 변하는 만큼 넓은 쪽이 좋다고 말할 수 있다. 이것은 출력의 변화에 비선형 효과를 발생시키는 것이 바람직하기 때문이지만 여기에서는 상세히 다루지는 않겠다.

표 8.8의 제어인자끼리 조합을 하는데에 표 8.9의 직교표 L18을 이용한다. 각 제어인자의 수준별 SN비와 감도의 평균값이 표 8.10과 같이 구할 수 있다. 이것을 그림 8.7의 요인효과도로 표시한다.

여기에서 SN비의 가장 높은 제어인자의 수준을 가지고 최적조건 즉 편차가 적게되는

표 8.8 〉〉 회로의 제어인자와 수준표

인자 \ 수준	1	2	3
A : 저항 R_1	0 Ω	6.8 Ω	–
B : 저항 R_2	10 kΩ	22 kΩ	33 kΩ
C : 저항비 $R_3/(R_2+R_3)$	0.1	0.2	0.4
D : 저항 R_5	$I_c \fallingdotseq 1\,\text{mA}$	$I_c \fallingdotseq 3\,\text{mA}$	$I_c \fallingdotseq 5\,\text{mA}$
E : 코일 L	10 μH	22 μH	56 μH
F : 콘덴서 C	20 %	± 0 %	- 20 %
G : 저항 R_4	470 Ω	820 Ω	200 Ω
H : 저항 R_6	0 Ω	22 Ω	47 Ω

표 8.9 〉〉 제어인자를 할당한 직교표 L18

인자	A	B	C	D	E	F	G	H	SN비	감도
행 No. \ 열	1	2	3	4	5	6	7	8	η	S_1
1	1	1	1	1	1	1	1	1	4.80	39.50
2	1	1	2	2	2	2	2	2	- 6.11	35.29
3	1	1	3	3	3	3	3	3	- 2.16	22.20
4	1	2	1	1	2	2	3	3	- 3.86	28.66
5	1	2	2	2	3	3	1	1	- 2.80	27.53
6	1	2	3	3	1	1	2	2	- 11.38	38.73
7	1	3	1	2	1	3	2	3	- 8.05	35.03
8	1	3	2	3	2	1	3	1	- 5.77	27.05
9	1	3	3	1	3	2	1	2	- 8.57	21.52
10	2	1	1	3	3	2	2	1	0.19	32.17
11	2	1	2	1	1	3	3	2	- 8.00	16.62
12	2	1	3	2	2	1	1	3	- 7.24	30.97
13	2	2	1	2	3	1	3	2	- 5.24	20.79
14	2	2	2	3	1	2	1	3	- 7.30	35.17
15	2	2	3	1	2	3	2	1	- 8.22	26.76
16	2	3	1	1	2	3	1	2	- 5.31	33.46
17	2	3	2	2	3	1	2	3	- 6.79	27.63
18	2	3	3	3	1	2	3	1	- 8.02	23.70

표 8.10 >> 각 제어인자의 수준별 SN비와 감도의 평균값

	SN 비 η			감도 S_1		
인자 \ 수준	1	2	3	1	2	3
A	- 5.94	- 6.21	—	27.74	26.80	—
B	- 4.69	- 6.47	- 7.09	23.38	27.55	30.86
C	- 4.51	- 6.13	- 7.60	22.56	31.60	27.64
D	- 6.71	- 6.24	- 5.29	24.28	29.70	27.82
E	- 7.93	- 6.09	- 4.23	23.02	29.21	29.57
F	- 6.87	- 5.61	- 5.76	23.14	25.87	32.80
G	- 6.00	- 6.73	- 5.59	19.26	32.65	29.89
H	- 4.09	- 7.44	- 5.90	23.21	30.74	27.85
총평균		- 6.08			27.27	

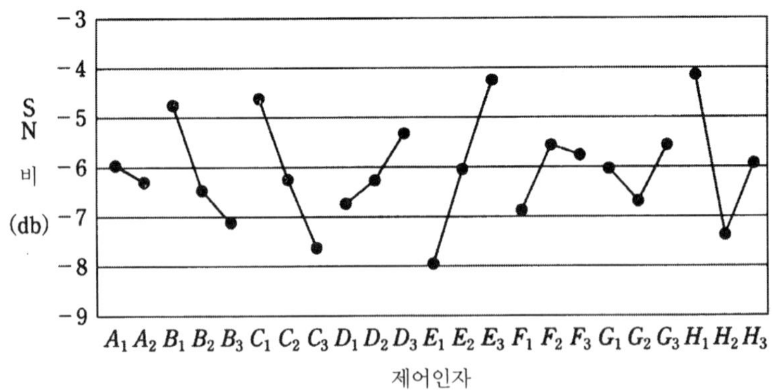

(a) SN비의 요인효과도

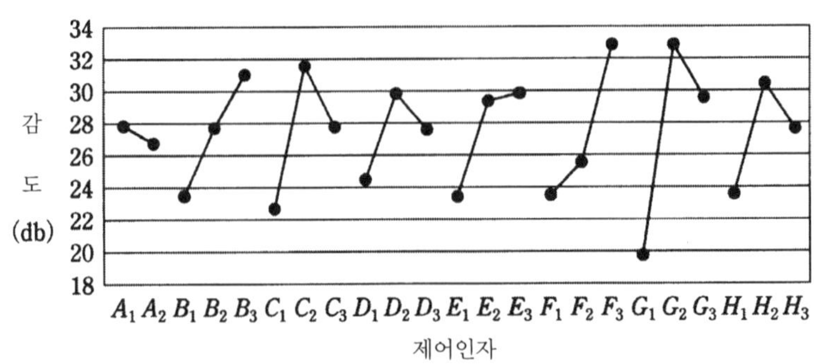

(b) 감도의 요인효과도

그림 8.7 >> 회로의 제어인자의 요인효과도

조건으로 생각한다. 감도 S는 출력에 관계되지만 이것은 뒤에서 조정가능하다고 생각하고 우선은 SN비의 제어인자의 수준에 의한 변화의 경향만을 확인해두면 된다. 즉 최적조건은 $A_1B_1C_1D_3E_3F_2G_3H_1$이다.

(5) 최적조건의 추정과 확인실험

표 8.10과 그림 8.7의 결과에 따라 최적조건에서의 SN비와 감도의 추정을 시행한다. 총평균값을 $\overline{T}$로 하면 최적조건의 추정값 m은 각 제어인자의 최적조건의 평균값을 사용하고

SN비의 추정값

$$\begin{aligned}\mu &= A_1 + B_1 + C_1 + D_3 + E_3 + F_2 + G_3 + H_1 - 7\times\overline{T} \\ &= -5.94 - 4.69 - 4.51 - 5.29 - 4.23 - 5.61 - 5.59 - 4.09 - 7\times(-6.08) \\ &= 1.88(\text{db})\end{aligned} \tag{8.23}$$

감도 S1의 추정값

$$\begin{aligned}\mu &= A_1 + B_1 + C_1 + D_3 + E_3 + F_2 + G_3 + H_1 - 7\times\overline{T} \\ &= 27.74 + 23.38 + 22.56 + 27.82 + 29.57 + 25.87 + 29.89 + 23.21 - 7\times 27.27 \\ &= 19.13(\text{db})\end{aligned} \tag{8.24}$$

이 된다. 이와 마찬가지로 초기조건 $A_1B_2C_2D_3E_2F_2G_2H_2$ 의 경우에 대해서는

SN비의 추정값

$$\begin{aligned}\mu &= -5.94 - 6.47 - 6.13 - 6.24 - 6.09 - 5.61 - 6.73 - 7.44 - 7\times(-6.08) \\ &= -8.09(\text{db})\end{aligned} \tag{8.25}$$

감도 S의 추정값

$$\begin{aligned}\mu &= 27.74 + 27.55 + 31.60 + 29.70 + 29.21 + 25.87 + 32.65 + 30.74 - 7\times(27.27) \\ &= 44.17(\text{db})\end{aligned} \tag{8.26}$$

이 된다. 최적조건과 초기조건의 차이가 이득이라고 불리며,

$$\text{SN비의 추정값의 이득} = 1.88 - (-8.09) = 9.97\ (db) \tag{8.27}$$

$$감도\ S의\ 추정값의\ 이득 = 19.13 - 44.17 = 25.04\ (db) \tag{8.28}$$

이 된다. SN비에서 보면 초기조건에 대한 최적조건의 출력의 편차가 1/9.93(db의 진수의 역수)배 작게 되는 것을 의미하고 있다. 그러나 증폭률이 현저하게 떨어지고 있으므로 감도를 올리도록 SN비와의 트레이드오프를 시행할 필요가 있다. 예를들어 F_3는 F_2에 대해서 SN비가 거의 변화하지 않고 이것은 H1을 H3로 해도 같다. 따라서 감도가 11.57 db 높아진다. 이와 같은 대책을 행하고 증폭률을 올리는 것을 생각한다. 다만 SN비는 β^2/σ^2이고 감도는 β^2이므로 SN비가 높게되면 감도가 낮아도 편차 σ^2은 작게 된다.

여기에서 품질공학의 파라메타 설계에 대해 매우 중요한 확인실험을 한다. 즉 최적조건과 초기조건에서, 다시한번 SN비와 감도를 구하는 실험을 시행한다. 이들의 실험조건은 직교표 L_{18}의 조합 중에 들어있지 않는 것이 보통이고, 전항의 직교표를 사용하는 이유를 설명한 것처럼 큰 상호작용이 생겨있는 경우에는 이득의 재현성을 얻을 수 없게 된다.

실험결과는 표 8.11처럼 되고 SN비의 이득이 9.97db로 확인 이득이 6.62db이다. 그러므로 이득의 재현성은 충분하다고 할 수 없는 결과가 되었다. 보통 기계기술 등을 대상으로 한 실험의 경우에는 각각의 SN비에 상당한 오차가 포함되어 있으므로 이득의 일치를 보지 않는 것은 빈번히 발생하고 수십 %의 차가 있어도 실험은 성공했다고 할 수 있다. 그러나 전기특성은 에너지의 교환이 직접 이루어지는 것이므로 이득의 일치도는 보다 높은 것이 바람직하다.

이득의 일치도가 낮다고 하는 것은 여러 가지 이유를 생각할 수 있지만 이미 그림 8.7(a)의 요인효과도의 G와 H의 인자에 SN비에서 골모양이 생겨있는 것이 제어인자간에 상호작용이 존재하고 있다는 것의 증명이다. 즉, 연속적으로 설계값이 변화하는 제어인자에 대해서 제2수준의 편차만이 작게된다고 하는 것은 기술상의 모순이 존재한다고 예상되는 것이 된다.

이와 같은 모순을 해결하기 위해서는 근본적으로 SN비를 구하는 방법에 대해서 재검토가 필요하고 오히려 이러한 기술 상의 문제점을 이득의 재현성의 나쁜점을 통해서 검토하는 것이야말로 품질공학의 과제이라고도 할 수 있다.

이 문제는 그후 전기특성의 연구에 대해서 검토되고 교류회로에 대해서 교류를 입력하는 것이 아니라 직류 펄스를 입력하는 것으로 해결이 되어지고 있다. 최종적으로는 이득의 크기는 손실함수를 사용해서 평가함으로써 경제적효과로서 확인된다.

더욱이 현재는 이와 같은 회로 평가방법이 근본적으로 불충분한 점이 지적되어있고 이득의 재현성에 대해서 SN비의 연구가 품질공학의 중심적인 과제라는 것이 명확히되어 있다.

표 8.11 》 전자회로의 확인실험의 결과

특성		최적	초기	이득
SN 비	추정	1.88	-8.09	9.97
	확인	-0.26	-6.88	6.62
감도	추정	19.13	44.17	-25.04

참고 문헌

1) Rudolf Koller : Konstructionslehre für den Maschinenbau, Springer (1998) 555
2) G. ポール, W. バイツ : 工学設計　体系的アプローチ, 培風館.(1995) 78
3) Karl T. Ulrich & Steven D. Eppinger : Product Design and Development, McGraw-Hill (2000) 107
4) Masao Ishihama : Proceedings of the 18th IMAC (International Conference on Modal Analysis) (2000) 1625
5) Masao Ishihama : Proceedings of the 12th International Conference on International Society for Professional Innovation Management (1999) 48
6) Masao Ishihama : Proceedings of the Fifth International Conference on Motion and Vibration Control, Vol.1 (2000) 193
7) Stuart Birch : Automotive Engineering International, Vol.108, No.5 (2000) 96
8) 石濱正男ほか 3 名 : 日本機械学会 D & D 2001 講演会論文集 (2000) 論文番号 320

물리원리 표와 TRIZ의 활용

CHAPTER 9

9.1 물리원리 표의 소개

제3장에서 설명하였던 공학설계의 절차 중에서 개념설계의 대체 방안을 만들기 위해서 하위기능으로 전개할 때에 각 기능을 실현하는 물리적 원리를 발견하지 않으면 안된다. 이를 위해서는 기능으로 출발해서 물리법칙을 찾아내는 일반 물리학 교과서와는 반대로 탐구할 필요가 있다. 이것을 이용 가능한 형태로 표현한 것이 물리원리 표이다. 이 표를 이용하기 위해서는 우선 필요한 하위 기능을 다음의 6개 항목으로 분류한다.[1)]

A. 에너지 형태 또는 신호 양식의 변환
B. 물리량의 확대, 축소
C. 물질의 접합
D. 물질의 분해
E. 혼합물질의 분리
F. 물질의 혼합

위의 항목에서 A, B에 대해서는 입력과 출력을 가로 · 세로축으로 하여 일람표 (부록 C)에 정리하였다. C ~ F는 다른 형식의 일람표로서 나타내는 것이 가능하다. 물리원리의 자세한 설명에는 많은 지면이 요구되기 때문에 본 장에서는 생략한다. 원리 표의 상세한 내용을 필요로 하는 독자는 저자 (ishihama@alum.mit.edu, http://www.mse.kanagawa it.ac.jp) 에게 연락 바랍니다.

다음은 각 항목 내에 정리되어 있는 물리원리로부터 당면하는 설계방안에 사용할 수 있는 것을 가려내고 기능 구조도에 적용하는 작업을 한다. 같은 방법으로 Paul과 Beitz 그리고 Eppinger와 Ulrich의 저서[2), 3)]에도 기술되어 있지만 여기서는 항목으로 다음 5가지 분류를 사용하고 있다.

1) 종류 : 「변환」기능. 입력과 출력의 종류, 외관이 다르다.
2) 크기 : 「변경」기능. 입력에 대응하는 출력을 확대 또는 축소한다.
3) 수 : 「연결」기능. 입력 수에 대응하는 출력 수를 많게 또는 적게 한다.
4) 장소 : 「전달」기능. 입력과 출력이 출현하는 장소가 다르거나 같게 한다.
5) 시간 : 「저장」기능. 입력이 작용하는 시간과 출력의 시간이 다르다.

이것들을 사용하면, 기계의 개념설계가 손쉽게 된다는 것이 공학설계의 원리이다. 그러나 자동적으로 좋은 방안이 정리되는 것은 아니다. 특히 발명적 요소가 요구되고 있는 경우는 공학설계 프로세스만으로는 해결되지 않는다. 즉 기능 자체는 간단하지만 제약조건이 있어서 실현이 곤란한 경우라든지, 하위기능의 한 쪽을 구할 수 있는 수준으로 표현하면 다른 쪽의 하위기능의 실현이 곤란하게 된다고 한다. Trade off의 관계가 생기는 경우가 있다. 이 경우 제6장에서 설명한 TRIZ를 활용하는 것이 해결 방법의 하나이다.

다음은 사례를 이용하여 기능분해와 하위기능을 실현하는 물리원리 탐구의 개념설계의 응용 및 물리원리 탐구법과 TRIZ의 배합방법을 사례에 따라 해설한다.

9.2 사례 : 커피 메이커 -개량형 설계의 예-

커피를 볶은 원두로 부터 추출하는 도구는 여러 가지 종류가 있다. 예를 들면 단순한 드롭식, 사이펀, 여과기(percolator) 등이 있다. 만들어진 커피의 향과 맛은 도구에 따라 각각 다르고 커피 애호가는 많은 차이를 느낄 수 있을 것이다. 그러나 간편한 준비, 조작의 용이성, 커피 향의 손실이 적음, 보온의 용이성 등의 관점에서 20년 전부터 널리 보급된 이 커피 메이커는 종합적으로 뛰어나다. 이 커피 메이커는 완전한 신제품일 것인가? 저자는 여과기를 응용하여 큰 폭으로 개량 설계한 것 이라고 생각한다.

먼저, 기존의 여과기의 작동을 생각해 본다(그림 9.1 참고). 주전자와 닮은 형상의 여과기에 냉수를 넣는다. 가열부 1의 중심에 하단이 열려있는 속이 빈 파이프 2를 바닥의 중심에 맞춘다. 속이빈 파이프의 상부에 커피 원두를 넣은 용기 3을 끼워 넣는다. 이 용기는 바닥과 천장이 다공판으로 되어 있고, 커피 원두 4의 필터 기능을 가지고 있다.

가스 등의 열원 위에 여과기를 올려 놓으면 밑부분 부터 끓기 시작한다. 작은 기포는 올라가 천장에 모이고 속이 빈 파이프의 안지름 정도 크기의 기포 5로 성장하여, 중간 파이프의 안으로 상승하려고 한다. 이 때 속이 빈 파이프의 안지름이 적당한 크기라면 기체와 액체의 2상(二相)류의 일종인 기포와 액체가 혼합되어 파이프의 어느 부분을 점유한 상태가 된다. 이렇게 되면 파이프의 외측의 액체에 대하여 기체와 액체의 2상류 상태의 비중이 낮아지고, 기포에 의해서 액체가 밀려서 상승하게 된다. 이 액체도 증기와의 경계면에서 분자의 출입이 왕성해져 있기 때문에 증기와 거의 같은 고온이다. 상승된 뜨거운 물 6은 뚜껑의 중심 부분에 설치된 유리뚜껑 7을 통해서 외부로부터 관찰이 가능하다. 그리고 뜨거운 물은 커피 원두에 내려 적셔진다. 커피 원두의 입자지름, 다공판의 공기 함유율과 용기의 깊이를 적당이 조절하면, 커피 원두 층 속에서 원두 내의 내용물을 추출하는데 필요한 시간만큼의 체류가 가능하다. 이 여과기에서는 추출되어 쌓이는 커피액이지만, 바닥에 모여 있는 연한 커피액 8과 혼합되고, 이 비등현상을 반복하여 점점 커피액의 농도가 진해지는 작동원리로 되어 있다.

그러나 이와 같은 원리에는 비등을 반복하는 동안 커피의 향을 잃어버리기 쉽다. 또한 가열시간의 조정에 의해 커피의 농도조절이 가능한 장점이 있기는 하지만, 원하는 농도를 만들어 내는 가열시간은 기온과 열원의 강함 등의 외부 요인에 따라 일정하지 않다. 그리고 뚜껑에 있는 유리 창에서 관찰되는 뜨거운 물은 증기와 함께 통과하기 때문에, 농도의 판정에는 숙련을 필요로 한다. 이것들의 조절에는 사람이 옆에 있어야만 한다. 더우기 가열이 필요한 용기이기 때문에 투명한 재료의 구성이 곤란하고, 내부의 물 윗면 9를 확인

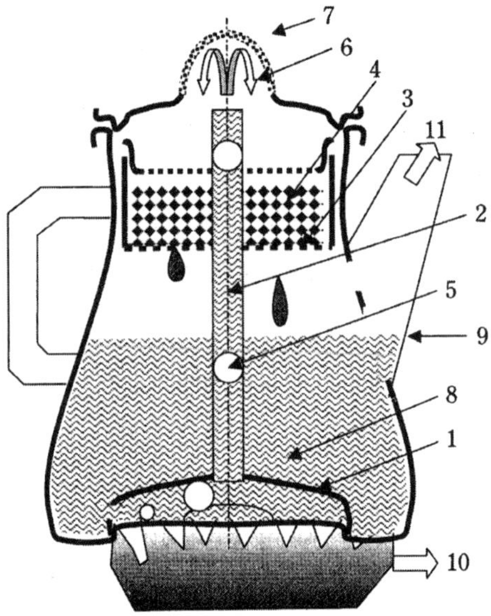

그림 9.1 〉〉 여과기의 작동

하는 것이 어렵다. 또한 열원이 외부에 있기 때문에 열의 손실 10이 발생하고, 끓는 면이 넓어 액면으로부터 증발량도 많고 외부에 열과 커피향의 손실 11이 발생한다.

이와 같은 기존의 여과기의 단점을 개량하기 위해서, 커피를 추출하기 위한 기능을 분해해 보자. (그림 9.2 참조) 사람이 옆에 있지 않아도 되고, 한편 놓여진 장소의 제약이 작다고 하는 것을 요건으로 말할 수 있으면, 에너지원은 가정용 전력이 된다. 기능의 분해를 실시하는 방법에는 설계자 나름의 방식이 있다. 커피 메이커의 경우는 물질의 상태를 변화시키는 기구이기 때문에 물질의 움직임과 상태변화에 따라 생각하면 이해하기 쉽다. 먼저 냉수와 커피 원두의 계량, 표시, 저장기능이 한 부분이다. 다음은 물에 열을 가하는 방법을 생각한다. 여기서 커피 메이커의 특징인 「뜨거운 물을 중력의 반대로 들어 올린다」 라는 기능이 요구된다. 더불어 커피액의 저장, 보온, 액량의 표시기능이 필요하다. 이와 같이 물질과 에너지의 2 종류는 밀접한 상태에서 기능을 한다. 또한 신호에 대하여 생각해보자. 추출시간의 계측제어, 추출기능의 작동 및 종료의 알림 기능이 요구된다. 이와 같이 분해해 본 결과에 따라 개념설계의 장점을 정리하면 다음과 같은 사항이 커피 메이커에서 확인된다.

1) 기존형 여과기의 반복 비등이라고 하는 작업은 불필요 한 것을 알 수 있다. 여기서 냉수탱크, 커피액 저장용기의 분리라고 하는 구성 방식이 나온다.
2) 기능별로 필요한 온도가 다르다는 것을 알게 된다.
3) 시스템의 경계를 넓게 설정하고 가열기를 커피 메이커의 내부에 내장시키면, 그것보다 단계가 낮은 기능 실현의 착안을 쉽게 할 수 있다는 것도 알 수 있다. 즉 발열량을 알고 있는 가열기가 있다면 뜨거운 물의 단위시간당 유량이 결정되고, 원두를 뜨거운 물에 넣어 두는 시간의 제어기능도 생각하기 쉬워진다

그림 9.2와 같이 분해된 하위기능 중에, 커피 메이커만의 기능으로 좁혀서 실현하기 위한 물리원리 탐색을 설명한다.

뜨거운 물을 상승시키는 기능에는 단순히 생각하면 전력 에너지로부터 액체의 위치 에너지로의 변환으로써 다음과 같은 물리원리가 해당된다.

「모터」→「펌프」→「전기저항에 의한 발열」→「물에 열 전달」

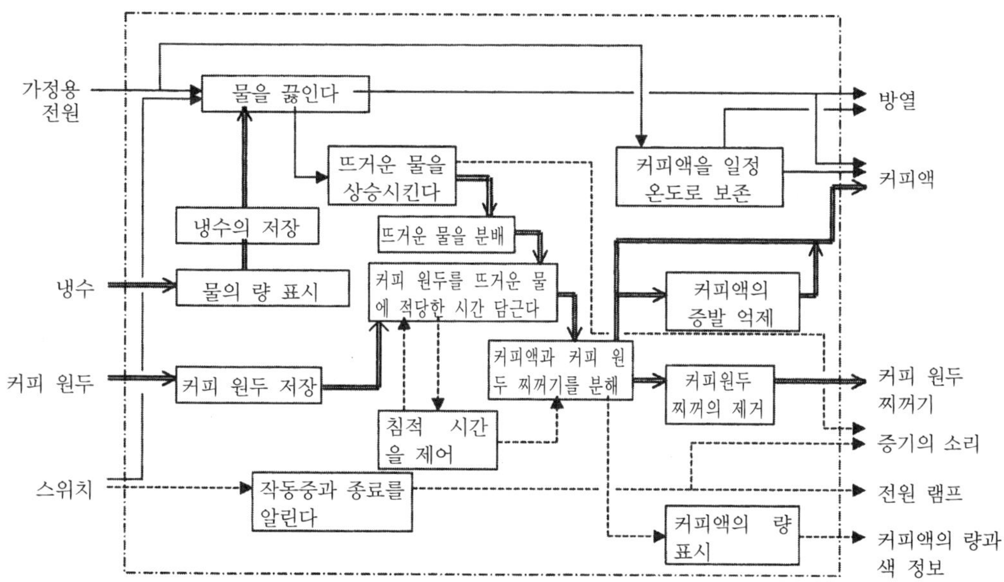

그림 9.2 〉〉 커피 메이커의 기능 분해

표 9.1 〉〉 커피 메이커의 기능을 실현하는 물리 원리

기능	물리원리
종류 : 전기 에너지→열 에너지로의 변환	전기저항에 의한 발열
장소 : 냉수에서의 에너지 전환	알루미늄합금 케이스를 사용한 히터
종류 : 열 에너지를 기계 (압력)에너지로의 변환	비등에 의한 체적의 폭발적 변화, 비중의 변화
종류 : 운동 에너지를 위치 에너지로의 변환	기체와 액체의 2상류의 유동에 의한 펌프작용
장소 : 기포의 냉수 저장탱크에서의 역류방지	한쪽 방향(일방향) 밸브

그러나 이것으로는 모터의 제어, 냉수량이 적을 때의 펌프 공회전, 등 시스템의 복잡화를 피할 수 없다. 따라서 이 부분을 여과기의 뛰어난 원리인「기체와 액체의 2상류의 유동에 의한 펌핑」으로 바꾸면, 표 9.1과 같은 송수와 가열의 2가지 기능을 통합하고, 운동 부분을 감소시킨 원리로 기능을 실현할 수 있다.

다음은 계량, 표시기능은 냉수, 커피액과 함께 투명재료의 사용이 가능하지만, 작동 중 또는 종료의 신호에 적당한 원리를 물리원리 표에서는 찾기 어렵다.

여기서는 뜨거운 물의 이동에 대해서 다음의 물리원리를 이용하고 있다.

1) 크기 : 뜨거운 물에 의한 체적의 폭발적 변화
2) 종류 : 기체와 액체의 2상류의 유동에 의한 펌프작용
3) 시간 : 체적 탄성률이 적고 압력에 의한 에너지 축적이 큰 기포와, 그 반대로 파이프 내부 액상의 에너지 밀도를 공간적으로 분포시켜 저장.
4) 종류 : 액체의 압력변동 → 음향 압력에너지로의 변화

이 물리원리의 조합에 의해 물의 이동 중 소리, 물의 이동 완료 시점에서는 기체만의 흐름에 의한 연속 제트 음을 발생하고, 작동중과 그 종료를 알리는 기능을 실현하고 있다.

커피메이커의 전체 기능도와 그것을 구현한 구성의 예를 그림 9.3, 9.4에 표시한다.

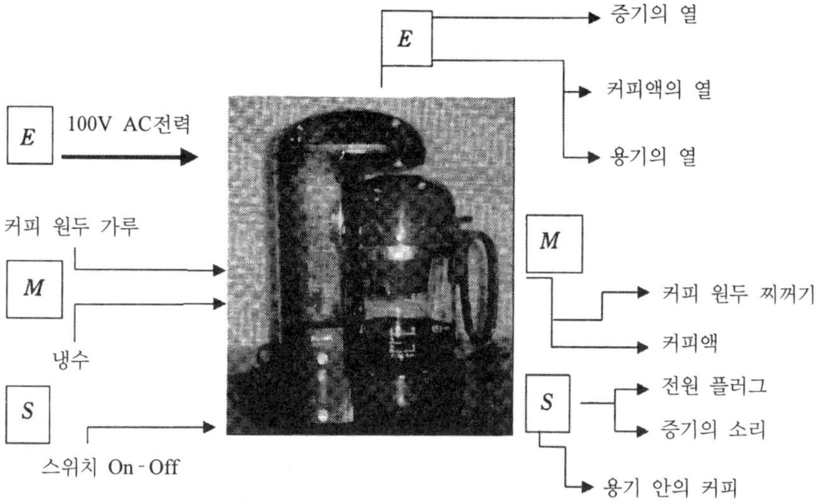

그림 9.3 >> 커피 메이커의 전체 기능

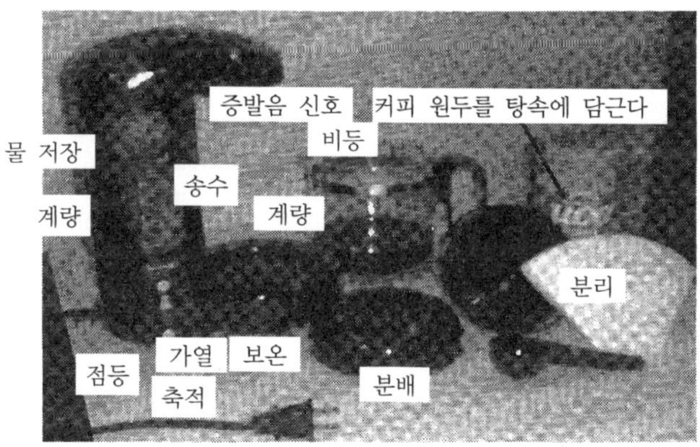

그림 9.4 >> 커피 메이커의 하위기능의 구현화 구성

9.3 사례 : 원 터치 우산의 기구학적 설계의 예

비가 내리는 날에 물건을 들고 버스에 타고 내릴 때 만큼, 「손이 3개 있었으면」하고 느낄 때가 있다. 특히 차 안에서 밖으로 나갈 때 어물어물하면 흠뻑 비에 젖어 버린다. 이런

고민을 해결해준 것이 원 터치 우산이다. 보급 된지 이미 30년이 지났지만, 너무나도 신변 가까이 존재하기 때문에 그 기구를 곧바로 생각해 내는 사람은 적다.

일반적인 원 터치 우산의 기능을 분해해 보자(그림 9.5 참조). 우산의 개폐를 다루는 가역적인 과정을 실현하기 위해서, 「접는 기능」과 「펴는 기능」의 2단계로 나뉘어 있는 것이 특징이다. 취급하는 물건은 우산이고, 단순히 형상이 펴진 상태와 접힌 상태로 변화하는 것 뿐이다. 신호는 단순한 버튼만 있으면 된다. 즉 에너지의 출입과 기하학적 형태 변화를 사용한 전형적인 기구학적 설계의 사례라고 할 수 있다. 이와같은 타입의 우산은 접을 때는 사람의 힘을 사용하고, 버튼 조작 등의 신호 관련의 작업은 불필요하다. 한편 우산을 펼 때에는 사람의 힘이 불필요하고, 펴는 버튼 조작의 신호는 필요하므로, 비대칭의 열림 닫힘(개 · 폐) 기능으로 분해된다.

이 비 대칭성을 실현하기 위해서, 접는 기능의 운동을 그대로 활용해서 에너지를 축적하고, 그 에너지의 펴는 운동에 사용하는 흐름을 그림으로부터 이해할 수 있다. 이 아이디어 자체가 발명이지만, 에너지의 축적을 실용적인 형상치수로 가능하게 하는 실제 설계는 반드시 용이한 것은 아니다. 예를 들면 우산의 중심축을 단순히 감은 코일 스프링을

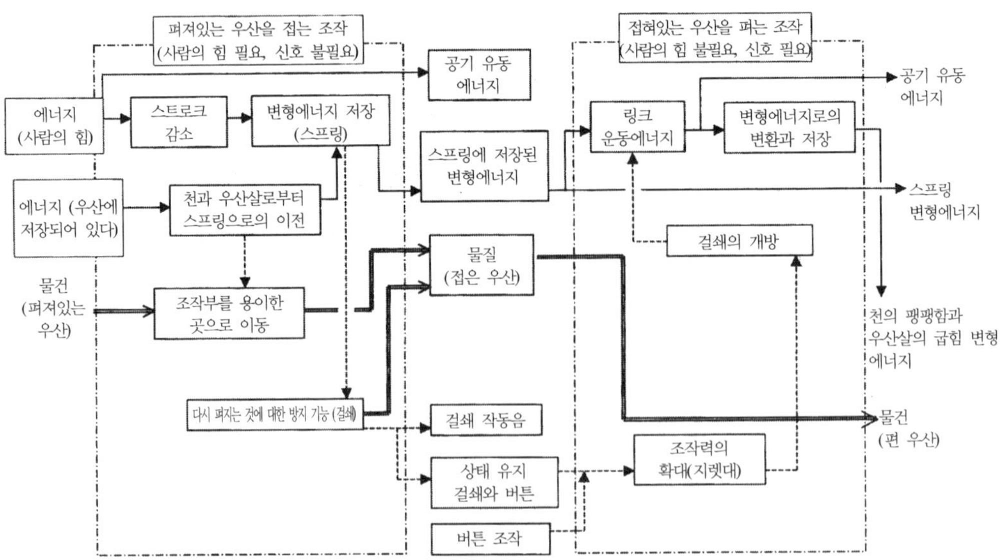

그림 9.5 〉〉 원 터치 우산의 기능 분해

에너지 축척에 이용하는 아이디어는 그림 9.6과 같이 코일 스프링의 스트로크(stroke)가 너무 길다. 탄성한도와 접힘 높이의 제약 때문에 실현이 곤란하다. 여기서 기능분해로서는「변형 에너지의 저장」이 불충분하다는 것을 알았다.「스트로크를 감소」했다는 조건에서 변형 에너지로써 저장하는 것이 요구된다. (그림 9.5)

스트로크를 감소하면서 에너지를 스프링에 축척하는 기능을 실현하기 위해서, 코일 스프링의 고정점(우산의 선단부분)으로부터 거리 변화가 적은 점을 찾으면, 방사상으로 늘어섰던 지지 링크상의 어딘가의 점을 선택하면 좋을 것 같다. 그러나 이 지지 링크의 도중에 코일스프링을 걸면, 지지 링크가 굽어 버리고, 하나의 코일 스프링에서는 우산의 축 대칭성이 없어지고 중심축도 굽어 버린다. 이 문제를 TRIZ의 대립 매트릭스 (부록B의 표 B.4 참조)에 적용시켜 보자.

문제는「코일 스프링(움직이는 물질)의 길이를 짧게 하려고 하면, 나쁜 부작용이 발생한다」, 또는「조작의 용이성이 유지될 수 없나」라고 추상화된다. 매트릭스상의 교차점에서 어느 쪽으로도 모순이 없는 전형적인 해답으로써「15. 움직임을 고려한다」를 볼 수있다. 이것은「부동의 것을 가동으로 한다」라고 하는 의미이기 때문에, 이 경우는「코일 스프링이 고정점을 가동으로 한다」로 바뀐다. 가동이라고 해도 코일스프링을 지지하는 점, 이것은 중심축 상을 슬라이드 구조로 해야만 한다. 물리원리 표의「확대기능」으로는「지렛대의 원리」가 고려된다. 이 하나의 변형이 그림 9.7의「보조 링크」이다.

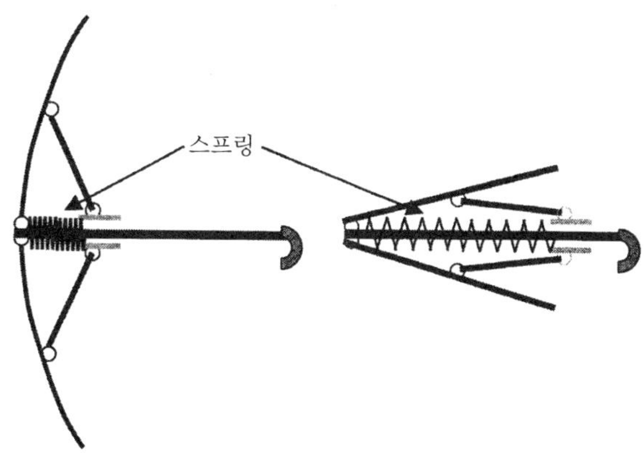

그림 9.6 〉〉 보통의 우산에 단순히 스피링만 연결한 경우

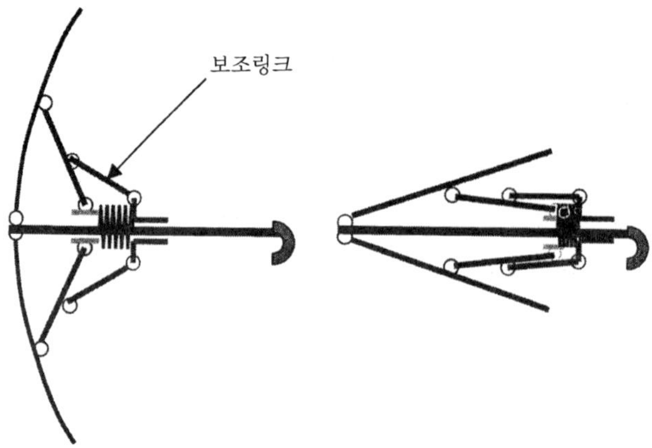

그림 9.7 〉〉 보조 링크에 의해 스프링 스트로크의 감소

9.4 사례 : 스키 진동체감장치 -TRIZ와 기계역학의 응용 예-

스키의 묘미는 넓은 자연의 눈 위에서 원하는 대로 턴(회전)을 하는 것이라고 해도 과언이 아니다. 회전을 하기 위한 메커니즘은 몇 가지 있지만, 스키 플레이트의 휨과 롤링의 조합이 기본이 된다. 스키 플레이트가 스키어의 체중에 의해 중심 부분이 가라앉아 있으면, 스키 플레이트를 선회방향으로 롤링시키는 것에 의해 스키 플레이트 전체가 선회원에 가까운 호를 그린다. 이것에 의해 눈 위에 호의 모양의 면을 만들어 낸다. 그 면으로부터의 법선방향 반력에 의해 구심력을 얻게된다 (그림 9.8 위). 따라서 편하게 회전을 하기 위해서는 강성이 작고, 휘기 쉬운 스키 플레이트가 좋은 것이다. 더우기 스키 플레이트의 평면 형상을 그림 9.8 아래와 같이 모서리(edge)를 원호 모양으로 해서 노즈(앞 끝단)와 테일(꼭지 끝단)을 넓게하고 중간을 좁게 하면, 롤링 각도는 근소한 차이로도 모서리가 그리는 선회 원의 반지름이 작게 되어 회전이 편하게 된다.

그러나 이와 같은 설계를 하면, 스키 플레이트가 휨 진동을 하기 쉽게 된다. 얼음판 등의 눈 위의 돌기를 넘었을 때 스키의 노즈 부위가 진동을 계속해서 모서리가 공중으로 들리면 스키를 회전시키기 위한 모멘트를 얻기 어렵다. 따라서 휨은 풀어주면서 진동을 방지하는 과정이 필요하다. 이것에 적합한 진동원리는 「감쇠의 고려」이다. 그러나 감쇠를 크게 하면 응답성이 늦게 되고, 눈에 스키 플레이트가 탄성에 의해서 전길이에 걸쳐 빠르게 접할 수 없게 된다. 이때 생각하게 된 것이 상기의 회전에 대해서 불필요한 진동 성분만을 감쇠하고 그 이하의 성분은 남겨둬서 빠른 응답(스키가 설면(雪面)의 밀착에 의한 회전 각속도)을 확보하는「선택적 감쇠고려」의 설계이다. 연구의 결과 18Hz 부근에서 공진하는 스키의 굽힘 1차 고유진동이 대상이 되는 현상이다. 굽힘 곡률이 큰 부위는 바인딩(스키화 고정구)의 바로 앞부분이라는 것을 알 수 있다.

그림 9.8을 보면, 스키 플레이트 노즈와 바인딩의 중간에 나타낸 진동 감쇠용 엑츄에이터는 상기의 요청에 대응하여 상품화 되었던 엑츄에이터이다. 이 장치를 박판 형상의 압전 소자로써 스키 플레이트 방향으로 감지할 수 있도록 장착하면 스키 플레이트의 굽힘 진동에 대응한 전하(電荷)가 그 단자에 나타난다. 이것을 회전상의 문제가 되는 스키 플레이트의 진동수에 동조시킨 전기회로에 접속하면 주파수의 달라짐에 의해 선택적인 진동 감쇠를 행할 수 있다.[4)] 이 장치는 미국의 K2 스포츠사에 의해 1997년에 실용화되

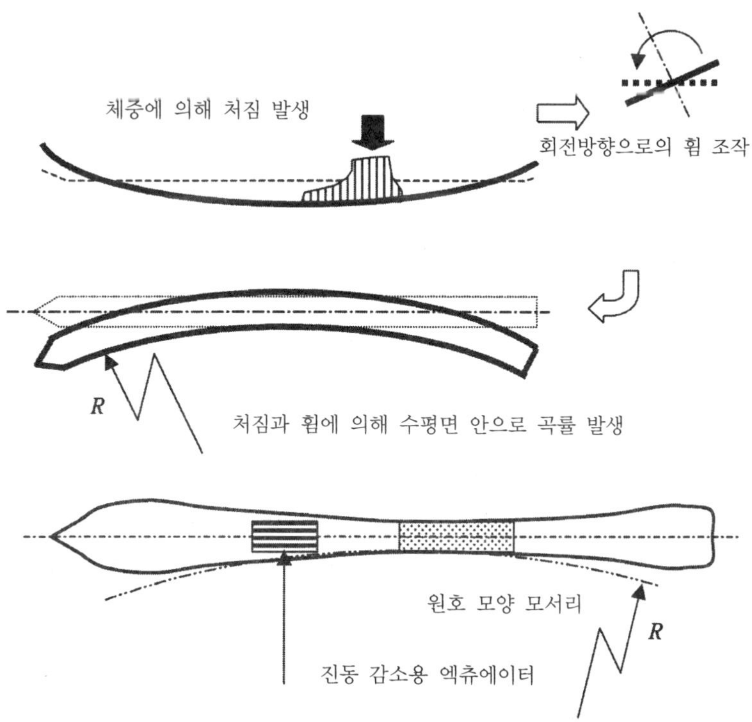

그림 9.8 〉〉 스키의 회전원리와 진동 감쇠용 엑츄에이터의 배치

고, 나가노 올림픽에서도 그 성능이 선수에 의해 확인 되었지만, 스키장에서 사용하기 까지는 일반 손님과 판매원에게는 성능을 체감할 수가 없었다. 이것은 가격이 비싼 것 등의 불합리함으로 보급에 장애가 되었다.

따라서 새롭게 개발이 필요하게 된 것이 스키 진동 체감장치이다. 이것은 상기의 선택적 진동 감쇠장치가 붙은 스키 플레이트와 일반적인 스키 플레이트의 진동 성능을 실내에서 비교해 보는 장치이다. 스키의 주요 시장은 북미, 유럽, 일본이다. 모두가 지구의 북반구에 있기 때문에 동시에 개발하고, 각 도시에서 차례로 개최되는 쇼(show)와 전시회에 맞추어 배송이 요구된다. 또 취급하는 사람은 쇼에 관여하는 각국의 대리점의 영업 담당자이고 특정의 전문가가 아니다. 이 같은 목적에 맞게 설계사양의 주요 항목은 다음과 같다.

스키 진동 체감장치의 사양 (발췌)

1) 크기 : 포장했을 때의 길이+폭+높이 < 1.6m (항공 운송비 절약을 위해)
2) 중량 : 20kg 이하로 가능한 가볍게 (혼자 취급 가능하게)
3) 진동 레벨 : 스키 플레이트의 최대 진폭점에서 1G이상
4) 진동 주파수 : 16~22Hz의 사이에서는 반드시 가변 가능하게, 가능하면 100Hz까지
5) 가진점(加振点)과 방향 : 스키 플레이트를 하측부터 상, 하로
6) 내하중(耐荷重) : 체중 100kg
7) 사용에너지 : 각국의 가정용 교류전원 (일본에서는 AC100V, 1kW이하)
8) 납기 : 1개월 (설계부터 납품까지)
9) 제조설비 : 대학의 시작품 공장에서 학생의 기능 수준

이 조건을 만족하는 「스키 진동 체감장치」의 전체 기능을 하위기능으로 분해한 것이 그림 9.9이다. 전기신호를 처리하는 부분과 엑츄에이터 (스키의 동특성(動特性) 포함)의 2가지 부분으로 나눌 수 있다는 것을 알 수 있다. 그러나 엑츄에이터 부분은 사양으로 고려한다. 「지지를 하는 작은 동력원에서 추가 진동을 한다」라는 조건 3)~7)은 기술적인 모순을 포함하고 있다. 즉 진동을 허용하는 유연한 지지로는 어른의 체중을 견딜 수 없다. 그러나 딱딱한 지지로는 큰 가진력이 필요하게 된다. 여기서 TRIZ의 대립 매트릭스을 이용해서 「발명원리」를 이용하여 특수해를 구하도록 하였다. (부록 B의 표 B.4 참조). 개선해야 할 기술 특성으로 1번 「움직이는 물체의 질량」, 14번 「내구력 또는 강도」, 19번

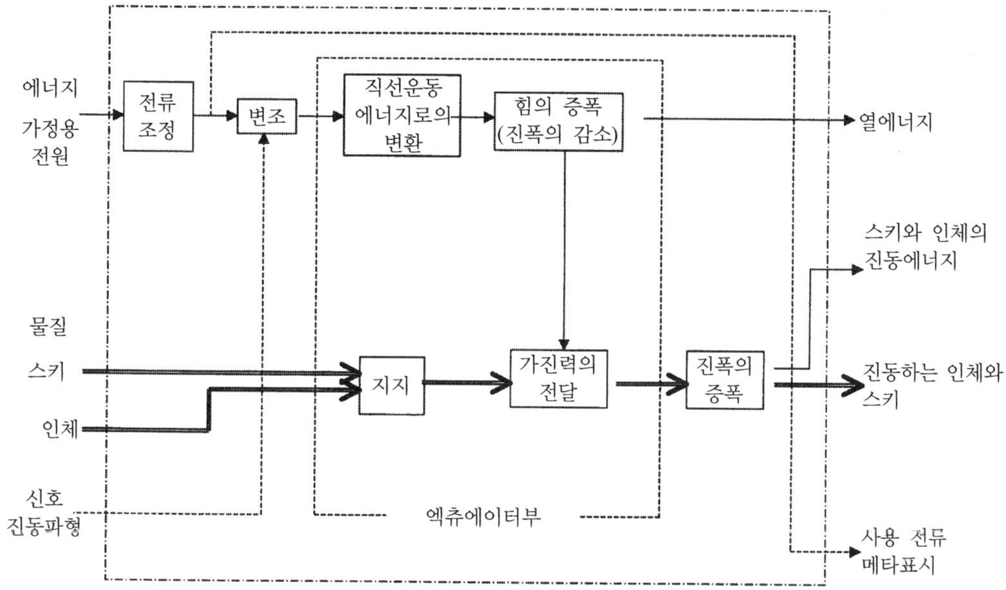

그림 9.9 〉〉 스키 진동 체감 장치의 기능 분해

표 9.2 〉〉 스키 진동 체감장치 설계에 사용하는 발명원리

발명원리 번호	전형적인 방법	이 설계에서의 특수 해법
1	분할 · 세분화	스키의 노즈(앞) 부분만을 지지하며 추가 가진 한다.
3	성질의 국소화	고무벽으로 하중을 지지하고, 수압으로 가진과 분담을 나눈다.
12	같은 높이의 작업	수압은 AC성분 만을 갖게한다.
18	기계적 진동	공진에 의한 증폭. 진동의 마디(節)로 지지
28	기계 시스템으로 부터 다른 시스템으로	전자력을 사용
29	공압 또는 액압의 이용	파스칼의 원리로 힘을 수압으로 증폭 (진폭은 감소)

「움직이는 물체의 에너지 소비」의 3항목을 선택하면, 그 결과를 악화하는 특성으로써 3번 「움직이는 물체의 길이」, 9번 「속도, 속력」, 10번 「힘」, 14번 「내구력 또는 강도」, 21

번 「출력, 동력」이 선택되는 것이 된다. 이것들의 항목끼리 교차하는 범위 내로 복수의 전형적인 발명원리의 번호가 표시되어 있다.

TRIZ가 부여하는 전형적인 방법 중에서, 이 설계에 적합할 것 같은 항목을 정리하여 본다 (부록 B의 표 B.4 참조). 여기부터는 다음과 같은 작동원리가 도출된다.

1) 고무 통에서 스키와 사람의 체중을 부드럽게 지지한다.
2) 전류를 코일에 흘려서 철강 재료의 가동판을 가진한다.
3) 가동판은 수압(水壓)을 만든다.
4) 수압은 면적의 차이를 이용한 파스칼의 원리에서 작은 진폭, 큰 가진력으로 변환된다.
5) 필요한 바인딩부의 진동 진폭과 엑츄에이터가 낼 수 있는 진폭의 양쪽을 만족하는 가진 위치를 스키 플레이트의 회전 1차 굽힘 진동모터의 곡선을 사용해 결정한다. 구체적으로는 스키의 노즈와 바인딩의 중간 위치가 된다.
6) 굽힘 1차 진동모터의 부분(뒤 측)을 딱딱한 모서리로 지지해서 그 부분의 회전을 자유롭게 하고 굽힘 1차 진동을 구속하지 않도록 해서 진동시킨다.

이것을 구현한 장치 전체와 엑츄에이터의 단면을 그림 9.10, 그림 9.11에 표시하였다. 엑츄에이터 이외에도 신축 재료의 프레임과 펄스 앰프 등의 내용이 포함되어 있지만 여기서는 설명을 생략한다. 이 장치는 1999~2000년에 걸쳐서 12대가 제조되어, 일본과 미국 그리고 유럽의 전시회에서 사용됐다. 당시의 가격은 1000달러 이하였다.

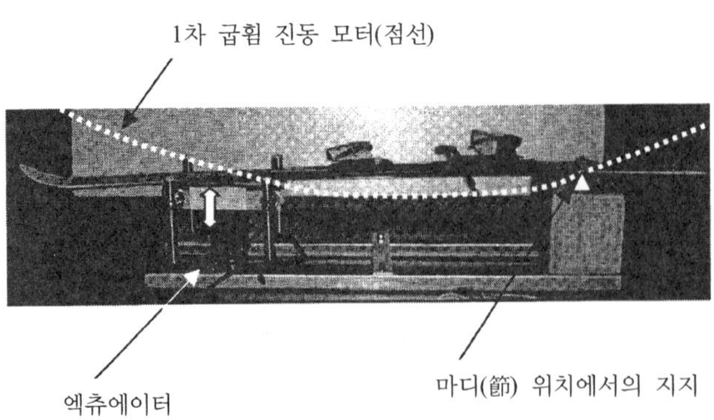

그림 9.10 〉〉 스키 진동 체감 장치의 전체 사진

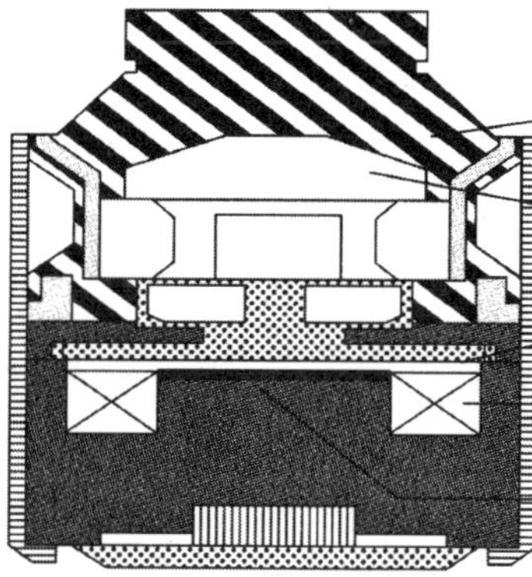

그림 9.11 〉〉 엑츄에이터의 단면도

9.5 사례 : 가변압축비 엔진 -TRIZ에 의한 설계 방안의 연쇄적 창출 예-

자동차용 엔진과 같은 왕복식 내연기관의 이론 열효율(η)은, 냉각 손실과 시간 손실이 없는 한, 압축비(ε)와 비열비(κ)만으로 결정된다.

$$\eta = 1 - \varepsilon^{1-\kappa} \tag{9.1}$$

내연기관에서 사용하는 작동 가스가 2원자 분자의 경우는 $\kappa+1$이기 때문에 ε의 지수값은 마이너스가 된다. 따라서 압축비를 크게 하면 할수록 이론 열효율은 높아 진다. 이 때문에 이전부터 압축비를 높이기 위한 연구가 꾸준히 진행지고 있다. 그러나 압축비를 높게 하면, 점화원으로 부터의 화염의 전파에 의한 온건한 연소뿐만 아니라, 연소실 벽면을 발화원으로 하는 이상연소(異常燃燒)가 발생한다. 이른바 노킹이라고 하는 현상이고, 한번에 대량의 연료가 연소하기 때문에 급격한 압력상승과 벽면의 온도상승 등이 발생한다. 이 때문에 엔진이 파괴에 이르는 경우도 있다. 이 현상은 주로 엔진의 부하가 클 때 그 중에서도 저속 회전시에 발생하기 쉽다. 그 이외의 운전 조건에서는 거의 발생하지 않는다.

여기서 엔진의 효율 향상을 위해 압축비를 가변으로 하고, 상기의 노킹이 생기기 쉬운 운전 조건에서는 압축비를 낮추고, 그 이외의 조건에서는 확실하게 높은 압축비를 사용하는「가변 압축비 시스템」의 실현이 요구되고 있다.

먼저 가변 압축비 시스템의 전체 기능에서 그 기능의 분해를 실행하여 보자 (그림 9.12, 9.13 참조). 이 시스템은 물질(엔진의 일부)에 힘을 작용시켜서 물질 상호의 변위를 제어하고, 연소에 관계되는 용적을 변화시키는 기능이 주역이 된다. 에너지는 사용하는 힘이 크고, 작은 공간 내에서 힘을 작용시킬 필요가 있으므로, 유압 또는 전자기에 한정된다. 신호는 엔진 제어용 컴퓨터로부터 회전속도, 부하, 순간 크랭크각, 점화시간 등을 얻고, 그것을 기본으로 해서 산출한 압축비의 명령값이 이 시스템에 입력되는 것이다. 이 같은 전제를 기본으로 하위 기능「힘→상대변위로의 변환」이라고 하는 그림 9.13 중에서 기호「A」로 표시한 부분의 실현 방법을 생각해 보자.

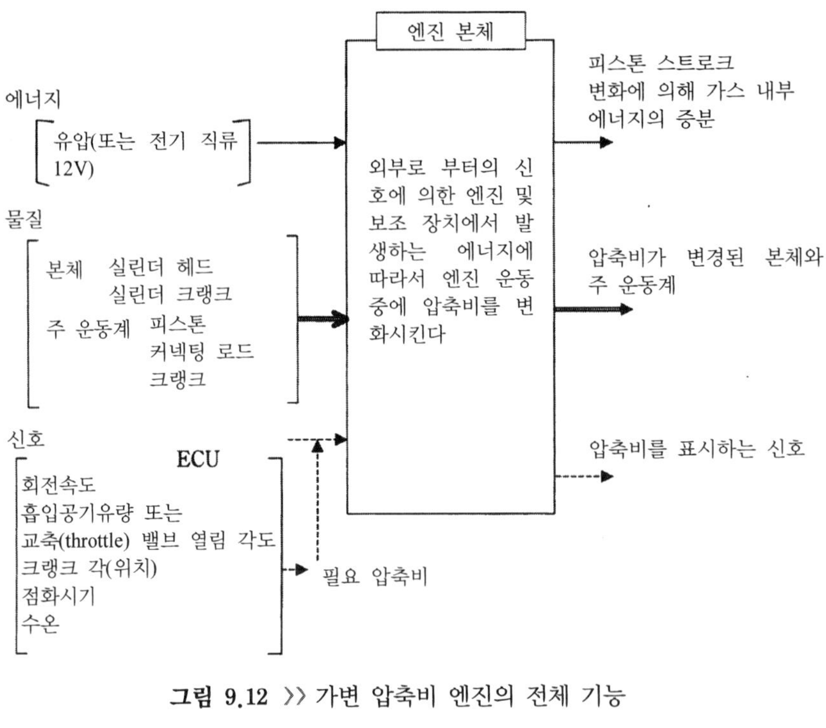

그림 9.12 〉〉 가변 압축비 엔진의 전체 기능

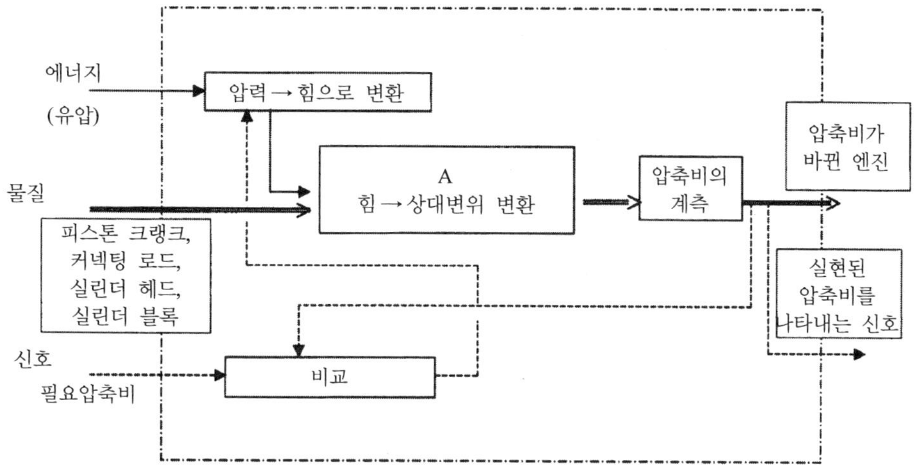

그림 9.13 〉〉 가변 압축비 시스템의 기능 분해

압축비에 관여하는 부위별로 무엇인가의 변화를 일으키면 되기 때문에, 다음과 같은 우선 항목이 도출 된다.

1) 피스톤의 높이 변화
2) 피스톤 핀의 위치 변화
3) 실린더 헤드의 연소실 벽면(파인부분) 깊이의 변화
4) 헤드 · 크랭크 축간 거리의 변화
5) 커넥팅 로드의 길이 변화
6) 크랭크 핀의 위치 변화
7) 메인 저널 내의 크랭크의 축 중심 위치 변화

첫 번째의 「피스톤의 높이 변화」의 실시 방안을 그림 9.14에 나타낸다. 피스톤을 상, 하로 2분할하고, 그 사이에는 끼워진 유압실의 용적을 오리피스에 의해서 제어하는 아이디어이다. 아이디어 자체는 단순하지만, 고속으로 운동하는 부품으로는 복잡한 구조이고, 또한 큰 하중을 지지할 필요와 냉각의 문제도 있기 때문에 실현은 곤란해 보인다. 따라서 이 아이디어를 출발점으로 TRIZ의 발명원리를 사용해서 다음의 개선 방안을 구하는 연쇄적인 발상법을 사용해 보자.

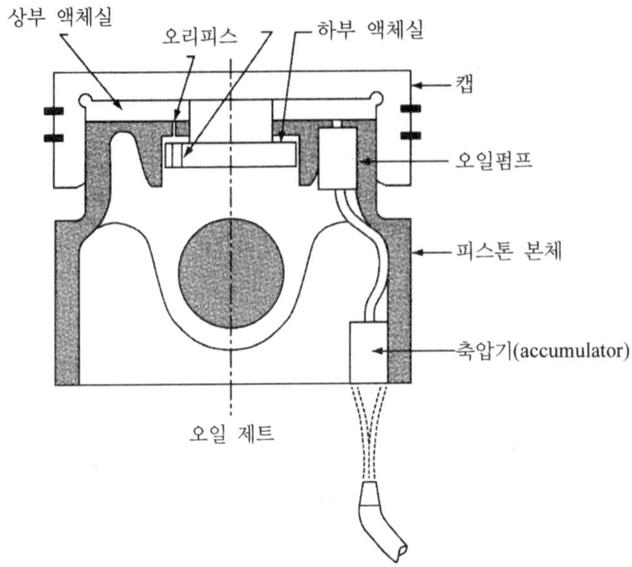

그림 9.14 〉〉 가변높이 피스톤

이 가변 높이 피스톤이 갖고 있는 단점을 기술적인 모순으로써 부록 B의 표 B.4로부터 발췌한 것이 표 9.3이다. 표에서 숫자로 표현된 전형적인 해답 중에 발명원리 14를 생각해보자. 이것은 「직선운동을 회전운동으로 바꾼다」라고 하는 일반적 해답이다. 크랭크 핀 위치를 변화시켜 실질적인 크랭크 암 길이를 가변으로 하기 위해서, 과거의 특허에서는 확실하게 크랭크 핀을 유성 기어의 축으로써, 그 축의 중심 위치를 변화시킨 아이디어가 존재한다 [그림 9.15 (a) 참조]. 크랭크 암에 상당하는 링크 기어를 외부의 워엄기어로 미세하게 요동시키면 크랭크 핀의 위치가 변하는 원리이다. 이렇게 하면 확실하게 피스톤과 커넥팅 로드의 상단부처럼 온도가 높아지고 또한 가속도가 큰 부분에서의 가변기구보다는 설계가 편하지만, 이것은 매우 기술적인 문제가 많이 존재한다. 예를 들면 기어의 이에 걸리는 하중은 연소압력만큼 크고, 더불어 구동부분의 치수도 자동차용으로는 너무 크다.

표 9.3 〉〉 가변 높이 피스톤의 대립 매트릭스 (표 B.4 발취)

		결과를 악화하는 특성								
		3	7	9	10	13	17	22	27	28
개선해야 하는 기술특성		움직이는 물체의 길이	움직이는 물체의 체적	속도	힘	물체의 안정성	온도	에너지 손실	신뢰성	측정 정밀도
1	움직이는 물체의 질량			2,8,15,38	8,10,18,37		6,29,4		3,11,1,27	
3	움직이는 물체의 길이			13,4,8	17,10,4	1,8,15,34	10,15,19		10,14,29,40	28,32,4
17	온도	15,19, 9	34,39,40,18	2,28,36,30	35,10,3,21			21,17,35,38		
36	장치의 복잡성					2,22,17,19	2,17,13		13,35,1	2,26,10,34

따라서 3번째의 아이디어로써 발명원리의 15번에 있는 「움직임을 고려한다」를 사용하면, 그림 9.15(b)가 떠오른다. 게다가 14번부터 하나의 물체를 분해하고, 각각의 부분을 상대적으로 움직이게 하는 아이디어도 떠오른다. 이것과 회전운동 원리를 합치면, 「나선운동, 즉 나사식」에 피스톤을 고압 하중에서도 움직여서 연소실의 실린더 헤드 측에 설치된 홈의 깊이를 조절하는 방법을 얻을 수 있다. 이 방식이면 연소실의 체적을 정밀도가 좋게 조절 할 수 있고, 단순한 왕복 운동에서는 곤란한 고착(固着) 방지기능도 얻을 수 있을 것이다. 그러나 실린더 헤드의 상부는 움직임 상태가 복잡하기 때문에 이 아이디어와 같은 구동계는 설치하기 어렵다.

4번째의 아이디어는 그림 9.15(c)에서 나온다. 이것은 「발명원리 10. 작용의 사전준비」의 이용 사례이다. 크랭크 저널에 편심된 금속을 이용하고, 피스톤에 연소하중 등의 큰 하중이 작용하고 있지 않는 타이밍에 금속을 미세하게 회전시켜서, 금속의 두께만큼 실질적인 커넥팅 로드의 길이를 변화시킨다는 아이디어이다. 이 방법은 지금까지의 아이디어와 같은 대대적인 장치는 불필요하다. 그러나 고속으로 운동하고 있는 크랭크 핀 위에 있는 금속의 위상각을 제어하는 것도 매우 어려운 기술이다.

마지막으로 나타낸 아이디어 [그림 9.15(d)]는 2분할 커넥팅 로드에 컨트롤 암을 붙인 시스템이다. 이 아이디어는「발명원리 1. 분할 · 세분화」와「15. 움직임을 고려한다」를 의

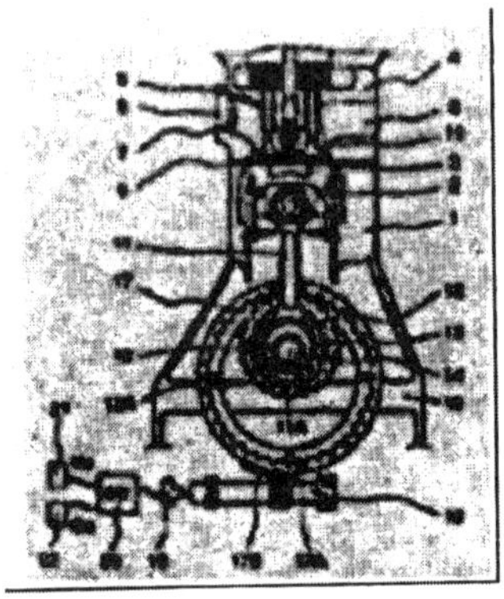

(a) 회전, 원형 해법(직선운동을 회전운동으로 변화시킨다)에 의한 유성 기어기구

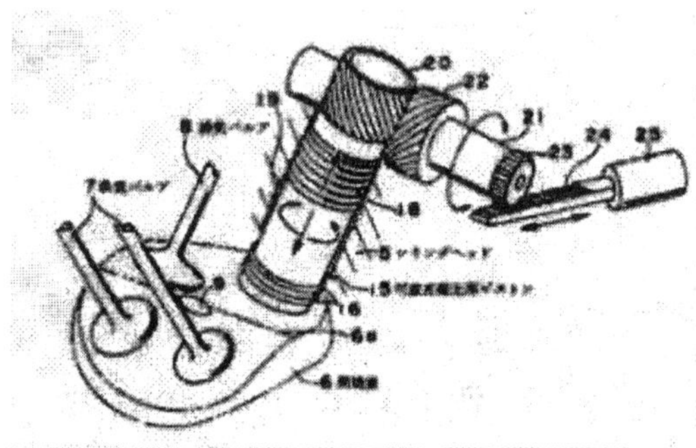

(b) 회전, 원형 해법과 발명원리 14의 나사형 운동에 의한 밸브 시트부분의 함몰부 체적 변화 기구

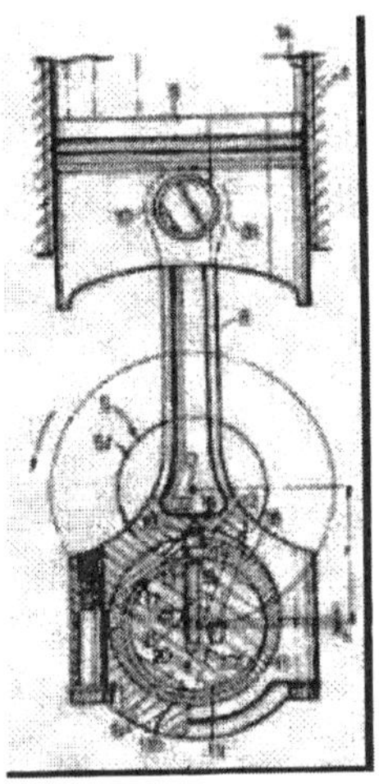

(c) 작용의 사전 준비에 의한 편심 크랭크 채널 메탈 기구

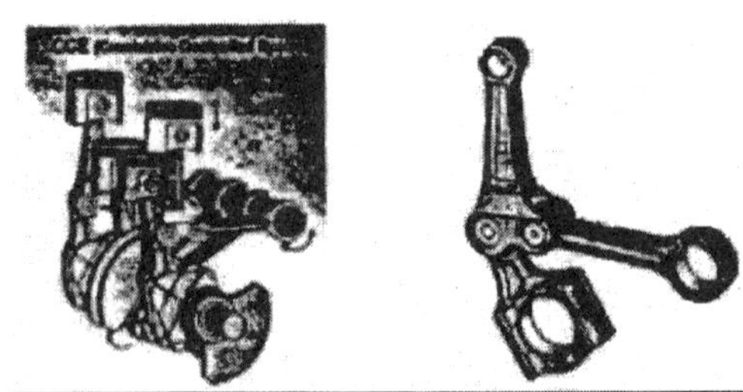

(d) 분해, 세분화 해법에 의한 2분할 커넥팅 로드와, 다차원으로의 전환(1차원→2차원)에 의한 커넥팅 로드 굽힘각도 제어용 로드를 사용하는 기구

그림 9.15 〉〉 TRIZ에 의해 유도된 가변 압축비 시스템

미하는 「물체를 자동적으로 조정한다」. 「운동의 차원을 늘린다」라는 일반적인 해답에서 풀어내는 것이 가능하다. 2분할된 커넥팅 로드는 컨트롤 로드에 따라서 원호상의 운동과 크랭크에 의한 운동의 양자에 규제되면서, 인간의 무릎과 같은 움직임을 한다. 컨트롤 로드의 부착 부분은 엔진의 옆에 1열로 나열되어 고속으로 회전하는 부분도 아니기 때문에 이 위치를 캠으로 움직이는 것은 비교적 용이하다. 그렇게 하면 무릎의 꺾인 각도를 제어해서 피스톤의 스트로크를 바꾸어 압축비를 변화시킬 수 있다. 이 아이디어는 상품으로는 되어 있지 않지만, 실제로 시험 제작하여 연료비 향상이 되었다는 보고도 있다.[5)~7)]

9.6 사례 : 평판형(平板型) 스피커 - 극단적인 설계조건 변경에 의한 창조설계의 예 -

전시장, 야외 등에서 다수의 사람을 대상으로 음성에 의한 설명과 백그라운드 뮤직 등의 음향정보를 통해 듣게 하는 것은 일상 생활에서 필요하다. 현재까지 자주 사용되고 있는 기기는 다이나믹 스피커라고 불리며, 원뿔 형상의 방사 진동판을 원통형 코일과 영구자석의 전자력에 의해 구동시키는 것이었다. 이 스피커는 방사면의 면적이 작고, 청중의 위치에서는 점음원(点音源)으로서 작용하기 때문에 어느 거리의 청중에게도 균등한 크기로 음향파워를 전달하는 것은 불가능하다는 문제가 있었다. 또한 포스터처럼 시각정보를 전달하는 면 그 자체를 음향 방사면으로 하는 데는 축방향 길이가 너무 큰 것 이외에도, 구동부분과 음향 방사면과의 결합에도 어려운 점이 있다.

따라서 상기 이외의 상품성도 고려하고 다음과 같이 스피커 시장에서 필요한 것들을 정리해 본다.

1) 음장(音場)의 크기를 넓고 균일하게 하고 싶다.
2) 시각정보(영상)와 청각정보(음원)의 위치를 같게 하고 싶다.
3) 포스터를 붙이는 판과 같은 정도의 얇은 두께로 하고 싶다.
4) 저렴한 가격으로 구하기 쉬운 재료로 만들고 싶다.

이와 같은 조건을 만족시키고, 넓은 평판의 포스터를 붙이는 것 이외에 음향효과를 방사면으로도 사용할 수 있는 "평판형 스피커"의 개발을 생각해보자. 스피커의 일반적인 기능을 매우 낮은 수준으로 기능 분석을 해보자. "물질" 로서의 음향 방사판 자체에는 변화는 없고, 방사판을 미디어로서 "에너지"와 "신호"를 전달하는 기계이다. 입력에너지를 "전기", 입력신호를 "음향신호 파형" 으로서, 제 1의 하위기능 「전류 에너지부터 직선운동(진동) 에너지로의 변환」으로 된다. 이것에 이어 제 2의 하위기능은 「진동 에너지부터 음향 에너지로의 변환」이 된다. 출력은 "음향 에너지"와 코일로부터 방출되는 "열 에너지"가 된다.

그러면 이 에너지 변환을 3개의 무대(stage), 즉 전기→힘, 힘→진동, 진동→소리로 나눠서 각각을 실현하는 물리원리를 찾아보자 (표 9.4 참조). 개발기간을 1년 이내, 비용은 종래형 스피커 이하 또는 동등한 수준이라는 전제조건을 설정하면, 전기→힘의 변환 원리는 비오사바르의 법칙(Biot Savart's Law), 즉 플레밍의 왼손법칙(Fleming's left hand rule)으로 대표되는 전자력이 유망하다. 특히, 최근에는 강력한 영구자석을 만드는 기술이 발달하여 이 원리의 우위성이 증가하고 있다.

다음으로 힘→진동으로의 변환은 단순히 뉴톤의 운동법칙이지만, 사실은 여기에 문제가 잠재해 있다. 평판 전체를 같은 상태에서 높은 주파수까지 진동시키는 것은 어렵고, 판의 굽힘 · 비틀림의 공진이 실용 주파수 영역에서 발생하는 것은 피할 수 없다. 이와 같이 문제는 물리원리와 요구(needs)가 복잡하게 관계하고 있어서 보통 방법으로는 잘 해결할 수 없다. 따라서, 사고의 과정을 그래픽으로 표현하고 상호관계를 알기 쉽도록하여보자(그림 9.16 참조).

표 9.4 〉〉 평판형 스피커의 하위기능을 실현하는 물리원리 표 (부록 C 참조)

전기→힘	힘→진동	진동→힘
비오사바르(Biot Savart) 전기영동(電機泳動) 유전 히스테리시스 쿨롬 정전력 영구자석→영구자석 연강의 자화(磁化) 전자 히스테리시스	뉴톤의 법칙(공진현상)	음향방출

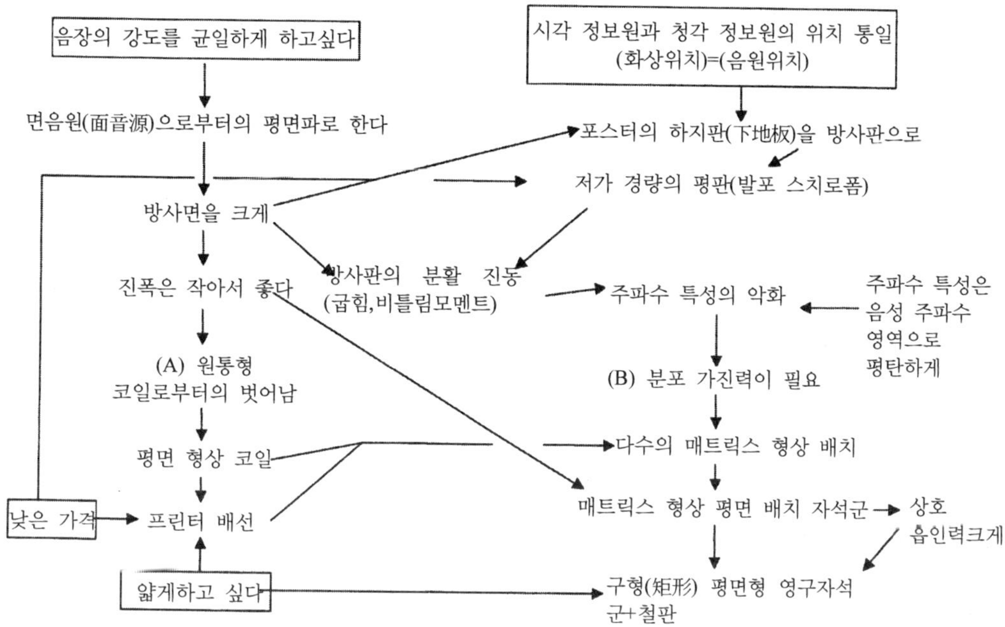

그림 9.16 〉〉 평판형 스피커의 아이디어 도출 과정

「음장(音場)의 세기를 균일하게 한다」라는 명제에서는 넓은 면에서의 음향 방출이 일어난다. 그러나, 「얇은 구조」라는 명제에서의 해법은 잘 연결되지 않는다. 여기서 「원통형 코일로부터의 벗어남」이라는 그림 9.16 (A)로 표시된 부분에서 답보한다. 여기가 난관돌파의 부분이 된다. 또한 상기의 진동판 공진을 억제하기 위해서는 한 개의 코일에서 일점구동이 아니라, 면에 넓게 분포하는 가진력을 가하는 것이 요구된다. 그림 9.16 (B)로 표시된 부분이다.

여기까지의 고찰을 기본으로 해서 그림 9.16의 A, B부분에 TRIZ를 응용해보자 (표 9.5, 표 9.6 참조). 그림 9.16의 A부분을 기술적 모순으로 기술하면 「원통형 코일을 짧게 하고 싶지만, 그렇게 했을 경우에는 구동력이 나오지 않음」이 된다. 이것은 「움직이는 물체의 길이」개선이라는 일반적인 문제로서 정의된다. 대립 매트릭스에서는 「발명원리 17. 다른 차원으로의 이동」이라는 일반적인 해석이 주어져, 지금까지의 1차원 (즉, 원통형의 축 방향)이었던 코일배치를 2차원의 평면 내에 다시 배치하고, 「모기향 형상의 코일」로 하는 아이디어가 발상할 수 있다. 방사면이 큰 것에 의해 진동판의 진폭은 작아도 좋다는 것도 이 설계의 해결을 가능하게 하는 요인이 되고 있다. 또한 프린트 회로기술의 발달이 염가로 다수의 코일을 형성하는 것을 도와주고 있다.

한편, 그림 9.16의 B부분을 같은 방법으로 「움직이는 물체의 면적을 개선하면 에너지의 손실이 커지게 된다」고 일반화해서 정의해 본다. 여기서 부터는 「15 b. 물체를 분할해서 서로 운동할 수 있도록 한다. 17 b. 물체를 1층이 아닌 다층의 구조로 바꾼다. 30. 유연한 필름과 얇은 막을 이용한다」라는 일반적인 해답을 고려할 수 있다. 설계자의 기술적인 상식을 활용하면, 「매트릭스상에 배치한 영구자석과 코일에 의한 구동」 및 「양면에 비닐 피막을 첨부한 발포 스치로폼 판을 방사면으로 해서 강성을 늘린다」라고 하는 구체

표 9.5 〉〉 평판형 스피커의 TRIZ 응용 1

구체적인 문제	원통형 코일을 짧게 하고 싶지만 구동력이 나오지 않게 된다
TRIZ의 일반화 문제 · 개선해야 할 기술 특성 · 그 결과 악화하는 기술 특성	3. 움직이는 물체의 길이 10. 힘
TRIZ의 발명 원리	17. 다른 차원으로의 이동
구체적인 개선 방법	2차원의 권선 코일

표 9.6 〉〉 평판형 스피커의 TRIZ 응용 2

구체적인 문제	방사판을 크게 하고 싶지만, 분해 진동모터 때문에 음향 방사효율이 저하된다
TRIZ의 대립 매트릭스 · 개선해야 하는 기술 특성 · 그 결과 악화하는 기술 특성	5. 움직이는 물체의 면적 22. 에너지의 낭비
TRIZ의 발명 원리	「15. 움직임을 부여한다」→「15 b. 물체를 분해해서 서로 운동할 수 있도록 한다」 「17. 다른 차원으로의 이행」→「17 b. 물체를 1층이 아닌 다층의 구조로 바꾼다」 「30. 유연한 필름과 얇은 막을 이용한다」
구체적인 개선 방법	· 양면에 비닐 피막을 첨부한 발포 스치로폼 판을 이용 · 매트릭스상에 배열한 영구자석과 코일에 의한 구동

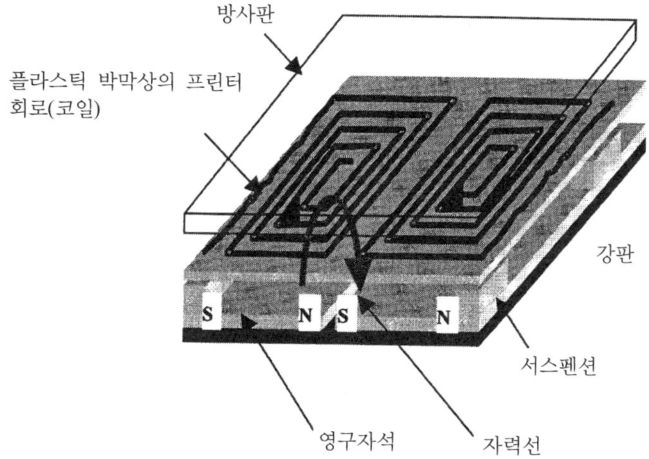

그림 9.17 〉〉 평판형 스피커의 구동부분의 구조

적인 답을 얻을 수 있다. 영구자석을 직사각형 모양으로 만들면 강판에 자력으로 흡착하면 동시에 자석의 상호간에도 스크램을 짠 배열이 되기 때문에 조립에는 나사와 접착제는 필요가 없다. 또 비닐 피막의 발포 스치루폼 판은 가격도 저렴하고, 가볍고, 손쉽게 얻을 수 있다. 더욱이 가공성도 우수하므로 거친(Rough) 취급을 받는 포스터용에는 최적이다.

이 아이디어를 통합한 평판형 스피커의 구동부분을 모식적으로 그림 9.17에 표시한다. 일반적인 오디오 앰프에서 구동이 가능하기 때문에 2000년 경부터 상품화가 시작됐다[8].

9.7 결론

이상의 사례를 이용해서 창조적인 제품설계라고 하는 과제에 대해서 P & B법의 기능구조 구축단계와 TRIZ가 적용 가능하다는 것을 설명하였다. 필자의 깊지 않은 경험으로부터의 지식이지만, 다음과 같은 사항을 기억하면 좋을 것이다.

1) 부록 C의 물리원리에서는 수치적인 지식을 이용하고, 적용 여부를 판단할 필요가 있다.
2) 하나의 기구로 복수의 기능을 실현하는 것이 포인트였던 경우가 있다. 예를 들면 커

피 메이커의 히터 주변은 가열과 송탕(送湯)의 양쪽 기능을 달성하고 있다.

3) 사양을 머리 속에 넣어두고, 쓸데없이 많은 물리원리의 후보를 사용하는 것을 피하고 민첩하게 해답에 도달할 수 있도록 한다. 평판형 스피커의 사례가 그 대표적인 사례이다.

4) 공학 설계법 만으로는 창조적 설계에는 절대로 도달할 수 없다. 발명이라는 것은 행동이 요구된다. TRIZ 등의 발명법을 병용하는 것이 필요하다.

5) 물리원리와 TRIZ의 전형적 방법이 고려된다 해도 그 설계에 도움이 되는 구체적인 해답을 얻기 위해서는 그 분야에 대한 고도의 전문지식이 절대적으로 필요하다. 스키의 진동 체감장치와 가변 압축비 엔진의 사례에서는 진동기술과 엔진기술의 전문지식이 필수 불가결하다.

6) 한번에 완성된 제품이라 해도 사양을 각별히 엄격하게 하는 것보다 P & B법과 TRIZ를 이용해서 창조적인 제품설계를 이끌어 낼 수 있다. 평판형 스피커가 그 사례이다.

7) 제품설계에서는 이미 존재하는 기술 특허를 피하는 것이 종종 요구된다. TRIZ를 이용하면 연쇄적인 아이디어가 창출되기 때문에 특허권을 피하고 새로운 설계로 연결되는 가능성이 있다.

참고 문헌

1) Rudolf Koller : Konstructionslehre für den Maschinenbau, Springer (1998) 555

2) G. Paul, W. Heitz : 공학설계 체계적 어프로치, 배풍관 (1995) 78

3) Karl T. Ulrich & Steven D. Eppinger : Product Design and Development, McGraw Hill (2000) 107

4) Masao Ishihama : Proceedings of the 18th IMAC(International Conference on Model Analysis) (2000) 1625

5) Masao Ishihama : Proceedings of the 12th International Conference on International Society for Professional Innovation Management (1999) 48

6) Masao Ishihama : Proceedings of the Fifth International Conference on Motion and Vibration Control, Vol.1 (2000) 193
7) Stuart Birch : Automotive Engineering International, Vol.108, No.5 (2000) 96
8) 石濱正男 외 3명 : 일본기계학회 D&D 2001 강연회논문집 (2000) 논문번호 320

아이디어 발상법

APPENDIX A

여기서는 본문에서 서술해 온 발명법과 설계법에서 일반적으로 광범위하게 이용 가능한 방법에 대하여 설명한다.

「집단에 의한 아이디어 발상법」과 「개인에 의한 아이디어 발상법」으로 나누어 설명하지만 여러 가지로 궁리하여 어느 쪽의 발상법도 그룹으로 이용하거나, 개인적으로 이용해도 차이는 없다.

A.1 집단에 의한 아이디어 발상법

A.1.1 브레인 스토밍

브레인 스토밍은 오스본(Osborn)이 제안[1] 한 것으로, 생각해 내는 법이라고 불리며 다음과 같은 방법이 있다.

우선 몇 사람의 사람이 모여 하나의 문제 해결을 위해 아이디어를 차례로 발표한다. 그것을 녹음이나 기록해 두고 후에 그것으로 부터 좋은 아이디어를 골라낸다.

이 방법은 좋은 사회자의 밑에서 참가자가 다음의 룰(Rule)을 지켜서 상호간의 상상력을 높일 때에는 좋은 아이디어의 발생원이 된다고 알려지고 있다.

(1) 참자가의 구성

a) 참가자의 구성은 중요한 문제이다. 그러나 얻어질 아이디어에 변화를 주기 위해서는 여러 전문가들로 구성하는 것이 좋다.

b) 몇 사람 등 복수의 사람으로 구성하는 것이 보통이지만, 한 사람으로도 가능하다. 단, 이 경우에도 비판하는 마음을 진정시키고 순서대로 자유롭게 아이디어를 내는 데 전념해야 한다. 발언자가 주눅들지 않도록 10명 이하가 좋다고 알려져 있다.

c) 동일 분야에 속하고, 거기에다 상, 하 관계에 있는 사람은 구성하지 않는 것이 좋다. 아무래도 발언이 제약이 된다.

d) 그 문제에 대해서 전혀 모르는 사람들만으로 구성하는 것은 좋은 방법이 아니지만, 또 반대로 너무나 그 문제에 깊게 정통한 전문가는 참가시키지 않는 것이 좋다. 그러나 전문가를 참가시킬 경우에는 비판과 평가를 삼가하고 해설하는 정도로만 하게 한다.

e) 가능하면 2, 3조의 다른 그룹으로 브레인 스토밍을 실시해 보는 것도 좋다고 생각한다.

f) 당연히 전문가에게는 최후에 얻어진 아이디어 리스트를 평가하는 역할을 하게 하는 것이 좋다. 최후에 얻어진 아이디어 리스트를 평가하는 데에도 다시 브레인 스토밍의 형식을 이용해도 좋다.

(2) 운영

a) 사회자는 문제의 내용을 간단히 서술하여, 문제가 무엇인지 알게 한다.

b) 도중에 결코 다른 사람의 발언을 비판하지 않을 것, 타인의 비판을 두려워하는 마음은 자유롭게 생각하는 것에 큰 장해가 되고, 잠재하고 있을지도 모르는 좋은 아이디어가 표면에 나타나지 않고 잃어버리고 만다. 사회자는 참가자가 비판적인 발언이 있을 경우에는 정지시킨다.

c) 사회자는 참가자 전원이 가능한 많은 수의 아이디어를 낼 수 있도록 용기를 심어준다.

d) 기발한 아이디어를 환영한다.

e) 아이디어를 시들게 하는 것은 쉽지만, 건설적으로 쌓아 올려 성공으로 안내하는 일은 어렵다. 참가자는 상호간에 먼저 발표된 아이디어에서 유발(誘發)되고, 그 아이디어를 개선 보강하는 아이디어를 내려고 노력하는 건 좋은 것이다. 그러나 그것들에

얽매이는 것은 좋지 않다.

f) 답답한 분위기가 되지 않도록 사회자가 유머를 섞어도 좋다.
g) 개시할 때 약속한 시간 내에 종료 할 것. 30분~1시간 정도가 적당하다.
h) 기록자가 칠판에 각 아이디어의 요점과 발언자의 이름을 적어 두고, 참가자는 그것을 보면서 생각할 수 있게 해둔다.
i) 회의를 종료하고 나서 얻어진 아이디어의 리스트를 주의 깊게 적어서 참가자에게 2, 3일 안에 보내서 읽어 볼 수 있도록 한다. 그리고 읽은 후 추가되는 내용이 있으면 적어서 제출 받는다.
j) 최후에 얻어진 아이디어를 그룹으로 모아서 적당한 표제를 적고 정리해서 비판·평가에 제공 할 준비를 한다.

이 방법은 비교적 일반적인 큰 문제, 설계의 프로세스 전체에서 보면 초기단계의 문제, 예를 들면 「이 공장에는 어떠한 신제품이 적당한가? 」라고 하는 문제에 적합하고, 너무 세부적인 문제, 예를 들면 「이 차축의 치수는」라고 하는 것과 같은 문제에는 적합하지 않다.

브레인 스토밍의 회의를 성공시키기 위해서는 그것 나름의 노력을 필요로 하지만 브레인 스토밍은 다른 창조력 증대법에 비교하면 비교적 실시하기 쉬운 장점을 가지고 있다. 각각의 사람이 자신의 생각을 차례 차례로 이야기하는 것이기 때문에 깊은 뜻의 창조가 나오기 어렵다고 하는 비판도 있지만 지금까지 많은 성공의 사례가 보고되고 있다.

이 내용은 문헌 2), 3)을 참고로 해서 정리하였다.

A.1.2 시넥틱스 (창조공학)

Gordon[4)]은 그의 저서「시넥틱스」의 서문에서 「시넥틱스란 단어는 그리스어로부터 유래되어 온 것이고, 서로 다르고 관련이 없는 요소를 연결시킨다고 하는 의미를 가지고 있다」라고 말하고 있다. 이것이 시넥틱스의 어원이다.

시넥틱스라는 것은 Gordon법이라고도 하며 시넥틱스 이론이라고 하는 창조력 증대법을 활용해서 몇 사람인가의 사람들로부터 시넥틱스 그룹에 의해 「말의 주고 받음에 의한 놀이」를 행하고, 좋은 아이디어의 발생을 촉진시킨다. 이 점이 외견상 브레인 스토밍과 유사하기 때문에 고돈식 브레인 스토밍이라고 부르는 사람들도 있다. 그러나 브레인 스토밍이 자유로이 발생하는 생각을 단지 나열하는 것에 대해서 시네틱스는 사회자와 구성원(member)이 의식적으로 창조활동에 유리하다고 생각되는 심리상태에 몰입하는 점이 다르다.

시네틱스의 연구자들은 창조과정의 심리상태에서는

- 감정이입(感情移入) : 자신이 그 분신(예를 들어 스프링 등의 부품)이 되어 느끼는 것
- 몰입 : 자신이 그 대상물과 일체로 밀착한 느낌이 되는 것
- 탈리(脫離) : 자신이 그 대상물로부터 떨어져 다른 곳에서 보는 것
- 관련 없는 물건을 사용한 놀이 : 당면의 문제와 하나도 관련을 갖지 않는 잡다한 생각을 떠오르게 해서 이것을 고찰하는 활동

등이 있다고 인정하고 있다. 「감정이입하자, 몰입하자」등 분명하게 사람에게 권유해도 효과가 없기 때문에 이 같은 심리상태가 자연스럽게 발생하도록 유도하는 것이 시네틱스의 뛰어난 점이다.

시네틱스의 실시에 있어서 특히 중요시되는 것은 순질이화(馴質異化)라고 하는 작용이다.

순질이화(馴質異化)는 「전부터 있는 같은 세계, 인간, 개념, 감정, 사물을 의식적으로 새로운 각도에서 보려고 하는 것이다. (Gordon)[4]」」. 시네틱스는 이 때문에 (1)~(5)를 의식적으로 이용하는 것을 주장한다. 이것들은 그룹으로 해서 창조를 행하는 경우만이 아니라 개인으로 창조를 시험할 때에도 유용하기 때문에 다음에 설명한다.

(1) 의인적(擬人的) 상대비교(類比), 감정이입

예를 들면 입력 회전축의 회전수가 400~4000rpm 의 사이에서 변화하는 것에 대해서 출력 회전축에는 일정의 회전속도 400rpm 을 유지하는 방법을 생각해 내는 경우, 입력축과 출력축과의 중간 전달부에 설계자 자신이 되어 있다는 생각으로 사고하는 것을 말한다. 이 의인적 상대 비교에 의해, 탄성유체의 바이센베르크 효과 (Weissenberg effect)를 이용한 베어링 계수에 착상 됐다고 말하는 시네틱스 그룹의 부회(部會)의 기록이 있다. 이 경우, 감정이입이 포함되어 있다.

(2) 직접적 상대비교(흉내 내다)

단지 상대비교 하거나 서로 닮거나 하는 경우에 있어서, 직접적 상대비교를 이용한다는 것은 닮은 물건을 비교해서 생각하는 것, 이미 존재하고 있는 물건을 흉내 내는 것이 있다. 이 직접적 상대비교는 더욱 더 쉽게 이용할 수 있는 것으로 직접적 상대비교와 모방에서 많은 창조가 발생한다.

(3) 상징적 상대비교

상징적 상대비교는 문제를 기술하는데 물질적이고, 비인격적인 이미지를 이용하는 것을 말한다. 예를 들어 「4톤의 무게를 지지하고, 가로, 세로4인치 이하의 상자에 들어가고, 3피트까지 들어 올릴 수 있는 새로운 잭을 만드는 것」을 목적으로 했을 경우 시넥틱스 그룹은 먼저 「세균의 배양기에 먹이를 보급해 주면 세균이 번식하여 큰 공간을 차지하게 되어 동력원이 될 것이「다」라고 하는 「바이러스· 잭」의 이미지로부터 출발 하는 것이다.

(4) 공상적 상대비교

시넥틱스는 프로이드의 「예술은 희망의 충족이다. 예술가가 작품의 성공에 의해 자신의 희망을 충족시키는데 성공한다면 그는 그것을 그의 공상을 통해 성취한 것이다」고 하는 설을 확인한다. 이것을 기술상의 발명으로 적용하려고 하는 것이 공상적 상대비교이다. 어느 시넥틱스 그룹은 「우주복을 잠그는 방법」을 발명함에 있어서 「더욱 더 기발한 공상 중에 어떻게 해서 옷을 잠그고 싶다고 생각하는가?」라고 하는 질문으로부터 대화를 주고 받고를 시작한다. 대화를 주고 받고 하는 사이에 「의지의 힘으로 우주복을 잠글 수 있다고 생각해보자」 또는 「확실히 잠궈 줄 수 있는 누군가를 찾고 있다.」 라는 대화가 나타날 수 있지만 이러한 것이 공상적 상대비교를 이용하고 있는 것이다.

(5) 반전

반전이라는 것은 무엇이든지 역방향으로 보는 것으로 예를 들면 큰 자석이 작은 철편을 끌어 당길 때 그것을 작은 철편이 큰 자석으로 향해서 날아가 붙었다고 본다면 전에 본 방법과 후의 보는 방법은 서로 반전의 관계에 있다. 그밖의 상·하, 전·후, 일체형·

분활형 등은 전부 서로 반전의 관계에 있다.

시넥틱스에서는 반전도 순질이화(馴質異化)에 유효한 방법으로서 활용하고 있다. 시넥틱스에서는 마음껏 반전을 행한다. 예를 들면「어떻게 하면 열역학의 제2법칙을 부정할 수 있을까?」등의 질문으로부터 사고를 시작하기도 한다.

이상이 시네틱스의 간단한 설명이다. 이것에 의해서도 시넥틱스는 발명의 심리에 상당히 깊게 접해 있는 것이고, 성과도 크다는 것을 이해할 수 있을 것이다. 그러나 또한 시넥틱스 그룹의 구성원(member)은 상당한 소양지식이 요구되고 있을 뿐 만 아니라 교육과

1. 과제「원 터치로 신발을 발에 고정하는 새로운 고정구의 개발」
2. 목표
   가벼울 것 (30그램 이하), 부피가 커지지 않을 것, 손끝으로 조작이 가능할 것
3. 상대비교
   (a) DA (직접적 상대비교) … 실제 사례를 찾아서 거기에서 힌트를 얻는다.

상대비교	오징어의 다리	손목시계 벨트의 끝 부분 부품	전차의 연결기
힌트	의복에 쉽게 붙기 때문에, 이 부착성을 이용	금속제 벨트의 끝 부분 부품의 스프링 · 액션을 이용	한번 연결하면 풀리지 않는 특성을 이용하여 끼워 넣는 방식

   (b) PA (의인적 상대비교) … 그 기능과 물건이 되어 발상한다.

힌트	어린이가 손을 사용 하지 않고, 발등을 조임	
구체화	발등에 맞는 부분을 신축용 재료를 사용한다.	발등에 맞는 부분을 옆에 대고, 접합한다.

   (c) SA (상징적 상대비교) … 비인간적인 이미지를 이용한다

상대비교	콤팩트	계 량	원 터치
힌트	발등에 맞는 부분이 평평하고 작은 사이즈. ← 도롱이벌레와 같이 좌우로부터 꽉 누른다	가벼움 ← 범선은 공기가 채워져 있어서 가벼움.	손끝으로 조작이 가능함. ← 포스트 잇 처럼 떼었다 붙였다 하는 것이 가능하다.

   (d) FA (공상적 상대비교) … 공상하고 희망을 달성한다.

(생략)

4. 해결방안 매직 테이프의 이용

그림 A.1 〉〉 시네틱스의 실제 사례 [문헌5)를 참고로 하였음]

훈련을 필요로 하는 것도 이해할 수 있을 것이다.

즉 좋은 의미의 학습 없이는 깊이가 있는 창조를 얻을 수 없다는 것을 시넥틱스 자신이 이야기하고 있는 것이다.

여기에서 서술한 내용은 대부분 문헌 2) 를 전재한 것이다. 그림A. 1에 신발을 발에 고정하기 위한 매직테이프의 사례를 나타낸다.

A.1.3 K - J 법

브레인 스토밍은 아이디어를 발상하는 방법을 설명하고 있지만, 그것을 종합하는 방법에 대해서는 구체적인 제안은 설명되어 있지 않다. 그것에 대해서 카와키타(川喜田)는 K-J법 이라고 하고 아이디어를 정리 · 그룹핑 하는 방법을 제안하고 있다[6) 7)]. 이것을 여기에서 요약한다.

(1) 준비하는 것

a) 검은색 연필 또는 펜
b) 적색 · 청색 등의 연필
c) 클립 다수
d) 고무밴드 다수
e) 명함크기의 종이조각
f) 도해용 백지
g) 문장을 적기 위한 원고용지
h) 그밖에 종이조각 다수를 펼쳐놓을 공간

(2) 아이디어와 견해의 집적(集積)

브레인 스토밍과 같은 방법으로 문제해결에 필요하다고 생각되는 아이디어 및 그밖에 견해 등을 가능한 도출하고 집적한다.

(3) 기록

이것을 기록계가 명함크기의 종이조각에 발언내용을 단순화해서, 그 중요 내용만을 「1행 표제」로 해서 기록한다. 이와같은 K-J법의 기록계의 일은 중대한 재능을 필요로 한다. 예를 들면 술을 마시는 것에 호의적인 발언이 있는 경우에 기록계는 「음주효과의 제언적 발언」등 이라고 적는 것보다는 알기 쉽게 「술은 마시는 것이 당연하다」라고 기록하는 것이 좋다.

(4) 그룹 편성

다음은 이와 같이 기록된 종이조각들을 펼쳐 한쪽 끝부터(어느 쪽이든 좋다)읽고 내용의 위에 「친근감이 있는」 종이조각 끼리 한 곳에 모은다. 이렇게 해서 모인 종이조각 「예를 들어 각각 5장」 의 내용을 잘 읽고 「왜 자신은 여기에 이 5장을 모았는가?」 라는 이유를 스스로 반문한다. 여기가 중요한 대목이다. 여기부터 「종이의 내용이 우리들에게 이야기를 걸어온다」라는 것이 시작된다. 그리고 이 5장의 내용을 압축하고 1행 표제를 발견하면 그것을 다른 종이에 적고, 그 5장의 소(小)묶음의 표찰로 한다. 다음에, 같은 방법으로 반복하여, 중(中)묶음 대(大)묶음을 편성한다. 이 때 어느 묶음에도 들어가지 않는 것(동떨어진 내용)이 나오지만, 무리해서 어느 묶음에 넣지 않고 최후까지 남겨 두는 것이 좋다. 이 동떨어져 있는 내용은 중묶음과 대묶음의 편성 때에 어느 묶음인가에 넣는다. 거기서 무언가의 새로운 발견이 있기 때문이다. 구별하기 쉽도록, 예를 들어 소묶음과 중묶음의 표찰에는 청색 연필과 적색 연필을, 대묶음의 표찰에는 붉은색 문자로 둥글게 주변을 묶는 것이 좋다.

(5) 공간적 배치와 문장화

대 묶음의 편성이 된 후에는, 그룹을 종이 위에 공간적으로 배열해 볼 것인가? (A형), 문장으로 그룹간의 관계를 연결해서 표현해 볼 것인가? (B형) 한번 공간적으로 배열해 보고 나서 거기에 기초로 하여 문장화로 이행(AB형)하는 등의 순서대로 정리해 간다.

(6) A형 도해법

각 팀의 종이조각들은 이미 그룹 편성에 의해 서로에게 「각 정보가 무엇인가의 의미로 」 관계가 있는 것이 보증되어져 있다. 그러나 「어떠한 의미로 관계가 있는가?」는 알지 못한다. 그것을 A형에 의해서 공간적으로 배치해 보고 발견하는 것이다.

그룹편성 때와 반대로 대묶음 그림을 먼저 만들면 이 그림이 색인의 역할을 한다. 좀 더 세부적인 공간배치가 이것에 기초로 하여 만들어지고, 최후에는 1장씩의 종이조각에 해당하는 세부까지 둥글게 둘러싸인 「1행 표제」까지가 작성 된다.

예를 들어 그림 A. 2에는 캠프에 필요한 식료, 취사용 비품, 캠프용 비품 등에 관한 공간 배치도를 표시한다. 이 같은 그림은 순식간에 많은 것들 사이의 관계가 동시에 알게 되는 장점을 가지고 있다.

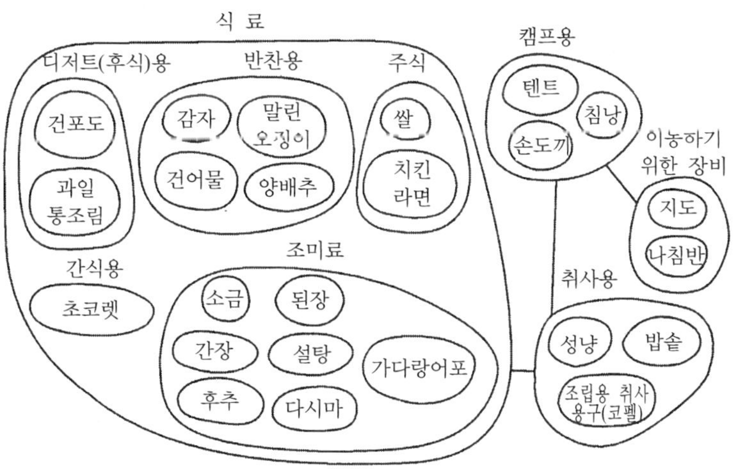

그림 A.2 〉〉 캠프용 조달품의 공간배치 [문헌 6), 페이지 286
(A형 도해법 에서는 그룹편성 시에는 반대로 대 그룹팀,
중 그룹팀, 소 그룹팀의 순서로 도해가 실행된다.)

(7) B형 문장화법

처음에 문장의 최초가 되는 팀(묶음)을 발견해서, 그것과 그림상에서 인접관계에 있는 정보를 처리해 가는 사이에 문장화되어 간다. 어디를 최초로 할 것인가는 어렵지만, 시행착오로 진행해 갈 수 밖에 없다. 어떻게 하든 문장화할 수 없는 막다른 곳이 발생하는 경우가 있다. 이와같이 곤란한 때야 말로 새로운 발상이 튀어나온다. 이 경우에는 그림이 잘못되어 있기 때문에 다시 한 번 그림을 재 해석 하지 않으면 안 된다. 이 같은 문장화는 그림이 갖고 있는 약점을 수정하는 힘을 가지고 있다. 이 같은 과정 중에 그것들의 데이터는 우리들에게 「지금까지 생각하지 못했던 몇몇 정리되어진 힌트를 우리들에게 던져준다」라고 한다. 이 점에 대해서 카와키타(川喜田)는 「우리들 인간이란 동물은 질적으로 서로 다른 하나의 데이터를 복잡한 덩어리로서 눈 앞에 한번 제시되면, 거기서 어떤 의미도 발견적으로 조합도 못하고, 단지 곤란하게 빠져버리는 것에 지나지 않다. 그러나 그다지 복잡하지 않고 상호간에 친근감을 가지면서 질적으로 다른 한 팀의 데이터를 접하면 사태는 크게 다르게 된다. 즉 우리들은 그것들의 데이터의 조합으로부터 무언가의 힌트가 암시되는 것이다」라고 설명하고 있다. K-J법으로 효과를 올리는데는 역시 실제로 해보면서 훈련하지 않으면 안 되는 것도 주의 하여야 한다.

결국 그냥 힘없이 넘어져 있는 아이디어와 견해의 나열을 멈추지 않고, 아이디어를 유기적으로 구축하고, 아이디어로부터 실마리를 풀어 나갈수 있도록 의미를 부여하는 점이 이 방법의 뛰어난 점이다.

이상은 문헌 2), 6)을 참고로 하여 정리하였다.

A.2 개인에 의한 아이디어 발상법

A.2.1 오스본(Osborn)의 체크 리스트

이것은 기존 것을 개량하는 것으로 부터 출발하는 경우에 특히 적합하다. 오스본이 부여하는 체크 리스트[1)] [또는 문헌 2), 8)]는 다음과 같다.

(1) 그 밖에 사용하는 길은 없는가

그대로의 모양으로 새롭게 사용하는 방법은 없는가? 모양을 수정하면 다른 사용방법이 가능하지 않은가?

(2) 다른 것으로부터 아이디어를 만들 수 없는가

다른 것에서 이것과 비슷한 것은 없는가? 다른 것에서 아이디어를 응용할 수는 없는가? 과거에 같은 사례는 없는가? 무언가 모방할 수 있는 것은 없는가? 누군가의 흉내가 가능한가?

(3) 수정한다면

새롭게 색다르게 만들어 본다면? 의미, 색, 움직임, 소리, 냄새, 모양, 또는 형식을 바꾸어 본다면? 그 외에 바꾸는 방법을 해 본다면?

(4) 확대한다면

무언가를 덧붙여 본다면? 좀 더 시간을 가진다면? 빈도를 늘린다면? 강하게 한다면? 높게 한다면? 길게 한다면? 두껍게 한다면? 값어치(가격)를 올려 본다면? 성분을 추가한다면? 2중으로 한다면? 증가시킨다면? 과장 한다면?

(5) 축소한다면

무언가를 없앤다면? 작게 한다면? 압축 한다면? 소형화 한다면? 낮게 한다면? 짧게 한다면? 가볍게 한다면? 생략한다면? 유선형으로 한다면? 분할한다면? 약간 줄여본다면?

(6) 대용 해본다면

다른 사람으로 대신 한다면? 다른 물건으로 대신 한다면? 다른 성분으로는? 다른 재료·부품·프로세스로는? 다른 공정으로는? 다른 동력으로는? 다른 생각으로는? 다른 음색으로는? 다른 장소로는?

(7) 교체한다면

재료·부품·프로세스를 교체한다면? 다른 패턴으로는? 다른 배열로는? 다른 순서로는? 원인과 결과를 바꾼다면? 속도를 바꿔본다면? 스케줄을 바꾼다면?

(8) 반대로 해본다면

음과 양을 반대로 한다면? 정반대로 해본다면? 역방향으로 한다면? 뒤집어 한다면? 역할을 반대로 한다면? 역으로 향해 본다면? 다른 면으로 바꾼다면?

(9) 조합해 본다면

혼합, 합금, 골고루 모우는 등은 어떤가? 단위를 조합해 본다면? 목적을 조합해 본다면? 아이디어를 조합해 본다면? 각자의 의견 및 사고를 조합해 본다면?

이 같은 질문에 대응하면서 생각해 간다면 관점의 이동이 생겨나고 새로운 아이디어의 발생이 촉진된다. 체크 리스트의 사례는 이 밖에도 다수 발표 되어 있다.

A.2.2 타마이(玉井)의 체크 리스트

문헌 9) (또는 문헌 8) 의 체크 리스트에서 설계의 상류 단계에 관계가 있는 부분을 발췌하여 다음에 나타낸다.

단, A 2. 1 항과 A 2. 2항의 내용을 다소 저자가 추가하여 수정하였다.

1. 물건이 아니고 기능 등에 기초로 하여 생각했는가?
2. 도중에 기능적 사고를 잊어버리지는 않았는가?
3. 한 시점이 아니고 360도의 각도에서 보았는가?
4. 비판을 하지 않고 아이디어(물리원리 등, 설계원리)를 도출하였는가?
5. 한 사람으로 문제를 처리하는 일은 하지 않았는가?
6. 모든 부문의 사람이 적극적으로 아이디어 (물리원리 등, 설계원리)를 제안하였는가?
7. 도출된 아이디어(물리원리 등, 설계원리)를 전부 리스트에 올렸는가?
8. 고정관념을 버렸는가?
9. 법률 및 특허를 잘 조사했는가?
10. 최신의 필요한 기술정보를 조사했는가?
11. 현재의 실물을 잘 확인했는가?
12. 기능적 수준을 내리고 (또는 올림) 아이디어를 제안했는가?

13. 그 기능을 없앨 수 없는지 생각했는가?
14. 다른 기능과 함께 달성하는 방법(기능의 통합)을 생각해 봤는가?, 반대의 것(기능의 분리)도 생각해 봤는가?
15. 전혀 다른(또는 유사) 제품의 아이디어를 사용할 수 없었는가?
16. 그 분야의 전문가 또는 전문 메이커에 아이디어를 구했는가?
17. 다른 것으로부터 아이디어를 빌릴 수는 없는가?
    이밖에 이것에 닮은 것은 무엇인가?
    이밖에 아이디어가 차용이 가능하지 않는가?
    무언가 모방할 수는 없는가?
    누군가의 아이디어를 모방을 할 수는 없는가?
18. 회사 내, 외의 유사품과 비슷한 기능을 달성한 것은 없는가?
    과거에 비슷한 물건은 없었는가?
    표준부품 (사내 표준품, 업계 규격품, 공업 규격품)과 같이 기능을 달성한 것으로 사용할 수는 없는가?
19. 자연계에 비슷한 기능을 갖는 물건은 없는가? (동물, 식물, 광물 등)
20. 분해(tear down) - 경쟁 제품을 완전히 분해해서 자사제품과 비교 검토하여 얻는 힌트는 없는가?
21. 크기를 바꾸어 생각한다면
    작게 할 수 있는가?
    길이 또는 체적의 변경은 어떤가?
    무게 또는 두께의 변경은 어떤가?
22. 반대로 생각해 본다면
    기능을 달성하는 방법을 반대로 할 수는 없는가?
    내, 외의 반대, 상, 하의 반대, 전, 후의 반대, 좌, 우의 반대, 종, 횡의 반대는 가능하지 않는가?
    기계적인 방법를 전기 또는 전자적인 방법으로 바꿀 수는 있는가?
23. 부족한 기능은 없다고 말할 수 있는가?
24. 그 기능을 없앨 수 있는가?

참고문헌

1) A. Osborn : Applied Imagination, Charles Scribner's (1953) (번역 : 독창력을 키움 다이아몬드 사)

2) 北鄕 薰 : 설계공학기초, 설계공학 시리즈, 丸善 (1972) 49,50,53,54

3) G. Pahl & W. Beitz 저, K. Wallace 편집 : Engineering Design, A Systematic Approach, Springer - Verlag (1977) 설계공학연구 그룹 : 공학설계, 체계적 접근, 培風館(1995) 98, 102

4) W.Gordon 저, 大鹿・金野譯 : 시네틱스, 창조공학의 길, 라티스(1964) 26,35,37,4648

5) 高橋 誠 : 문제해결 방법의 지식, 일본경제신문사 (2002) 104

6) 川喜田二郎 : 발상법, 창조성개발을 위해, 中公新書 136 (1967) 65

7) 川喜田二郎 : 속・발상법, KJ법의 전개와 응용, 中公新書 210 (1970)

8) 田中雅康 : ウァリュー・엔지니어링, VE (가치분석), 매니지먼트 사 (1985) 198,200

9) 玉井正壽 편집 : 가치분석, 森北출판 (1978)

TRIZ 의 툴(TOOL)의 설명

APPENDIX B

본 부록은 TRIZ로 사용되고 있는 대립 매트릭스의 39 항목, 이펙트(effects)의 항목, 발명원리의 40항목을 설명한다. 문헌 1) ~ 6)을 참고 하였다.

B.1 대립 매트릭스

이것은 기술적인 특성의 대립을 기술적으로 타협하지 않고 해소하기 위해서 만들어진 것이다. 기술적인 특성의 대립이라는 것은 기술시스템 내에 어느 특성을 향상시키면 그에 따라서 다른 특성이 악화・저하하는 것으로 즉 「저쪽이 세워지면 이쪽이 세워지지 않는다」라고 하는 것이다. 예를 들어 「자동차의 속도를 올리면 연비가 나빠진다」라고 하는 것과 같은 것이다.

이 매트릭스 (표 B.4) 에서는 행과 열에 같은 39항목 (특성 파라미터, 즉 물리적, 설계, 제조에 관한 항목)을 배치하고 있고, 교차점에 대응하는 행과 열의 특성이 대립하는 항목을 표시하고 있다. 대립을 해소하는 데는 교차점 내의 번호가 표시되는 "발명원리" 의 항목번호를 검토하는 것에 의해 해결책을 찾아낼 수 있다고 할 수 있다.

B.2 39개 특성항목(물리적 항목, 설계항목 등)과 해설

표 B.1 >> 대립 매트릭스의 특성항목명의 설명[6)]

	항목명	내용
1	움직이는 물체의 질량	움직이는 것을 의도해서 만들어진 물체의 중력장에 있어서 질량, 움직이는 물체가 그 지지물, 서스팬션 등에 미치는 경우에는 힘
2	정지 물체의 질량	정지하고 있는 것에 의해 그 기능을 달성하는 물체의 중력장에 있어서 질량, 정지물체가 그 지지물, 서스펜션, 밑에 놓여 있는 것의 표면에 미치는 경우에는 힘
3	움직이는 물체의 길이	1차원의 직선적인 대표 길이는 최대길이가 아니어도 좋다.
4	정지 물체의 길이	위와 동일함
5	움직이는 물체의 면적	선에 의해서 둘러싸여진 평면부분의 기하학적 특성, 물체가 차지한 표면의 부분. 물체의 내측, 외측 등 4각형상의 표면
6	정지 물체의 표적	위와 동일함
7	움직이는 물체의 체적	움직이는 물체가 차지한 입방체형의 체적. 입방체에서는 가로X세로X높이, 원주에서는 밑면적X높이
8	정지 물체의 체적	위와 동일함
9	속도, 속력	물체의 속도. 프로세스 또는 동작의 시간적 비율
10	힘	시스템 간에 움직이는 서로간의 작용력의 척도, 뉴턴역학에서는 힘 = 질량X가속도이지만, TRIZ에 있어서는 대상 물체의 형태를 바꾸려고 하는 모든 상호 작용력.
11	응력, 압력	단위 면적당의 힘. 또는 장력
12	형상	시스템의 외적 윤곽, 외관.
13	물질・물체의 구성의 안전성	시스템의 통합성, 건전성, 시스템의 구성요소간의 상호관계. 마모, 화학적열화, 분해는 모든 안정성을 저하시킨다. 엔트로피의 증대는 안정성을 저하시킨다.
14	내구력 또는 강도	외력에 저항하여 변형에 견뎌 내는 정도. 파괴에 대한 저항력.
15	움직이는 물체의 내구성・작용시간	움직이는 물체가 작동하고 있는 시간폭 : 사용수명. 고장에서 다음 고장까지의 평균시간(MTBF). 또는 내구성

	항목명	내용
16	정지 물체의 내구성·작용시간	위와 동일함
17	온도	물체 또는 시스템의 열적인 상태. 막연하게 온도변화율에 영향을 주는 열용량과 같은 다른 열적 요소(파라메타)도 포함한다.
18	조도, 밝기	단위 면적당의 광속. 또는 밝기와 빛의 질 등과 같은 시스템의 모든 조명특성을 포함한다.
19	움직이는 물체의 에너지 소비	움직이는 물체가 일을 하는 능력의 척도. 고전역학에서는 에너지 = 힘 X 거리 이다. 슈퍼시스템(super system) (대상으로 하고 있는 시스템 이외에 자연과 같은 인간이 제어할 수 없는 것을 포함한 전체의 시스템을 가리킴) 에 의해 공급되는 에너지 (태양열, 기상변동에 의한 에너지, 전력회사에 의한 전력에너지 등)의 소비도 포함한다. 어떤 특정의 일을 하는데 필요한 에너지.
20	정지 물체의 에너지 소비	위와 동일함
21	출력, 동력	단위시간당의 일량. 단위시간당의 에너지 소비량
22	에너지이 낭비	현재 행해지고 있는 작업에 기여히지 않는 소비에너지의 무효소비. 에너지의 낭비를 작게 하는 데는 필요로 하는 소비에너지를 삭감하는 것과 다른 기술이 필요하다. 이것이 항목 19와 분리되어 있는 이유이다.
23	물질의 낭비, 손실	부분 또는 전부, 영구적 또는 일시적으로 시스템의 재료, 물질, 부품 또는 보조시스템을 손실하는 것.
24	정보의 결여, 손실	부분 또는 전부, 영구적 또는 일시적으로 시스템내의 또는 시스템에 의한 데이터의 손실 또는 데이터에의 액세스(access) 실패, 때로는 분위기, 촉감 등과 같은 감각적인 데이터를 포함한다.
25	시간의 낭비, 손실	시간이란 행동의 지속시간을 가리킴. 시간의 낭비를 없앤다는 것은 행동에 필요한 시간을 적게 하는 것이다.
26	물질의 양	전체적 또는 부분적, 영구적 또는 일시적으로 변화해야 할 시스템의 재료, 물질, 부품 또는 보조시스템의 수 또는 량을 가리킴.
27	신뢰성	예측되어진 방법과 상황에서 의도한 기능을 수행하는 시스템의 능력.
28	측정 정밀도	시스템 특성의 실제값과 측정값이 일치하는 정도. 측정에 있어서 오차를 감소시키는 것은 측정 정밀도를 높이는 것이다.
29	제조 정밀도	시스템 또는 물체의 실제 특성이 사양 또는 요구특성에 일치하는 정도.

	항목명	내용
30	물체에 동반하는 외적인 나쁜 요인	외적 요인이 시스템에 미치는 나쁜 영향에 대한 민감도
31	나쁜 부작용	물체 또는 시스템의 기능의 효율과 질을 저하시키는 나쁜 영향. 이것들의 나쁜 영향은 물체와 시스템이 기능하는 것에 따라서 부수적으로 발생한다.
32	제조의 용이성	물체 또는 시스템의 제조에 있어서 만들기 쉬움, 쾌적함, 간단함의 정도
33	조작의 용이성, 단순함.	조작에 많은 사람의 손, 많은 단계 (과정), 특별한 공구 등을 필요로 하다면, 그 프로세스는 용이하지 않다. 프로세스가 어려우면 이용률이 내려가고 쉬우면 이용률은 올라가서 정확한 작업을 하는 것이 용이해진다.
34	보수・유지의 용이성	시스템의 결함, 고장, 결점을 보수할 때는 간편함, 쾌적함, 시간의 짧음과 같은 질적 특성
35	적응성, 융통성, 다기능성	시스템/물체가 적극적으로 외적 변화에 대응하는 정도. 또는 시스템을 다양한 환경 아래서 여러 가지 방법으로 이용 가능한 것
36	장치의 복잡함	시스템내의 구성요소간의 관계의 수와 다양함. 사용자도 시스템의 일부이기 때문에 복잡함을 증대시키는 요인이다. 시스템을 이해하는 곤란함은 복잡함의 척도이다.
37	검출・측정의 곤란함	복잡, 고가이고 설치와 사용시에 시간과 노력을 필요로 하고, 구성요소간에 서로 간섭하는 것과 같이 복잡한 관계에 있는 시스템을 측정 또는 감시하는 것을 「검출과 측정의 곤란한 정도」라고 한다. 만족해 가는 정도에서 측정하기 위해 필요한 비용이 측정의 곤란함의 척도가 된다.
38	자동화의 정도	시스템 또는 물체가 그 기능을 인간의 개입 없이 달성하는 정도. 자동화의 최저 레벨에는 수동으로 기계를 조작하는 것이다. 중간 정도의 레벨은 인간이 기계를 프로그램으로 가동시키고, 그 상황을 감지해서 필요에 의해 가동을 중단하고 프로그램을 고치지 않으면 안된다. 최고레벨은 기계자신이 가동을 감지하고 자동적으로 프로그램하여 감시한다.
39	생산성	시스템이 실행하는 기능 또는 조작의 단위시간당의 수. 단위시간당에 실행시킨 기능 또는 조작의 수. 단위 시간당의 출력 또는 단위 출력당의 가격

B.3 이펙트(Effects)의 내용 설명

표 B.2 >> 이펙트 [물리효과] : 요구기능과 그것을 실현하는 작용 [문헌 4), 5) 14) 15) 를 참조]

요구기능	기능을 실현하는 작용, 효과 등
E1 : 온도를 측정한다	• 열팽창, 열팽창에 의한 물체의 고유 진동수의 변화 • 열전대, 펠티에 효과 (peltiere effect), • 열전현상, 방사 스펙트럼, 물체의 광 • 전기적, • 자기적 특성의 변화, 열자기 효과 (퀴리점의 통과에 의한 전이), 바크하우젠 (Barkhausen effect), 제벡효과 (seeback effect), 톰스효과 • 홉킨슨효과, 열전자 방사, • 전기저항, • 열발광, • 감열성물체
E2 : 온도를 내린다	• 히트 파이프, • 모세관 다공질재료, • 상전이, • 줄 톰슨 효과 (Joule Thomson Effect), • 펠티에 효과 (peltiere effect), • 제벡효과(seeback effect), • 톰스효과, • 일렉트릭, • 강자성체, • 랭크효과, • 열자효과, • 데플효과, • 코로나방전, • 스타링 원리, • 열선방출
E3 : 온도를 내린다	• 마찰, • 히트 파이프, • 진동, • 적외선, • 전자유도, • 표면효과, • 유전체, • 강자성체, • 방전, • 물질에 의한 복사의 흡수, • 전기가열, • 열전현상, • 데플효과, • 줄 렌츠의 법칙 • 펠티어효과 (peltiere ffect), • 열방사, • 방사 초점의 조성, • 열전자 방출, • 톰스효과, • 와전류, • 방전(코로나방전, 아크, 스파크방전)
E4 : 온도를 안정시킨다	• 상전이, • 열자기 효과(퀴리점의 통과에 의한 전이), • 거품, • 증발, • 전자유도, • 강자성 분체
E5 : 물질의 위치와 그 움직임을 검출한다	• 쉽게 검출이 가능한 마크를 붙인다. (마크, 루미네센스(luminescence) 발광체 (조사 되어지면 발광하는 분자들), • 자성체, • 자석, • 빛의 반사, • 방사(반사, 발광체, 감광성 재료, 방사 스펙트럼, 방사능, X 선), • 변형(탄성, 소성), • 전장 • 자장의 변화, • 방전(코로나방전, 아크, 스파크 방전), • 도플러 효과
E6 : 물체를 움직인다	• 자장을 물체(자석에 붙은 물체)에 작용한다. • 직류를 흘린 도체에 자장을 작용한다. • 정전기 띠를 갖고 있는 물체에 전장을 작용한다. • 유체가 기체 내에서 압력을 미친다, • 진동, • 원심력, • 열팽창, • 광압, • 로렌츠의 힘, • 아르키메데스의 원리, • 열전대
E7 : 액체, 기체를 움직인다	• 모세관현상, • 침투 • 톰스 • 톰슨 • 베르누이 • 바이센베르크의 효과 (Weissenberg effect), • 파동, • 원심력, • 영동(泳動), • 모세관 현상에 의한 힘

요구기능	기능을 실현하는 작용, 효과 등
E8 : 미립자(에어졸)의 흐름을 제어한다	• 정전계, • 전기장 또는 자장의 작용, • 광압력
E9 : 혼합물을 만든다	• 초음속, • 캐비테이션, • 확산, • 전기장의 작용, • 자성체와 조합된 자장의 작용, • 공명 • 공진, • 영동, • 초음파, • 파동, • 일렉트릭
E10 : 혼합물과 물질을 분리한다	• 전기장 또는 자장의 이용에 의한 분리, • 분리하는 액체의 외적 점성을 변화시키는데 전기장 또는 자장을 이용한다, • 원심력 • 관성력, • 흡착, • 확대, • 침투, • 영동, • (초)음파, • 모세관 다공질재료, • 압전효과, • 일렉트릭, 코로나방전
E11 : 물체의 위치를 안정시킨다	• 자장과 전기장의 이용, • 자이로 효과, • 반작용력, • 마찰, • 강자성체 (분체) 와 자계를 이용, • 자성유체
E12 : 힘을 만들어 냄 / 제어한다	• 고압력을 만든다, • 상 전이, • (열)팽창, • 원심력, • 자장과 자기 상전이 통과 때의 자력과의 상호작용, • 자장내에서의 전기 전도성 또는 자성유체의 외적 변화에 의해 유체 정역학의 변화, • 폭발, • 전기적 수력 충격파, • 침투 • 자장, • 음향 충격파, • 수력 충격파, • 금속의 팽창, • 형상 기억효과, • 알렉산드로 효과
E13 : 마찰을 제어한다	• 존슨 라벡크 효과, • 진동, • 액체 환상층 안정효과, • 방사, • 이상저마찰효과, • 비마모 마찰의 쿠라켈스키 효과
E14 : 물체를 파괴한다	• 방전(코로나방전, 아크, 스파크 방전), • 전기 역학적 충격, • 음향 충격파, • 수력 충격파, • 전기적 수력 충격파, • 탄성파, • 공명, • 공진, • 진동, • 캐비테이션, 초음속, • 레이저의 이용, • 관성 • 원심력, • 열팽창, • 폭발, • 상전이, • 침투, • 알렉산드르 효과, • 형상 기억효과, • 코히런트 빛 (coherent optical)
E15 : 기계적, 열적 에너지를 모으다	• 변형(탄성, 소성), • 원심력, • 관성, • 자이로스코프 효과, • 상 전이, • 방사
E16 : 에너지 (기계적, 열적, 방사, 에너지 이동)를 전달 한다	• 기계적 에너지 (• 변형 (탄성, 소성) • 탄성파, • 공명 • 공진, • 진동, • 폭발, • 충격파를 포함한 파동, • 전기 역학적 충격) • 열에너지 (열방사, 열전도, 대류, 히트 파이프) • 방사 (방사, 반사) • 전기에너지 (전자유도, 초전도) • 빛 에너지 (빛의 반사, 광 섬유, 레이저), • 알렉산드르 효과
E17 : 이동하는 물체에 작용한다	• 물리적 접촉에 의하지 않는 작용 (• 전기적, • 자기적 작용)
E18 : 물체의 치수를 측정한다	• 마크 (루미네센스 (luminescence), 발광체, 대전, 자성체, 자석), • 고유진동수의 측정

요구기능	기능을 실현하는 작용, 효과 등
E19 : 물체의 치수를 바꾼다	• 열팽창, • 형상 기억효과(합금과 폴리머에 있어서), • 변형(탄성, 소성), • 자기 변형, • 전기 변형, • 압전 효과, • 압자성 효과
E20 : 표면의 특성과 상태를 검출한다	• 방전(코로나방전, 아크, 스파크 방전), • 반사, • 발광체, • 감수성체, • 감광성 재료, • 방사 스펙트럼, • 방사능, • 모아레효과, • 전자방출, • Auger분광
E21 : 표면의 특성을 바꾼다	• 마찰, • 흡착, • 확산, • 바우싱거 효과, • 방전(코로나방전, 아크, 스파크 방전), • 기계적 및 음향적 진동, • 자외선 방사, • 공진 • 공명, • 방사 스펙트럼
E22 : 물체의 체적특성과 상태를 검출한다	• 마크를 붙인다(마크, 루미네센스, 발광체, 감광성재료, 자성체, 자석), • 방사 스펙트럼, • 구조 또는 특성의 변화에 의한 전기 저항의 측정, • 빛의 상호작용 (간섭, 반사, 굴절) • 전기, 자기 및 광효과, • 편광, • 방사능, • X 선, • 전기적 상자성과 핵자기 공명, • 자기 탄성효과, • 열자기 효과 (큐리점 통과), • 벌크하우젠 효과, • 홉킨슨 효과, • 홀 효과, • 메스바와 효과, • 공명 • 공진
E23 : 물체의 체적특성을 바꾼다	• 전기장 또는 자기장 하의 액체의 외적 특성(점성, 유동성)을 바꾼다. • 자기장과 자성재료의 도입에 의한 영향 • 가열• 냉각• 상 전이• 전기장에 의한 이온화• 자이선• X신• 방사능에 의한 변형, • 변형(탄성, 소성), • 확산, • 전기장 또는 자장, • 바우싱거 효과, • 열전효과, • 열자기효과, 자 광효과, • 캐비테이션, • 포토크로미즘 (photochromism), • 내부 광전효과, • 벨체효과, • 톰스효과, • 열전자효과, • 광전효과, • 제벡효과 (seeback effect)
E24 : 물체의 구조를 만들어냄, 안정시킴	• 간섭, 정상파, • 모아레효과, • 자기파동, • 상 전이, • 기계적 ·전기적 진동, 캐비테이션
E25 : 전기장과 자기장을 검출한다	• 침투, • 대전, • 방전(코로나방전, 아크, 스파크 방전), • 압전효과와 강유전 효과, • 일렉트릭, • 전자방출, • 전기공학 현상, • 자기변형, • 압자성 효과, • 고체의 전계발광, • 홉킨스 효과, • 벌크하우젠 효과, • 홀 효과, • 전기 및 자기 광학현상, • 핵자기 공명, • 자이로 자기현상과 자기 광학현상
E26 : 방사를 검출한다	• 음향 광학효과, • 열팽창, • 광전효과, • 루미네센스(luminescence), • 광가소성 효과, • 열전대, • 발광체, • 감광성 재료, • 방사 스펙트럼, • 방사능, • 반사
E27 : 전자방사를 만들어낸다	• 방전(코로나방전, 아크, 스파크 방전) • 조지프슨, • 체렌코프, • 간효과, • 방사의 유도, • 터널 효과, • 루미네센스 (luminescence), 발광체, • 고체의 전계 발광, • 전기 및 자기 광학현상

요구기능	기능을 실현하는 작용, 효과 등
E28 : 전자기장을 제어한다	• 성질(예를 들면, 전기전도도)을 바꾼다, • 대상 형상을 바꾼다, • 방전, • 자성체, • 반사, • 표면
E29 : 빛을 제어하다	• 광의 굴절 • 반사 • 흡수, 간섭 • 전, 자 광현상, • 광탄성, • 후란츠켈디, • 건, 카, • 페러디효과, • 고체의 전계 발광, 발광 집중
E30 : 화학변화를 일으켜 강화시킨다	• 초음속, • 캐비테이션, • 자외선 • X 선 • 방사능의 방사, • 방사 스펙트럼, • 방전(코로나방전, 아크, 스파크 방전), • 충격파, • 공명, • 공진, ·진동, • 폭발, • 전기역학적 충격, • 공동화 현상

B.4 40개의 발명원리(Inventive Principle)의 목차

표 B.3 〉〉「발명원리」의 목차

항목명	항목명
01. 분할 · 세분화	21. 고속 실행
02. 분리 · 추출	22. 유해한 것을 유익하게 바꾼다 ("재난을 바꾸어 행복하게")
03. 성질의 국소화	23. 피드백(Feed Back)
04. 비대칭화	24. 중개
05. 조합한다	25. 셀프서비스
06. 기능의 다중화	26. 복사(Copy)의 이용
07. 분할구조	27. 한번 쓰고 버림 (고가로 내구성이 있는 물체를 바꾸어 저가이고 단기사용의 물체 이용)
08. 카운터 피트(평형 쌓기)	28. 기계시스템을 다른 시스템으로
09. 사전에 반작용 대책	29. 공압 또는 액압의 이용
10. 작용의 사전준비	30. 유연한 필름 및 얇은 막의 이용
11. 사전의 보호대책	31. 다공질 재료의 이용
12. 같은 높이에서의 작업	32. 색의 변경
13. 발상의 반전 "반대의 것을(거꾸로) 한다"	33. 균질성(동질재료의 사용)
14. 직선에서 곡선으로	34. 부품의 제거와 재활용
15. 움직임을 부여한다.	35. 물체의 물리적 · 화학적 상태를 변경 · 집중한다
16. 대략적인(about) 이용	36. 상 전이(相轉移)
17. 다른 차원으로의 이행	37. 열팽창
18. 기계적 진동	38. 강력한 산화작용의 이용
19. 주기적 작용	39. 불활성 환경
20. 유용한 작작용의 지속	40. 복합재료의 이용

B.5 발명원리의 내용설명

1. 분할·세분화

장치의 출력을 크게 하는 경우에, 하나의 부분을 몇 개의 작은 단위로 분할해서 모듈화 하는 원리.

예 : 큰 가구를 운반하기 쉽게 모듈화 한다.

내 용	a. 물체를 독립된 부분으로 분할한다 b. 물체를 조립식으로 한다. c. 분할의 정도를 높인다.
예	1. 부품의 조립 : 조립식가구, 컴퓨터장치의 모듈화, 접는 자 2. 부품의 연결 : 정원용 호스를 연결해서 필요한 길이로 한다. 3. V벨트에 의한 동력전달 시스템 (그림 B. 1 참조) : 전달마력이 크게 되고 그것을 전달하는 데는 큰 V벨트를 이용하면, 굽힘 응력이 크게 되어 강도가 문제된다. 따라서 분할하여 여러 개의 벨트에 의해 동력을 전달한다.

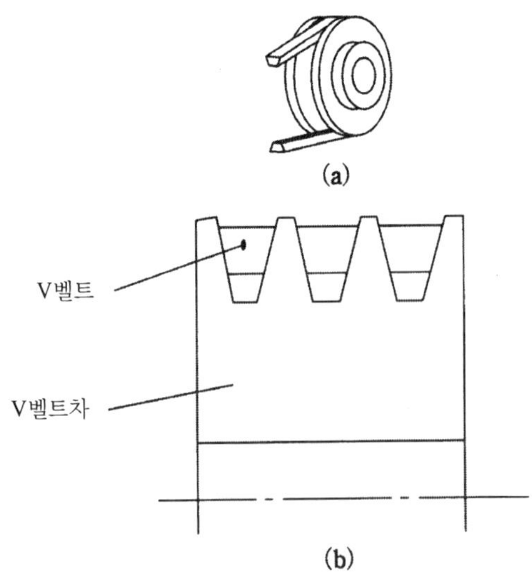

그림 B.1 〉〉 V벨트 전동[7](각 벨트는 최대 하중 분담량이 결정되어 있다. 여기서 복수의 V 벨트를 사용하고 필요한 구동 토오크를 부담한다.)

2. 분리·추출

불필요한 부분과 성질을 제거하고 필요한 것을 강조해서 이용하는 원리.

예 : 실내를 냉, 난방 하는데 필요한 것은 남기고, 무겁고 소음이 나는 압축기 부분을 실외에 설치하는 세퍼레이트형(분리형) 에어컨디션

내 용	a. '불필요한' 부분과 불필요한 성질을 물체로부터 제거한다. b. 필요한 부분과 필요한 성질만 추출한다. (빼낸다.)
예	1. 공항에서의 야생 조류를 제거한다. : 야생 조류가 도망가는 천적의 소리를 테이프 레코드에 녹음하고, 이 소리로 야생 조류를 쫓아 버린다. (천적을 사육할 필요가 없다.) 2. LSI의 회로 형성 : 「원리 10」의 예 4와 같음 LSI의 회로 형성시에 사전에 포토 레지스터재를 도포하고 노광한 후, 필요없는 부분을 제거한다. 3. 워크맨 : 테이프 레코드의 녹음기능과 스피커를 제거 하고, 스테레오 재생기능과 헤드폰으로 하는 소형, 경량인 휴대용 재생장치

3. 성질의 국소화

몇 개의 기능을 실행하는 경우에, 장치를 기능마다 분할하고 모듈화 하는 원리. 「원리1」과 목표가 다르다.

예 : 가정용 냉장고는 냉장실, 야채실, 냉동실로 나눠져 있고, 각각 다른 온도관리로 되어져 있다.

내 용	a. 물체와 외계 (외부로 부터의 작용)의 균질한 구조를 비균질한 구조로 바꾼다. b. 물체의 다른 부분이 다른 기능을 담당하게 한다. c. 물체의 각 부분을 움직이기 쉬운 상태로 놓아 본다.
예	1. 원추 상의 작은 알맹이 같은 분무 주위를 큰 알맹이의 분무로 감싼다 석탄광도 내에 작은 먼지가 날아다니지 않도록 드릴 기계와 적재 장치의 작동부분을 원추 상으로 분무한다. 물방울을 작게 하면 그것만큼 먼지가 날아다니는 것을 방지할 수 있지만 작업성이

예	떨어진다. 해결책은 원추 상 내에서는 물방울을 더욱 작게 하고 그 주위에서는 큰 물방울이 되도록 연구한다. 2. 지우개가 붙은 연필 : 「원리 6」의 예 2와 같음. 쓰는 도구와 지우는 도구를 일체화하는 것에 의해 편리함을 향상시킬 수 있다. 3. 굽힘 강도와 강성을 집중시킨 경량 부재 : 「원리35」의 예 2와 같음. 속이 빈 새의 뼈, 속이 빈 파이프, H형강

4. 비대칭화

대칭의 구조를 한번 비대칭으로 해보면 어떻게 될까? 생각해 보는 원리. 예상도 못했던 결과가 나올 가능성이 있다.

예 : 캔의 풀톱(당겨서 여는 방식의 뚜껑)의 형상이 비대칭이 되어 있으므로, 열 때에 갈라진 곳의 주위를 따라 열리기 때문에 큰 힘이 필요하지 않다.

내 용	a. 대칭형상의 물체를 비대칭으로 한다. b. 물체가 비대칭으로 있으면 그 정도를 더 한다.
예	1. 타이어의 편측 강화 : 도로의 돌과의 충돌에 견딜 수 있도록 타이어의 외측을 내측보다 더 강하게 한다. 2. 판넬 (funnel)의 비대칭화 대칭인 funnel을 통해서 습한 모래를 배출 할 때, 모래는 출구에서 아치형으로 붙어 있어 흐름이 불규칙하게 된다. funnel을 비대칭으로 하면 모래는 아치형으로 붙어 있지 않는다. 3. 양철 가위의 칼날 부분은 편측으로 완곡 되어 있지만 곧은 칼날의 가위와 비교하면 오히려 똑바로 판을 자르는 것이 가능하다.

5. 조합한다.

「원리1」, 「원리2」의 역이다. 공간적 · 시간적으로 같은 종류의 기능을 가진 부분을 조합하는 것에 의해 좋은 결과를 얻는 원리.

예 : 쇼파, 침대 중에는 낮에는 쇼파로, 밤에는 침대로 사용할 수 있는 기능이 조합되어 있는 것도 있다.

내 용	a. 동종의 물체와 같은 역할을 하는 물체를 위치적으로 조합한다. b. 동종의 물체와 같은 역할을 하는 물체를 시간적으로 조합한다.
예	1. 증기 노즐이 붙은 로타리 굴삭기 증기 노즐에 의한 얼어붙은 땅을 해동하고 연화시켜서 굴삭한다. 2. 쌍둥이 선(배) 동일의 기능을 가진 선체를 2쌍 붙여서 측면 파도에 대하여 흔들림을 방지한 배 3. 머시닝 센터 예상된 설정에 의해 컴퓨터로 제어해서 순차적으로 공구를 바꾸며 연속적인 기계가공을 한다.

6. 기능의 다중화

「원리1」, 「원리2」와 역으로 「원리5」와 비슷한 원리이지만 「원리5」는 동종(同種)의 기능을 조합한 것에 대해 이종(異種)의 기능을 조합하는 원리.

예 : 도장과 합친 볼펜

내 용	a. 물체에 다중의 기능을 갖게 하는 것에 의해, 다른 물체를 불필요로 한다.
예	1. 미니 밴의 시트 좌석, 침대 또는 짐칸으로 이용 가능한 미니 밴의 시트 2. 지우개가 붙은 연필 : 「원리3」의 예2와 같음

7. 입자구조

사용하고 있지 않을 때에는 한쪽 끝에 두거나, 다른 물체의 안에 넣거나 해서 공간을 절약하는 원리

예 : 강연용 포인트는 입자구조 (포개어 넣을 수 있는 구조)로 되어 있어서 보통은 내측에 들어있지만, 강연 할 때에는 늘려서 사용한다. 접는 우산 (그림9.6, 7참조), 접는 자

내 용	a. 물체를 다른 물체 안에 넣고, 또한 그것을 다시 다른 물체 안에 넣는다. b. 물체를 다른 물체 속에 넣는다.
예	1. 신축 가능한 안테나. 2. 겹쳐 쌓아 간결하게 격납할 수 있는 의자. 3. 연필의 심을 내장한 샤프 펜. 4. 혈관내의 콜레스톨의 덩어리를 제거하기 위한 카테터 (Katheter)에 내장한 커터를 좁은 혈관 내에서 콜레스톨의 덩어리를 깍아낸다. 5. 입자식 램프라이트・타이어에는 지지 링 (support ring)이 삽입되어 있어서 타이어의 펑크 후에도 일정거리 주행 가능하다.(그림 B. 2 참조)

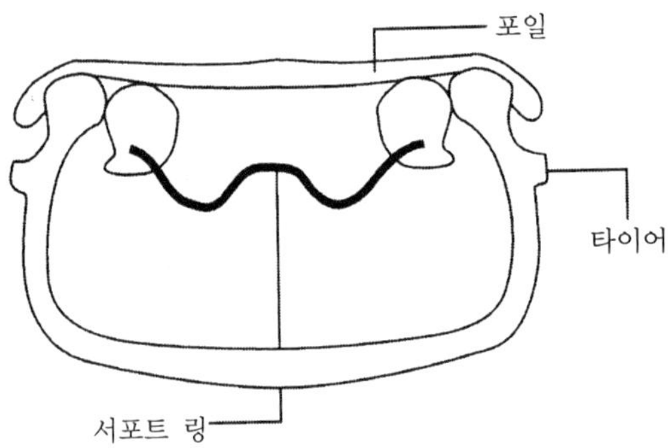

그림 B.2 〉〉 입자식 램프라이트 타이어
(램프라이트 타이어는 펑크가 나도 일정거리를 주행할 수 있기 때문에, 금속재료의 서포트 링 (입자)를 삽입함으로서 램프라이트를 실현하고 있다) [출처 : 일본경제신문 2002년 1월 23일]

8. 카운터 웨이트 (평형추)

카운터 웨이트와 부력을 이용해서 균형을 잡고, 외적 중량을 경감해서 구조물 등을 경량화 하는 원리

예 : 천칭저울은 저울 추와 피 측정물과의 균형을 잡아 무게를 잰다.

내 용	a. 물체의 중량을 다른 물체에 양력을 갖게 하는 것에 의해 감소시킨다. b. 물체의 중량을 공기력, 수력을 발생시켜 환경과의 상호작용을 이용하여 감소시킨다.
예	1. 수중익선(水中翼船). 하버 크라프트(Harborcraft) 2. 지면간의 압력을 증가시키기 위해 설치한 레이싱 카의 뒤쪽 날개. 3. 가동교(다리가 위로 들리면서 열리게 됨)의 중량을 경감시키기 위해 설치한 카운터 웨이트. 4. 돔 구장의 지붕 덮개 : 「원리9」의 예 3과 같음. 돔 내의 압력을 대기압에 비교해 다소 높게 설정하여, 지붕 덮게를 지지하도록 설계하고 있다.

9. 사전의 반작용 대책

가동 시에 발생하는 것이 예측되는 유해 작용의 근본을 제거하는 원리.

예 : 페인트를 칠하기 전에 칠하지 않는 부분은 마스킹 테이프 (masking tape)로 붙여 놓는다.

내 용	a. 어떤 작용이 필요한 경우에 그것에 의해 발생하는 나쁜 영향을 사전에 제거하기 위한 대책을 세워둔다. b. 물체가 인장력을 받을 수 밖에 없는 경우에는 사전에 압축력을 가해준다.
예	1. 보강 콘크리트의 기둥 과 바닥 콘크리트는 인장에 약하기 때문에 철근이 인장력을, 콘크리트가 압축력을 지탱하게 하고 있다. 2. 보강 된 축 : 축을 강화하기 위해서 사전에 어떤 각도로 굽혀둔 여러 개의 파이프로 만들어진 축. 3. 돔 구장의 지붕 : 「원리 8」의 예4와 같음. 4. 터빈 축의 대치(그림 B. 3 참조) : 터빈 축에는 가스와 증기의 분사에 의해 블레이드에 충돌하여 반력이 발생한다. 2개의 축을 대치하는 것에 의해 2개의 반력을 제거하도록 한다.

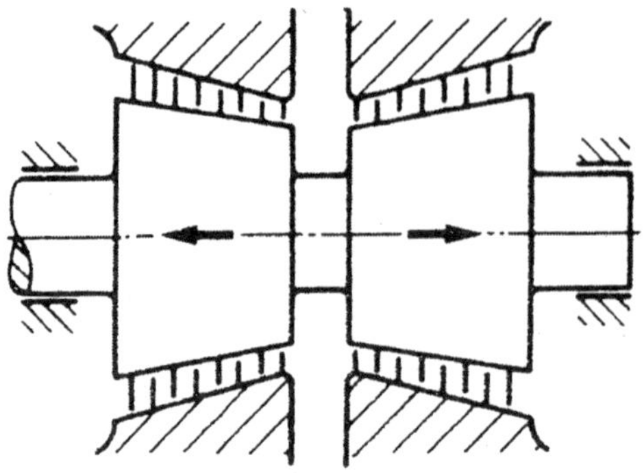

그림 B.3 〉〉 터빈 로터의 대치[8)]
(2개의 터빈 로터를 대치 함으로서, 증기로부터 받는 반력에 균형(평형)을 맞춰, 축에 작용하는 추력(트러스트 력)을 최소로 한다.)

10. 작용의 사전준비

가동 시에 필요한 작용과 작동을 사전에 준비해 두는 원리. 「원리9」가 결함등 문제를 사전에 제거하자 라는 대책에 대해서, 이 원리는 당연히 필요한 것을 사전에 준비해 놓는 원리이다.

예 : 자명종 시계의 시간 설정. 비디오의 녹화 예약.

내 용	a. 필요한 작용의 일부 또는 전부를 사전에 준비해 둔다. b. 로스타임(lose time)없이 필요한 장소에 동작을 하게 되도록 물체를 배치 해 둔다.
예	1. 커터 · 나이프 : 칼끝이 둥글게 되면, 접어 날카로운 칼날을 빼는 것이 가능한 나이프. 2. 칠하기 쉬운 풀 : 고무풀은 확실하게 한 번에 바르는 것은 어렵기 때문에 테이프 모양으로 해 두고 적당한 량을 쉽게 칠할 수 있도록 한다. 3. 핫 · 스텐바이 가전품 : 평소 뜨겁게 해둔 스위치를 넣으면 바로 가동되도록 한 가전품 4. LSI 의 회로형성 : 「원리2」의 예2와 같음 : 5. 조립식 (prefab) 주택 : 사전에 가능한 최대한의 조립을 공장에서 작업하고, 건축현장에서는 최소한의 작업을 행하여 작업효과를 높힌다.

11. 사전의 보호대책

「원리9」가 가동 시에 상시적으로 발생하는 유해 작용을 제거하는 대책에 대해서, 이 원리는 예방 보호대책을 실시하여 전체 시스템의 신뢰성을 높이는 원리.

예 : 독성이 있는 화학약품은 취급 주의하도록 용기에 위험 도장 날인을 붙여둔다.

내 용	a. 예방 대응책을 실시하여 낮은 신뢰성을 향상시킨다
예	1. 도난방지를 위해서의 자기 택 (magnetic tag) : 도난예방에 자기를 감은 판을 택에 붙여 둔다. 손님이 구매한 상품을 가지고 나갈 때 팔린 물건은 자기 택을 제거한다. 자기 택을 붙은 그대로 상점을 나갈 때에는 자기센서가 작동하여 알람(경보음)이 울린다. 2. 화재 예방용의 스프린 클러(sprinkler) :

12. 같은 높이에서의 작업

중력에 저항하여 작업하거나, 물체를 올리고, 내리는 작업을 줄여 작업효과를 높이는 원리.

예 : 궤도전차는 교통정체의 원인으로서 폐지되었지만, 최근은 저상형 궤도 전차가 탑승자에게 부담이 적어 인기로 부활되어지고 있다.

내 용	a. 물체를 올리고, 내리거나 하지 않고 끝낼 수 있도록 작업 상황을 바꾼다.
예	1. 작업 구덩이(pit : 정비하는 곳) 자동차의 엔진 · 오일을 구덩이(pit) 내에서 교환하면, 고가인 리프트 장치는 불필요하다. 2. 화물의 반, 출입용 플랫 홈(platform) 창고 앞의 플랫 홈 높이를 트럭의 짐칸과 같은 높이로 하면 짐을 올리고 내림의 불필요한 작업이 필요 없이 작업효율을 높일 수 있다.

13. 역전의 발상 ("반대로 한다")

상식적으로 생각해내는 방법으로 직접적으로 문제를 해결하지 않고, 그것과 역인 발상으로 문제를 해결하는 원리.

예 : 수영선수의 훈련에서 흐름이 있는 콤팩트한 수로에서 수영하면, 유속을 바꿀 수 있고, 트레이너의 지시에 의해 연습의 질을 높일 수 있다(그림 B. 4참조).

내 용	a. 사전에 정해진 작용과 역의 작용을 행하게 한다. b. 물체의 움직이는 부분과 외부 환경을 움직이지 않게 하고, 움직이지 않는 부분을 움직이게 한다. c. 물체를 뒤집는다.
예	1. 부품을 고정하고 연마하는 대신, 부품을 진동시켜서 연마한다. 2. 위스키·본본의 제조 : 초콜릿의 껍질에 위스키를 주입하는 것이 아니고, 냉동한 위스키를 초콜릿 용액에 침투시킨다. 3. 풍동(風洞) 항공기의 풍력 특성을 풍동 내에서 항공기의 모형을 매달아, 역으로 공기를 움직여 측정한다.

그림 B.4 〉〉 트레이닝 수영장[2)]
(물이 흐름으로서 수영 연습자는 이동하지 않는다)

14. 직선으로부터 곡선으로

형상과 운동을 직선상으로 하는 경향이 있지만, 곡선과 곡선운동으로 한다면 어떻게 될까 를 검토하는 원리.

예 : 반사 망원경은 처음에 오목 거울과 프리즘을 이용하여 만들어졌다. 오목 거울은 빛을 모으는데 사용되고 있다.(그림 B. 5 참조)

내 용	a. 직선을 곡선으로, 평면을 곡면으로, 육면체를 구로 변경한다. b. 롤러, 볼, 나선 체를 이용한다. c. 직선운동을 회전운동으로 바꾸고 원심력을 이용한다.
예	1. 컴퓨터 마우스 : 볼 구조를 이용하여, 2축의 직선운동을 벡터운동으로 변환하고 있다. 2. 동력기계에서는 왕복운동을 회전운동으로 바꿔서 이용범위를 확대하고 있다. 3. 우라늄 235와 우라늄 238은 비중 차이를 이용해서 원심력에 의한 천연 우라늄으로부터 우라늄 235를 분리 · 추출한다.

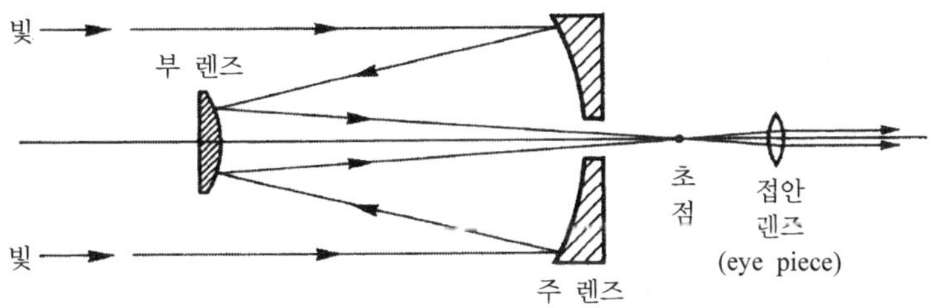

그림 B.5 〉〉 캐서그레인식 반사 망원경 [9)]

15. 움직임을 준다.

시스템의 부분 사이에 상대적인 운동과 움직임이 가능하도록 해서, 자동조정과 작업성을 높이는 원리.

예 : 기어의 맞물린 부분에 미세한 틈을 설치해 놓고 이것의 의해 기어는 원활하게 맞물려 회전한다. 마이크(mic)의 건전지 삽입 부분의 음극측 접점은 판 스프링으로 건전지를 강하게 밀어 넣고, 전기회로를 확보하게 되어 있다.

내 용	a. 물체와 외부환경을 각 조작 단계에서 최적의 성능을 얻을 수 있도록 자동적으로 조정한다. b. 물체를 분할해서 서로 운동할 수 있게 한다. c. 고정물체는 움직일 수 있게 하거나 또는 교환가능 하게 한다.
예	1. 거위 목 형상의 관 (goose neck))을 가진 손전등(플래시 라이트): 카메라 본체와 램프 헤드 사이에 자유롭게 굽은 거위 목 형상의 관 (goose neck))을 이용하여 길을 확보하는 손 전등

예	2. 원통 형상의 수송용기 : 원통 형상의 용기를 경첩에 붙인 2개의 반 원통상의 부품으로 나누면 개폐 가능하기 때문에 화물의 적재시 또는 화물이 꽉 차 있을 때에 드래프트의 취출이 편하게 된다. 3. 차량, 트레일러 버스 : 차체를 분할하는 것에 의해 요철의 완곡한 선로 및 도로를 원활히 주행가능. 4. 플렉시블 축 이음: 축 중심이 일치하고 있지 않는 축을 연결하여 동력을 전달한다.

16. 대략적인 (about) 이용

소정의 결과를 엄밀히 얻으려고 하면 작업성이 떨어지지만, 대략적으로 처리해도 소정의 결과를 얻을 수 있는 대책을 실시하여 작업성을 떨어뜨리지 않게 하는 원리. 원리 15와 일부 발상은 중복된다.

예 : 벨트 콘베이어 위에서 음료수를 깡통에 채울 때 음료수가 흐를 때까지 주입한 후에 뚜껑을 씌운다. 이렇게 하는 것에 의해 작업 효율을 높이는 것이 가능하다.

내 용	a. 소정의 결과를 100% 얻는 것이 어려울 경우에는 문제를 마음껏 간단히 해서, 어느 정도의 결과를 달성한다.
예	1. 원통 표면상의 페인트 도장작업 : 원통을 페인트에 침적시키면 필요량 이상으로 부착되지만 페인트는 어쨌든 부착된다. 여분의 페인트는 원통을 고속으로 회전시켜 제거 한다. 2. 호퍼 내의 깔때기 작용 호퍼의 내측에 특수한 깔때기를 달고, 호퍼에 연속으로 과잉 주입하면 압력이 거의 일정하게 되어 저장 용기로부터 분말가루를 같은 모양으로 빼내는 것이 가능하다. 3. 액체의 주입 : 주입량을 미세하게 조절하지 않고, 넘치게 하여 마개를 하는 것에 의해 양을 조절한다.

17. 다른 차원으로의 이행

일차원의 움직임과 배치를 다차원으로 생각하기도 하고, 일층을 다층으로 하여 문제를 해결하려고 하는 원리. 「원리 14」「원리 40」과 일부 발상이 중복한다.

예 : 양 단면 파형 종이박스는 파형(波形)의 박스 종이를 평평한 박스 종이로 끼운 3 중 구조로 되어 있고, 강도가 높기 때문에 화물의 수송용으로 사용되고 있다. (그림 B. 6 참조)

내 용	a. 어떤 방향으로 물체를 이동시키는 문제를 어떤 면내에서의 이동의 문제로 변경한다. 같은 방법으로 면내에서의 물체의 이동 문제를 삼차원 공간에서의 이동 문제로 변경한다. b. 물체를 일층이 아닌 다층 구조로 변경한다. c. 물체를 경사지게 하거나, 옆으로 한다. d. 상을 근방에 또는 뒤쪽에 투영한다.
예	1. 반사를 이용한 조명 : 온실내의 북측에 오목 반사경을 설치하면, 하루 종일 태양이 반사하기 때문에 그 부분의 조명을 개선할 수 있다. 2. 다층의 섬유 강화 플라스틱 (FRP) 특성이 강한 방향성이 있는 FRP 시트를 방향을 바꾸어 적층하면 다양한 방향성을 갖는 재료를 만든다. 3. 내용 b에 대하여 「원리 40」의 예3, 4와 같음

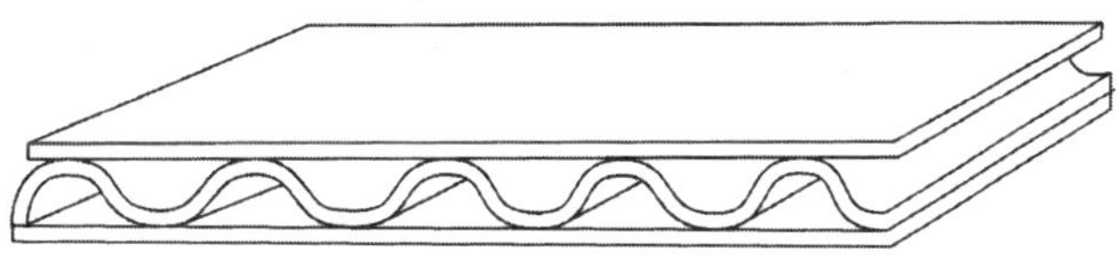

그림 B.6 >> 양 단면 파형 종이박스 [10)]

18. 기계적 진동

기계적 진동을 발생시키는 동작 또는 작업의 효율화를 알아내는 원리

예 : 접촉하고 있는 2개의 물체의 한쪽에 진동을 부여하면, 정마찰이 동마찰로 변하여 마찰력이 작아지게 되어, 원활히 미끄러지게 할 수 있다.

내 용	a. 물체를 진동시킨다. b. 진동하고 있으면, 진동 주파수를 초음파의 레벨까지 상승시킨다. c. 공진을 이용한다. d. 기계적 진동을 대신하여 피에조 진동을 이용한다. e. 초음파 진동과 전자계(電磁界) 진동을 조합해서 사용한다.
예	1. 진동하는 나이프의 이용에 의한 안전성의 향상 : 종래의 핸드 톱을 대신하여 진동하는 나이프를 사용하는 것에 의해, 피부에 상처를 입히지 않고 깁스를 떼어낼 수 있다. 초음파 나이프의 이용. 2. 주형을 진동시키는 것에 의해 주입 방법을 개선 주입할 때에 탕의 흐름과 주물의 성질을 개선하기 위해 주형을 진동시킨다. 3. 초음파 진동 : 용제를 진동시키는 주파수를 올려가면 세척효과가 향상된다. 주파수를 초음파 레벨까지 상승시키면 효과를 더욱 올릴 수 있다. 4. 작은 구멍 가공의 위치 정밀도 향상(그림 B. 7 참조) : 작은 지름의 드릴에 의한 구멍 가공에서는 위치 정밀도를 정확히 하기 어렵다. 축 방향에 미소 진동을 부여하는 것에 의해 위치 정밀도를 향상 시킬 수 있다.

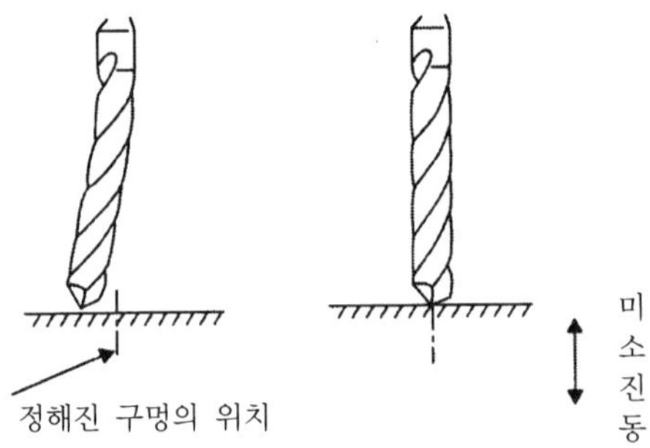

그림 B.7 〉〉 드릴에 의해 구멍을 뚫음

(드릴의 지름이 가늘면 처음에 구멍을 뚫을 때 휘어버리고, 정해진 위치에 구멍을 뚫는 것이 어렵다. 따라서 축 방향에 피 가공물을 미소 진동 시킨다.)

19. 주기적 작용

정상적인 정적 또는 동적 연속동작을 비정상인 동적 동작으로 바꾸는 것에 의해 문제를 해결하려고 하는 원리로, 이 원리는 「원리 18」이 대상으로 되어 있는 기계적인 동작만을 제한하지 않는다.

예 : 구급차는 사이렌을 주기적으로 울리고, 통행 중에 차량에 주의를 환기시켜 도로의 공간을 확보한다.

내 용	a. 연속동작을 주기적 또는 충격적 동작으로 바꾼다. b. 이미 주기적인 동작으로 되어 있으면 주파수를 바꾼다. c. 충격의 간격 사이에 다른 동작을 실행한다.
예	1. 충격력의 유효이용 : 충격 (impact) 렌치는 연속적인 힘이 아니고 충격력을 이용하여 녹슬어 붙은 너트도 풀 수 있다. 2. 경고 램프의 점멸에 의한 주의의 환기: 항상 점등하는 것이 아니고 경보가 필요한 때에 점멸시킨다. 3. 펄스 전압의 인가 : 방전가공에서는 정상 전압에 추가하여, 펄스 전압을 인가하는 것에 의해서 가공 효율을 높일 수 있다.

20. 유용한 작용의 지속

유용한 작용 또는 작동을 중단하지 않고, 계속 하는 것에 의해 시간적 공백을 줄여 작업효율을 높이려고 하는 원리.

예 : 잉크젯 프린트를 왕복으로 인쇄하도록 하여 인쇄 속도를 올리는 것이 가능하다.

내 용	a. 중단 없이 동작을 계속한다. 물체 전체가 능력한계 상태에서 항상 가동시킨다. b. 공백 상태와 중간 과정 단계의 운동을 배제한다.
예	1. 병행 작업의 실시(터릿 선반의 예) 절삭 공정중에 전, 후 방향으로 움직임이 가능한 절삭 날이 붙은 드릴 가공. 그것에 의해 구멍 가공 후 즉시 피 가공물을 절단할 수 있다.

21. 고속 실행

작업을 고속으로 실행하는 것에 의해, 그 사이에 발생하는 악 영향을 최소한으로 억제하는 원리

예 : 블록 붕괴에서는 제일 아래의 블록을 격렬하게 옆으로 흔들어도 블록 전체는 무너지지 않는다.

내 용	a. 유해 또는 위험한 작업을 고속으로 실행한다.
예	1. 살 두께가 얇은 플라스틱 · 파이프의 고속 절단 : 살 두께가 얇은 플라스틱 · 파이프는 절단시에 변형이 없도록 고속으로 절단한다.(파이프가 변형하기 전에 절단한다.) 2. 회전 장치의 회전수의 고속 상승 : 회전수를 고속으로 상승시켜서 신속하게 위험속도를 통과시키고 축의 진동을 최소한으로 억제한다. 3. 우유의 고온 살균 : 우유를 저온에서 장시간(약 60 ℃, 30분) 살균하는 대신에 고온(약 100℃)으로 몇 초 동안 살균하는 것에 의해 악 영향을 최소한으로 억제한다.

22. 해로운 것을 유익한 것으로 바꾼다.("재난을 통해서 복을 얻는다.")

"독을 가지고 독을 제어한다"라고 하는 원리

예 : 최근 아토피성 피부병과 꽃가루 병이 높은 비율로 발생하고 있다. 이것의 원인이 회충을 구제한 것의 원인이라고 알려져 있다.

내 용	a. 유해한 요인 또는 환경의 유해한 작용을 유익한 작용으로 바꾼다. b. 유해한 요인을 다른 유해한 요인과 조합해서 해로움을 없앤다. c. 유해한 동작을 해로움이 없어질 때까지 양을 증가시킨다.
예	1. 과 냉각에 의한 물질을 취성화 : 모래와 자갈은 한랭 시에 수송하면 빙결되고 만다. 거기에다 액체질소를 추가하여 과 냉각하면 얼음이 부서지고 모래 및 자갈은 흩어지게 되기 때문에 분해가 가능하다. 2. 표층 가열의 이용 : 금속의 가열에 고주파 전류를 이용하면 표면층에만 가열이 된다. 이 현상은 표면 열처리에 이용할 수 있다. 3. 유정(油井)에 있어서 화재의 소화 : 불길이 나오는 고온부를 폭약으로 불어 날려 버려 소화한다.

23. 피드 백(Feed Back)

평소에 설정한 값을 유지하도록 자동적으로 제어하기 위한 원리.

예 : 옛날에는 와트의 증기기관에서 조속기(調速機)가 유명하다. 이것은 출력 회전수에 직결하는 진자 추와 같은 것이 원심력에 의해 넓어지고, 이것에 의해 입력 측의 밸브를 잠그고 증기의 공급량을 낮추어서 회전수를 일정하게 유지한다. (그림 B.8 참조)

내 용	a. 피드 백(feed back)을 도입한다. b. 피드백을 이미 이용하고 있으면 그것을 역으로 실행하여 본다.
예	1. 우물의 수압 제어 : 우물의 수압을 계측하고, 수압 저하 시에 펌프를 기동하여 수압을 일정하게 유지한다. 2. 얼음과 물의 조합 : 얼음과 물의 중량을 각각 계측하고, 그것을 합한 후 정확한 중량을 구할 필요가 있는 경우에, 얼음을 정확하게 조합하는 것이 어렵다. 따라서 우선 얼음의 중량을 계측하고 다음에 수량(水量)을 조절하면서 전체의 필요량을 조합한다. 3. 수세식 화장실의 수량 조정 : 수세식 화장실 물의 량을 제어하는 데는 수면 상의 플로팅 · 밸브(floating valve)를 넣는다. 이렇게 하여 수면이 오르면 밸브가 닫혀져 수량을 일정하게 제어할 수 있다. 4. 노이즈 (noise) 제거 장치 : 이 장치는 노이즈 신호를 샘플링하고 그 위상을 역으로 해서 원래의 노이즈와 합성하는 것에 의해 노이즈를 제거한다. 5. 온실내의 온도 제어 : 바이메탈 또는 형상 기억합금을 조합한 개폐기에 의해, 온도변화에 대응해서 창문을 개폐하고, 실온내의 온도를 일정하게 되도록 제어한다.

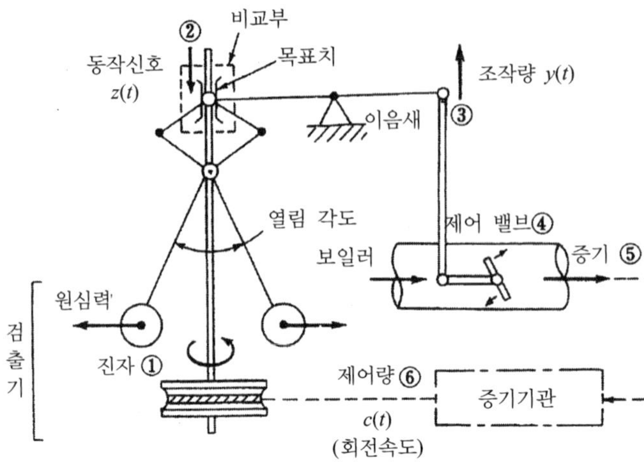

그림 B.8 〉〉 와트의 원심 조속기(1788년 영국특허 913호) [11)]

24. 중개(仲介)

개재물을 놓고 결함 있는 물건을 제거하는 원리.

예 : 촉매를 이용해서 자동차의 배기가스로부터 유해성분을 제거한다. 유압 배관의 사이에 축압기 (accumulator)를 설치하여 맥동을 억제한다. (그림 B. 9 참조)

내 용	a. 작용을 이동하거나, 꺼내는데 개재물을 이용한다. b. 물체를 간단히 제거할 수 있는 다른 물체와 일시적으로 조합해서 제거를 용이하게 한다.
예	1. 전기에너지 손실의 저감 : 액체 금속에 전류를 흘릴 때에 에너지 손실을 낮추기 위해서 융점이 낮은 매개 액체 금속과 냉각시킨 전극을 사용한다. 2. 진흙의 컴포스트(compost)화 : 진흙은 수중에서 부유하고 있어서 좀처럼 침전하지 않는다. 이때 전체를 냉동 · 해동하면 진흙의 결정은 크게 되기 때문에 침하 · 컴포스트화(compost) 하기 쉽게 된다.

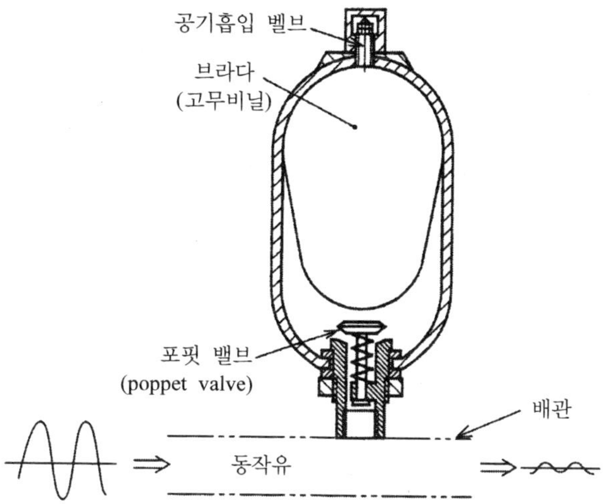

그림 B.9 〉〉 브라다형 아큐브레이터[12)]
(아큐브레이터는 유압회로에 따라 압력 파동과 서지 압력의 흡수기능과 에너지 축적기능을 갖고 있다.)

25. 셀프 서비스(Self Service)

「다른 사람의 힘을 빌리지 않고, 자신의 힘 또는 노력으로 하는 원리」이며 사람 손이나 다른 방법을 이용하지 않고 자동적으로 보충하는 원리.

예 : 「오뚜기」는 넘어트려도 자력으로 바로 일어선다. 그것은 중심이 밑에 있기 때문이다. 이것과 같은 생각으로 기울어진 중심(傾心)이 자신의 무게 중심의 상측에 오게 하면 복원력이 발생하여 파도에 이리저리 밀려도 배는 안전하게 전진한다. (그림 B.10 참조)

내 용	a. 물체 자체가 자력이 있고, 자기 보충시 자기 보수(회복)한다. b. 폐기하는 재료와 에너지를 활용한다.
예	1. 피더(feeder) 표면의 자기(self) 보수(補修) : 압괴 롤러의 표면에 연마제를 살포하여 피더(feeder) 표면를 연마제와 같은 재료로 만들면 피더(feeder) 표면의 마모는 자기 회복(修復) 된다. (「원리33」의 예1과 같은 작용)

예	2. 전기 용접기의 건(gun)으로 로드는 특수한 기구로 움직이게 되어있다. 간단한 용접 시스템에서는 로드를 용접 전류로 제어 가능한 솔레노이드에 의해 움직이도록 하게 하고 있다. 3. 압력용기의 검사용 덮개를 자기 밀폐형으로 한다.(그림 B. 11 참조) : 덮개를 용기의 외측에 설치하면 내압에 대하여 덮개가 열리지 않게 하기 위해서는 강한 힘으로 잠글 필요가 있다. 자기 밀폐형 덮개는 내압에 대응해서 체결력이 증가하는 구조로 되어 있다. 4. 발전 시스템 : 발전에 동반하여 발생하는 폐열을 이용하여 온수를 만들고, 그것을 펌프로 공급하여 냉, 난방으로 사용한다.

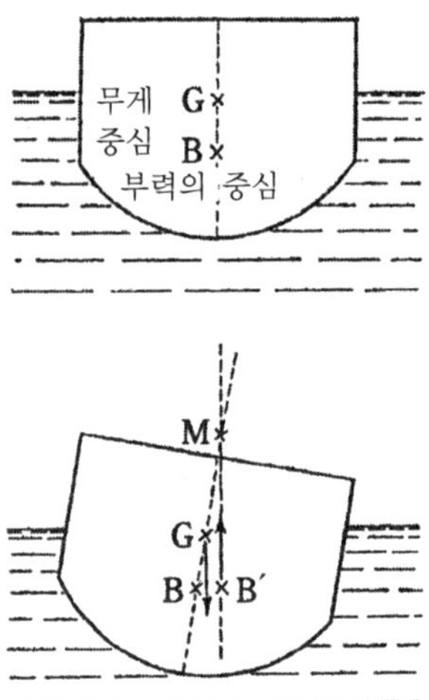

그림 B.10 >> 배의 복원력
(배의 선체가가 기울어지면 부력 중심은 B′로 이동하고,
기울어진 중심(傾心) M이 무게중심 G의 위에 있으면, 복원력이 발생한다.)

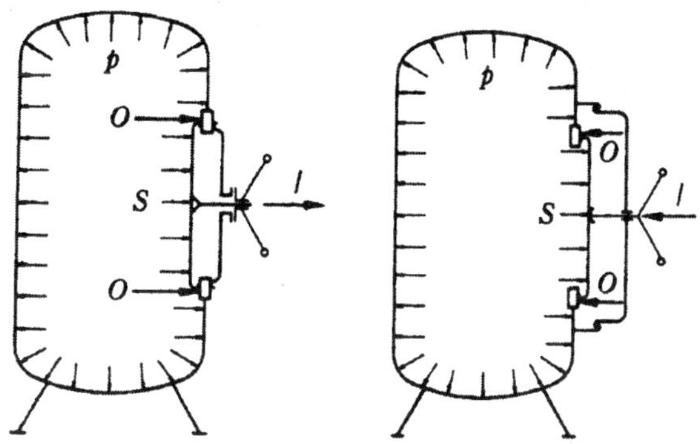

(a) 자기 밀폐형 덮개 (b) 비자기 밀폐형 덮개

그림 B.11 〉〉 검사용 덮개 [8)]

(그림 (a) 에서는 내압에 의한 실(seal)이 압축력을 받기 때문에 내용물이 새어 나가지 않는다. 한편 그림 (b) 에서는 압력이 실(seal)을 느슨하게 하는 방향으로 움직이기 때문에 새어 나감을 방지하기 위해서는 덮개의 압박력을 증가시키지 않으면 안된다.)

26. 복사(copy)의 이용

실물을 그대로 이용을 하면 그것이 고가이면 파손이 문제된다. 또한 실물 그 자체 보다 복사를 하여 사용하는 경우가 원래의 목적을 달성하는데 편리한 경우에 적용하는 원리

예 : 지도도 복사의 일종이다. 목적에 따라서 도로 지도, 도시의 교통 지도, 안내 지도 등 다양한 지도가 있다.

내 용	a. 복잡하고, 고가이며, 부서지기 쉽고, 조작하기 어려운 물체를 대신해서 간단하고 싼 대용품을 이용한다. b. 물체를 광학적으로 복사(지도 등) 및 화상으로 옮겨 놓는다. 화상을 확대 · 축소하여 이용할 수 있다. c. 눈으로 볼 수 있는 광학적 복사를 이미 사용하고 있다면 적외선 또는 자외선을 사용한 복사로 바꾼다.
예	1. 금속 파면의 레플리카 (replica) 에 의한 조사 : 금속의 파면(破面)을 플라스틱 재료의 레플리카로 복사하고, 현미경으로 관찰하여 파괴원인을 조사 할 수 있다. 2. 인체 내부의 조사 : 초음파, 양전자(positron) CT(컴퓨터 단층 촬영), MRI (자기공명 단층 촬영)에 의해 인체를 절개하는 일 없이 내부를 촬영하여 관찰할 수 있다.

27. 쓰고 버림(일회용) (고가(高價)로 내구성이 있는 물체를 대신해서, 저가로 단기 사용할 수 있는 물체를 이용)

소정의 목적을 달성하면 버리고, 새로운 것을 보충하는 원리. 대량 소비시대에 생각 할 수 있는 방법으로 최근에는 우유병 등의 재사용, 폐기물(예를 들면 일회용 카메라)의 재활용을 하자는 운동이 일어나고 있다.

예 : 한번 쓰고 버리는 카메라, 종이컵 등

내 용	a. 고가의 물체를 관계가 없는 성질 (예를 들면 수명)을 무시하고, 다수의 저가 물체로 바꾼다.
예	1. 일회용 종이 수건, 종이 기저귀, 일회용 카메라 2. 플라스틱 · 파이프제의 간이형 쥐 잡는 용기 : 쥐는 원추 형상의 입구의 덫에 들어간다. 이때 입구는 각도가 있으므로 쥐는 나오는 것이 불가능하여 갇혀 버린다. 3. 바퀴벌레 척척

28. 기계 시스템을 다른 시스템으로

현재 기계 방식으로 만들어져 있는 시스템을 다른 방식으로 바꾸어 사용하기 쉽고, 콤팩트하고 저가로 만드는 원리

종래의 기계적인 방법이 만능인 시대에는 기계 시스템이 사용되어고 있었다. 그러나 최근은 물리적인 원리가 다방면으로 활용되고 있다. 비 기계적인 방법을 이용하는 것이 콤팩트하고 성능이 뛰어난 경우가 많다.

예 : 아날로그 형의 레코드 플레이어는 바늘이 기판 홈을 따라서 진동해서 음을 발생한다. 콤팩트 디스크(CD)에서는 레이저 광으로 기록을 읽는 방식이다. 이것이 기록 밀도가 높고 콤팩트하며 마찰에 의해 기록이 나빠지는 일도 발생하지 않는다.

내 용	a. 기계 시스템을 광학적(시각), 음향적(청각), 미각, 후각 시스템으로 바꾼다. b. 전기계, 자기계, 전자기계와 물체의 상호작용을 이용한다. c. 장(場)을 바꾼다. 1. 정적인 장을 동적인 장으로 2. 정상적인 장을 시간적으로 변화하는 장으로 3. 비 규칙적인(random) 장에서 규칙적인 장으로 d. 자철(磁鐵)입자와 상호 작용하는 장을 이용
예	1. 자력을 이용한 접착력의 증가 : 접착 공정을 전자기장 내에 놓고 자력에 의해 열가소성 재료에 금속 피복의 접착력을 증가시킨다. 2. 기계식 → 광학식 로켓 또는 항공기에 이용되고 있는 자이로스코프 안에는 회전각을 검출하는데 기계적인 적분 자이로가 이용되고 있다. 이것에 대신하여 광 도플러의 원리를 이용한다. 같은 길이의 2계통의 유리 섬유 속을 통과하는 레이저 광의 회전 각속도에 의해 발생하는 광로차(光路差)에 의한 간섭호(干涉縞)를 이용한 링・레이저・자이로가 이용된다. 3. 기계 저울 → 전자 저울 4. 기계 가공 → 방전 가공 방전가공은 칼날로 제거 가공하는 기계적인 가공 방법과는 다르게 펄스상의 방전에 의해 재료를 가열, 용융하여 제거하는 가공 방법이다. 주요한 가공 기능으로서는 형상 방전 가공과 와이어 방전 가공이 있다. 복잡한 형상을 쉽게 가공이 가능하므로 금형의 가공 등에 광범위하게 이용되고 있다.

29. 공압 또는 액압의 이용

기체 또는 액체의 쿠션 성질을 이용하여, 충격 등에 대한 완충재로서 이용하는 원리.

예 : 수송용의 완충재. NASA화성 탐사위성의 착지 시에 충격을 완화시키는데 기체 쿠션이 이용되고 있다.

내 용	a. 물체의 고체부분을 기체와 액체로 바꾼다. 이 부분의 공기와 물의 팽창 또는 공기와 물의 쿠션 특성을 이용한다.
예	1. 굴뚝내의 기류의 개선 : 나선상의 노즐을 설치해서, 공장 굴뚝의 공기 흐름을 좋게 한다. 공기가 노즐에 흐르기 시작하면, 노즐이 공기의 벽을 만들어 흐름이 안정된다.

예	2. 물품의 안전한 수송 : 부서지기 쉬운 제품을 수송 할 때에는 기포가 있는 비닐의 포장 재료를 이용한다. 3. 수압 이용에 의한 파이프 벤딩 : 금형에 따라서 파이프를 굽힐 때에 수압에 진동을 가하면 금형 간의 마찰이 저하되어, 파이프를 파괴하지 않고 쉽게 구부릴 수 있다. 4. 자동차의 SRS 에어백 「원리36」의 예 2 ②와 같음) (그림 B. 12 참조) : 자동차가 충돌할 때 쿠션에 의한 액상의 아지화 나트륨이 순간적으로 기화되어 에어백이 팽창해서 인체를 보호한다.

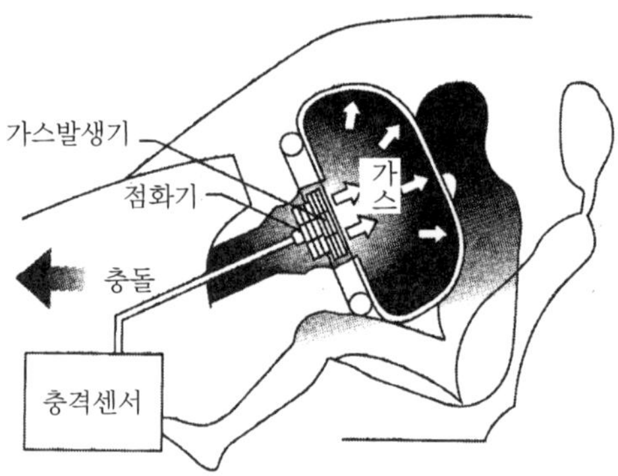

그림 B.12 〉〉 SRS 에어백 [13)]

30. 유연한 필름과 박막의 이용

얇은 막 재료를 보호재 또는 격리재 로서 사용하는 원리. 얇은 막은 공간을 차지하지 않기 때문에 적극적으로 활용하는 원리.

예 : 소금을 만드는데 이용 되고 있는 침투막

내 용	a. 종래의 구조 요소를 유연한 막 또는 얇은 필름으로 바꾼다. b. 물체를 얇은 필름 또는 얇은 막으로 피복하여, 외부로 부터 격리한다.
예	1. 기체를 통과시키지만 액체를 통과시키지 않는 막의 이용 ① 보청기용의 초소형 공기 전지 : 음극(−)에 아연합금, 전해액에 가성 칼리, 양극(+)에 산소를 이용한 공기 전지는 화학섬유를 표면 가공한 「고어 텍스」의 전해액을 유실시키지 않고 산소를 가두어 두는 기능으로 사용하고 있다.

예	② 식물의 성장 촉진 : 폴리에틸렌을 잎에 분무한다. 폴리에틸렌이 경화해서 식물이 잘 성장하게 되도록 한다. 이유는 폴리에틸렌의 필름은 수증기보다도 산소를 잘 통과시키기 때문에 광합성에 의한 산소의 발생에는 지장이 없고, 식물의 잎에서 증발하는 물의 손실을 막는다. 2. 기체는 통과시키지만 열을 통과시키지 않는 막의 이용 재래식 창호지에 의한 실내의 보온 : 공기가 창호지를 지나갈 때에는 공기와 창호지 사이에 열 교환이 이루어져 실내는 보온된다.

31. 다공질 재료의 이용

다공질 재료는 다수의 작은 구멍이 뚫어진 재료로서, 이 구멍의 존재에 의해 발생하는 성실을 적극적으로 이용하는 원리.

예 : 발포 스치로폼은 공기를 포함하기 때문에 쿠션 성질을 완충재로서 이용 가능하다.
공기구멍이 세세액을 흡수하기 때문에 부엌용의 스펀지로 이용할 수 있다.

내 용	a. 물체를 다공질로 한다. 다공질 물질을 부가한다. (예 : 삽입한다. 피복한다) b. 물체가 이미 다공질이라면 사전에 다른 유용한 물질을 미세 구멍으로 형성하여 놓는다.
예	1. 냉각수를 포함한 다공질의 소결재 : 기계에 냉각재를 순환하는 대신에 부품의 일부에 냉각수를 포함한 소결재를 사용한다. 냉각수는 기계가 가동하면 단시간에 증발하고 기계를 냉각한다. 2. 수소 포함 합금 : 사전에 포함되어 있는 수소를 연료로서 수소 엔진에 공급한다. 3. 소결 금속제의 베어링 : 기름을 포함한 소결 합금으로 만들어진 베어링을 사용하면 기름의 공급이 불필요하다. 4. 인주를 넣은 인감

32. 색의 변경

유해물질의 차단에 물체의 존재를 겉으로 드러나게 하는데 색을 적극적으로 활용하는 원리.

예 : 유해한 자외선을 차단하는 선 글라스, 엘리베이터의 벽을 투명하게 해서 전망이 좋게 한다.

내 용	a. 물체 또는 주위의 색을 바꾸어 보기 쉽게 한다. b. 물체 또는 주위의 투명도를 바꾸어 보기 쉽게 한다. c. 보기 힘든 물체와 반응으로 물든 부가제를 첨가하여 보기 쉽게 한다. d. 이와 같은 부가제가 이미 부가되어 있다면, 발광성이 있는 트레스와 트레스 물질을 부가한다.
예	1. 투명한 붕대에 의한 상처 난 부위의 가시화 : 벗기지 않고 상처를 보는 것이 가능한 투명한 붕대. 2. 착색한 워터 커튼에 의해 눈부심을 감소시킴. 제철, 제강소에서는 작업자를 열로부터 보호하는데 워터 커튼이 사용되고 있다. 이 커튼은 적외선을 막지만 눈부심을 막지는 못한다. 착색한 물을 사용하여 투명성을 잃어버리지 않고 필터의 역할을 갖게 한다. 3. 자동차에 형광성 칼라 볼을 장착 : 이 결과 자동차 라이트에 비춰지면 볼이 빛나서 자전거의 주행을 보기 쉬워진다.

33. 균질성 (동질재료의 사용)

다른 종류의 재료를 사용하면 여러 문제가 발생하기 때문에 같은 재료를 사용하는 원리.

예 : 다른 금속이 빗물에 방치해 두면 전지와 같은 현상에 의해 녹이 슨다. 팽창계수가 다른 재료를 결합하면 온도변화에 의한 팽창・수축에 의해 파손하는 것이 있기 때문에 동질의 재료를 사용한다.

내 용	a. 서로 영향을 받는 물체를 같은 재료 또는 성질이 닮은 재료로 만든다.
예	1. 연마제 용의 피더 표면을 통과하는 연마제와 같게 한다. 이 결과 피더 표면은 연속해서 재생되기 때문에 표면은 마모하지 않는다. (「원리25」의 예 1과 같은 작용) 2. 접착성 종이 테이프의 호치키스[4] : 금속제 바늘을 바꾸어, 점착성 종이 테이프를 호치키스로 사용한다. 종이이기 때문에 폐기해도 안전하고 종이의 재생에도 유효하다.

34. 부품의 제거와 재이용

불필요한 물건을 폐기・재생하거나, 재활용하는 것에 의해 자기자신 또는 다른 물건을 절약하기도 하고, 폐기물을 줄이는 원리. 재활용이 문제가 되고 있는 현재는 중요한 원리다.

예 : 세균 등의 이용에 의해 음식 쓰레기를 처리하고, 분뇨와 혼합해서 퇴비로 만든다.

내 용	a. 물체의 요소가 기능을 완료 또는 사용하지 않게 된 후에, 그것을 제거 또는 변경 (예 : 폐기・분해・분산) 한다. b. 소모 또는 감소한 물체의 부품을 회복시킨다.
예	1. 탄환의 케이싱 : 발사 후에 배출한다. 2. 로켓・부스터 : 분사 후에 풀어 해체 한다. 3. 가축의 분뇨를 비료로 이용 4. 산업 폐기물과 건축 폐기물의 재이용 : 도로의 포장용 재료로 재활용한다.

35. 물체의 물리적・화학적 상태를 변경・집중한다.

재료 또는 과학적 상태를 변경하는 것에 의해 효과를 상승시키려고 하는 원리.

예 : 식물을 냉동해서 장기보존하고, 사용시에 가열 해동하여 요리에 사용한다. 이 때 냉동・가열이라고 하는 열 현상을 집중적으로 이용한다.

내 용	a. 물체의 물리적・화학적 상태를 변경한다. b. 물체의 집중・변경-밀도를 집중, 유연도의 변경, 온도의 집중 등
예	1. 유연도의 변경의 이용 : 물질 반송 시스템은 두 개의 판 스프링을 갖는 탄성체와 나선형의 반송 스크류로 구성되어 있다. 반송량은 탄성체를 사이에 두고 스크류의 피치를 바꾸는 것에 의해 제어한다. (그림 B. 13 참조). 2. 굽힘 강도와 강성을 집중시킨 경량 부재 : 「원리3」의 예 3과 같음. 3. 불활성 가스 분위기의 이용 : 「원리 39」의 예 3과 같음. 아르곤 가스 용접 시에 불활성 가스를 용접부에 불어 넣어 산화를 방지한다.

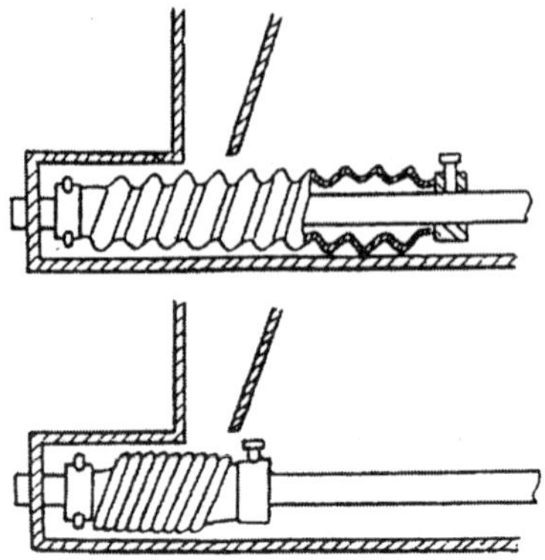

그림 B.13 〉〉 스크류의 피치 변경[2)]

(나선형 구조의 반송 부분의 나선 부분의 일부를 탄성체로 한다. 신축시켜서 피치를 변경한다.)

36. 상 전이(相轉移)

물질의 상 변화에 따라서 그 성질이 변화며, 이것에 동반하여 물리적 현상 (기화, 응고, 승화 등)이 변화한다. 이 현상을 적극적으로 이용하려고 하는 원리.

예 : 도시가스를 사용한 냉방에서는 파이프내의 어느 장소에서 냉매의 압력을 하강 시키면 액체에서 기체로 상이 변화한다. 이 때 열을 필요로 하기 때문에 주위에서 열을 빼앗는다. 가스냉방은 이 원리를 응용하고 있다.

내 용	a. 물질의 상 전이 중에 발생하는 작용 (예 - 체적의 변화, 열의 방산・흡수)을 이용한다.
예	1. 응축 – 물의 응축 시의 체적 팽창을 이용 : 파이프 내에 물을 가득 채우고, 동결 온도까지 하강시켜 리브를 갖는 파이프를 확관시킨다. 2. 기화 – ① 전도성의 어떤 액상 나트륨 화합물이 가열되면, 기화해서 비전도성으로 변화하는 것을 이용: 반복사용 가능한 휴즈 (과전류가 흐르면 가열・기화하는 것에 의해 전류를 차단한다) ② 아지화 나트륨의 충격에 의한 기화의 이용 : 자동차의 SRS 에어백 (「원리 29」의 예 4와 같음)

예	3. 자기 2차 상 전이 – 강자성체의 상자성체에의 자기 전이온도(큐리 온도)를 이용하여 발열온도를 제어한다. : 큐리 온도를 0℃로 설정한 페라이트 · 링크를 이용해서, 송전선의 눈을 녹인다. 4. 형상 기억 합금의 이용 : 저온 상에서 변형을 부여해도, 온도가 상승하면 고온 상으로 전이해서, 변형 전의 기억하고 있던 형상으로 되돌아오는 금속을 형상 기억 합금이라고 한다. 많은 기기에 이 성질이 이용되고 있다.

37. 열팽창

물질은 온도변화에 의해 팽창 · 수축하기 때문에 그 성질을 이용하는 원리.

예 : 코타츠 (일본의 실내 난방장치의 하나)의 온도제어. 바이메탈을 이용한 Thermo start 에 의해 on · off 하여 코타츠의 온도를 제어한다.

내 용	a. 열에 의한 물질의 팽창 또는 수축을 이용한다. b. 열팽창계수가 다른 물질을 조합해서 이용한다.
예	1. 온도에 따라서 제어하는 전기 회로의 접점 : 온도 변화에 의한 수은의 팽창 · 수축에 의해서 접점을 개폐한다. 2. 온도 변화에 의한 바이메탈 판의 만곡을 이용 : 창문에 바이메탈 판을 설치해서 실온내의 온도 변화에 대응해서 천정의 창을 개폐하고, 내부의 온도를 일정하게 유지한다.

38. 강력한 산화작용의 이용

산소에는 산화작용이 있고 이것에 의해 연소, 표백, 살균, 소독, 생물의 호흡 등 여러 작용을 갖고 있다. 이것은 그것들을 적극적으로 이용하는 원리이다.

예 : 의류를 산화 처리하고 표백한다.

내 용	a. 공기를 바꿔서 산소농도가 높은 공기를 이용한다. b. 산소농도가 높은 공기를 바꿔서 산소를 이용한다. c. 공기 또는 산소내의 물체를 전이 방사선으로 처리한다.

내 용	d. 이온화 한 산소를 이용한다. e. 오존을 이용한다.
예	1. 산소의 이용에 의해 열량이 증가 : 공기를 바꿔서 산소를 이용하는 것에 의해 토치의 열량을 높인다. 2. 미숙아를 산소농도가 높은 보육기 내에서 양육한다.

39. 불활성 환경

「원리 38」과 반대의 작용을 이용하는 원리로, 가스의 불활성을 이용하는 원리이다.

예 : 필라멘트가 산화하여 달구어 끊어지지 않도록 전구 내에 불활성 가스를 봉입한다.

내 용	a. 일상적인 환경을 불활성 환경으로 변경한다. b. 물체에 중립적인 물체 또는 첨가제를 도입한다. c. 프로세스를 진공 중에서 행한다.
예	1. 창고 내에서 면(솜)의 인화방지 : 저장장소에서 면(솜)이 발화하지 않도록 운반 중에 불활성 가스로 처리한다. 2. 발아의 방지 : 감자 또는 씨가 발아 하지 않도록 불활성 가스 속에서 보존한다. 3. 용접부의 산화방지 (「원리 35」의 예 3과 같음) : 용접부가 산화하면 강도가 저하하기 때문에, 아르곤 가스와 같은 불활성 가스 분위기 내에서 용접 아크를 보호한다.

40. 복합재료의 이용

「원리 33」과 반대의 원리로 구성 물질의 특성을 능란하게 이용 가능 하도록 재료의 복합화를 유도하는 원리.

예 : 일본 칼은 날의 부분이 경해서 잘 잘린다. 한편 날을 지지하는 부분은 유연해서 꺽어지지 않게 제작된다.

내 용	a. 균질인 재료를 복합재료로 바꾼다. b. 구조 요소를 비어있는 것으로 한다.
예	1. CFRP의 이용에 의한 중량 감소 : 전투기의 날개 등은 플라스틱과 탄소(카본)와의 복합물 (탄소 섬유강화 플라스틱 ; CFRP)으로 제작되어 있기 때문에 고강도이고 가볍다. 2. 자동차의 타이어 (그림 B. 14 참조) : 타이어는 고무, 직물, 강철 와이어로 구성되어 있어서 공기를 내장하고 있는 복합체이다. 고무와 공기는 쿠션으로서, 강철 와이어는 강도의 보강재료로서 이용되고 있다. 3. 판재의 사이에 조각 판자를 넣어서 경도와 강도를 향상 시킨 판을 사용해 만든 양단면 파형 종이 박스 : (「원리 17」의 예와 같음) 4. 단열판 유리 2장의 판유리 사이에 건조 공기를 봉입하여 단열성이 높은 판유리

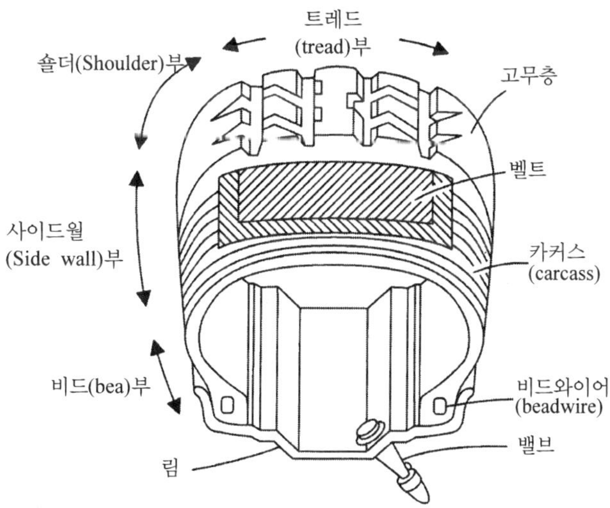

그림 B.14 〉〉 타이어의 구조와 부분명칭[10)]

참고문헌

전반적으로 참고문헌 1)~5)를 인용함.

1) S. Kaplan: An Introduction to TRIZ, the Russian Theory of Inventive Problem Solving, Ideation International Inc. (1996)
2) G. Altshuller 원저, L. Shulyak 해설, 日経 BP사 번역편 : 初發明術 TRIZ 시리즈 3, 테크닉편「도해 40의 발명원리」, 日経 BP사 (1999) 56, 97, 100
3) 미츠비시 종합연구소 편 : 혁신적 기술개발의 기법, 도해 TRIZ, 일본실업출판사 (1999)
4) 日経 BP사 편, 산업능률대학 감역 · 해설 : 初發明術 TRIZ 시리즈 6, 이론편「클래시컬 TRIZ의 기법」, 日経 BP사 (2000) 188 199
5) V. Fey & E. Rivin 저, 畑村洋太郎 & 실제의 설계연구회 : TRIZ 입문, 일간공업신문사 (1997) 83 86
6) H. Domb : 4th Product Development Symposium (1998)
7) 이나미타츠오(稲見辰夫) : 기계의 구조, 일본실업출판사 (1996) 117
8) G. Pahl & W. Beitz저, K. Wallace 편, Engineering Design, A Systematic Approach, Springer - Verlag (1977) 225, 공업설계연구 그룹 번역 : 체계적 접근에 의한 공학설계, 배풍관(培風館) (1995) 225, 237
9) 다나카치아치(田中千秋) : 천체망원경입문, 입풍서방(立風書房) (1999) 30
10) 일간공업신문사 편 : 물건만들기 해체신서(解体新書), 1권 ~ 7권 (1992~1999)
11) (사) 실천 교육훈련 연구협회 편 : 기계의 제어, 이론과 실제, 공업조사회 (1999) 16
12) 小波倭文郎 · 니시우미타카오(西海孝夫) : 유압제어 시스템, 동경전기대학 출판국 (1999) 154
13) 와다타다오(和田忠太) : 메카니즘 해부도감, 일본실업출판사 (1997) 153
14) S. D. Savransky : Engineering of Creativity, Introduction to TRIZ Methodology of Inventive Problem Solving, CRC Press (2000) 351
15) Y . Salamatov 저, 나카가와토오루(中川徹) 監譯, 미츠비시종합연구소 지식창조연구팀 : 초발명술 TRIZ 시리즈 5, 사상편「창조적 문제해결의 비법」日経 BP사 (2000) 286

부록 B TRIZ의 툴의 설명

표 B.4 〉〉 대립 매트릭스

악화하는(했던) 특성 / 개선하고 싶은(싶었던) 특성	1 움직이는 물체의 질량	2 정지 물체의 질량	3 움직이는 물체의 길이	4 정지 물체의 길이	5 움직이는 물체의 면적	6 정지 물체의 면적	7 움직이는 물체의 체적	8 정지 물체의 체적	9 속도·속력	10 힘	11 응력·압력	12 형상	13 물질·물체의 구성의 안전성	14 내구력 또는 강도	15 움직이는 물체의 내구성·작용 시간	16 정지 물체의 내구성·작용 시간	17 온도	18 조도·광도	19 움직이는 물체의 에너지 소비	20 정지물체의 에너지 소비	21 출력·동력
1. 움직이는 물체의 질량			15,8, 29,34		29,17, 38,34,		29,2 40,28		2,8, 15,38	8,10 18,37	10,36 37,40	10,14 35,40	1,35, 19,39	28,27, 18,40	5,34, 31,35		6, 29,4	19,1, 32	35,12 34,31		12,36, 18,31
2. 정지 물체의 질량				10,1 29,35		35,30, 13,2		5,35, 14,2		8,10,1 9,35	13,29, 10,18	13,10, 29,14	26,39 1,40	28,2 10,27		2,27, 19,6	28,19, 32,22	35,19 32		18,19, 28,1	15,19, 18,22
3. 움직이는 물체의 길이	15,8, 29,34				15,17, 4		7,17, 4,35		13,4, 8	17,10, 4	1,8 35	1,8, 10,29	1,8, 15,34	8,35, 29,34	19		10,15, 19	32	8,35, 24		1,35
4. 정지물체의 길이		35,28 40,29				17,7, 10,40		35,8, 2,14		28,10	1,14 35	13,14 15,7	39,37, 35	15,14, 28,26		1,40, 35	3,35, 38,18	3,25			19,10, 32,18
5. 움직이는 물체의 면적	2,17, 29,4		14,15, 18,4				7,14, 17,4		29,30, 4,34	19,30, 35,2	10,15, 36,28	5,34, 29,4	11,2, 13,39	3,15, 40,14	6,3		2,15, 16	15,32, 19,13	19,32		19,10, 32,18
6. 정지물체의 면적		30,2, 14,18		26,7, 9,39						1,18, 35,36	10,15, 36,37		2,38	40		2,10, 19,30	35,39, 38				17,32
7. 움직이는 물체의 체적	2,26, 29,40		1,7, 35,4		1,7, 4,17				29,4, 38,34	15,35, 36,37	6,35, 36,37	1,15, 29,4	28,10, 1,39	9,14, 15,7	6,35, 4		34,39, 10,18	10,13, 2	35		35,6, 13,18
8. 정지 물체의 체적		35,10, 19,14	19,14	35,8, 2,14						2,18, 37	24,35	7, 2,35	34,28, 35,40	9,14, 17,15		35,34, 38	35,6, 4				30,6
9. 속도, 속력	2,28, 13,38		13,14, 8		29,30, 34		7,29, 34			13,28, 15,19	6,18, 38,40	35,15, 18,34	28,33, 1,18	8,3, 26,14	3,19, 35,5		28,30, 36,2	10,13, 19	8,15, 35,38		19,35, 38,2
10. 힘	8,1 37,18	18,13, 1,28	17,19, 9,36	28,10	19,10, 15	1,18, 36,37	15,9, 12,37	2,36, 18,37	13,28, 15,12		18,21, 11	10,35, 40,34	35,10 21	35,10, 14,27	19,2		35,10, 21		19,17, 10	1,16, 36,37	19,35, 18,37
11. 응력, 압력	10,36, 37,40	13,29, 10,18	35,10, 36	35,1, 14,16	10,15, 36,28	10,15, 36,37	6,35, 10	35,24	6,35, 36	36,35, 21		35,4, 15,10	35,33, 2,40	9,18, 3,40	19,3, 27		35,39, 19,2		14,24, 10,37		10,35, 14
12. 형상	8,10, 29,40	15,10, 26,3	29,34 5,4	13,14, 10,7	5,34, 4,10		14,4, 15,22	7,2, 35	35,13, 34,18	35,10, 37,40	34,15, 10,14		33,1, 18,4	30,14, 10,40	14,26, 9,25		22,14, 19,32	13,15, 32	2,6, 34,14		4,6, 2
13. 물질·물체의 구성의 안전성	21,35, 2,39	26,39, 1,40	13,15, 1,28	37	2,11, 13	39	28,10, 19,39	34,28, 35,40	33,15, 28,18	10,35, 21,16	2,35, 40	22,1, 18,4		17,9, 15	13,27, 10,35	39,3, 35,23	35,1, 32	32,3, 27,15	13,19	27,4, 29,18	32,35, 27,31
14. 지구력 또는 강도	1,8 40,15	40,26, 27,1	1,15, 8,35	15,14 28,26	3,34, 4,29	9,40, 28	10,15, 14,7	9,14, 17,15	8,13, 26,14	10,18, 3,14	10,3, 18,40	10,30, 35,40	13,17, 35		27,3, 26		30,10, 40	35,19	19,35, 10	35	10,26, 35,28
15. 움직이는 물체의 내구성·작용시간	19,5, 34,31		2,19, 9		3,17, 19		10,2, 19,30		3,35, 5	19,2, 16	19,3 27	14,26, 28,25	13,3, 35	27,3, 10			19,35, 39	2,19, 35,18	28,6, 35,18		19,10, 35,38
16. 정지물체의 내구성·작용시간		6,27, 19,16		1,40, 35				35,34, 38					39,3, 35,23				19,18, 36,40				16
17. 온도	36,22, 6,38	22,35, 32	15,19, 9	3,35, 39,18	3,35 39,18	35,38	34,39, 40,18	35,6, 4	2,28, 36,30	35,10, 3,21	35,39, 19,2	14,22, 19,32	1,35, 32	10,30, 22,40	19,13, 39	19,18, 36,40		32,30, 21,16	19,15, 3,17		2,14, 17,25
18. 조도, 광도	19,1 32	2,35, 32	19,32, 16		19,32, ,26		2,13, 10		10,13, 19	26,19, 6		32,30	32,3, 27	35,19	2,19, 6		32,35, 19		32,1, 19	32,35, 1,15	32
19. 움직이는 물체의 에너지소비	12,18, 28,31		12,28		15,19, 25		35,13, 18		8,15, 35	16,26, 21,2	23,14, 25	12,2, 29	19,13, 17,24	5,19, 9,35	28,35, 6,18		19,24, 3,14	2,15, 19			6,19, 37,18
20. 정지물체의 에너지소비		19,9, 6,27								36,37			27,4, 29,18	35				19,2, 35,32			
21. 출력·동력	8,36, 38,31	19,26, 17,27	1,10, 35,37		19,38	17,32 13,38	35,6, 38	30,6 25	15,35, 2	26,2, 36,35	22,10 35	29,14 2,40	35,32, 15,31	26,10, 28	19,35, 10,38	16	2,14, 17,25	16,6, 19	16,6, 19,37		
22. 에너지의 낭비	15,6, 19,28	19,6, 18,9	7,2, 6,13	6,38, 7	15,26, 17,30	17,7, 30,18	7,18, 23	7	16,35, 38	36,38			14,2, 39,6	26			19,38, 7	1,13, 32,15			3,38
23. 물질의 낭비·손실	35,6, 23,40	35,6, 22,32	14,29, 10,39	10,28, 24	35,2, 10,31	10,18, 39,31	1,29, 30,36	3,39, 18,31	10,13, 28,38	14,15, 18,40	3,36, 37,10	29,35, 3,5	2,14, 30,40	35,28, 31,40	28,27, 3,18	27,16, 18,38	21,36, 39,31	1,6, 13	35,18, 24,5	28,27, 12,31	28,27, 18,38
24. 정보의 결여·손실	10,24, 35	10,35, 5	1,26	26	30,26	30,16		2,22	26,32						10	10		19			10,19
25. 시간의 낭비·손실	10,20, 37,35	10,20, 26,5	15,2, 29	30,24, 14,5	26,4, 5,16	10,35, 17,4	2,5,34 10	35,16, 32,18		10,37, 36,5	37,36, 4	4,10 34,17	35,3, 22,5	29,3, 28,18	20,10, 28,18	28,20, 10,16	35,29, 21,18	1,19, 26,17	35,38, 19,18	1	35,20, 10,6
26. 물질의양	35,6, 18,31	27,26, 18,35	29,14, 35,18		15,14, 29	2,18, 40,4	15,20, 29		35,29, 34,28	35,14, 3	10,36, 14,3	35,14	15,2, 17,40	14,35, 34,10	3,35 10,40	3,35, 31	3,17, 39		34,29, 16,18	3,35, 31	35
27. 신뢰성	3,8, 10,40	3,10, 8,28	15,9, 14,4	15,29, 28,11	17,10, 14,16	32,35, 40,4	3,10, 14,24	2,35, 24	21,35, 11,28	8,28, 10,3	10,24, 35,19	35,1, 16,11		11,28	2,35, 3,25	34,27, 6,40	3,35, 10	11,32, 13	21,11, 27,19	36,23	12,11, 26,31
28. 측정 정밀도	32,35, 26,28	28,35, 25,26	28,26, 5,16	32,28, 3,16	26,28, 32,3	26,28, 32,3	32,13, 6		28,13, 32,24	32,2	6,28, 32	6,28, 32	32,35, 13	28,6, 32	28,6, 32	10,26, 24	6,19, 28,24	6,1, 32	3,6, 32		3,6, 32
29. 제조 정밀도	28,32 13,18	28,35, 27,9	10,28, 29,37	2,32, 10	28,33, 29,32	2,29, 18,36	32,28, 2	25,10, 35	10,28, 32	28,19, 34,36	3,35	32,30, 40	30,18	3,27	3,27, 40		19,26	3,32	32,2		32,2
30. 물체에서 움직이는 외부의 나쁜요인	22,21, 27,39	2,22, 13,24	17,1, 39,4	1,18	22,1, 33,28	27,2, 39,35	22,23, 37,35	34,39, 19,27	21,22, 35,18	13,35, 39,18	22,2, 37	22,1, 3,35	35,24, 30,18	18,35, 37,1	2,15, 33,28	17,1, 40,33	22,33, 35,2	1,19, 32,13	1,24, 6,27	10,2, 22,37	19,22, 31,2
31. 나쁜 부작용	19,22, 15,39	35,22, 1,39	17,15, 16,22		17,2, 18,39	22,1, 40	17,2, 40	30,18, 35,4	35,28, 3,23	35,28, 1,40	2,33, 27,18	35,1	35,40, 27,39	15,35, 22,2	15,22, 33,31	21,39, 16,22	22,35, 2,24	19,24, 39,32	2,35, 6	19,22, 18	2,35, 18
32. 제조의 용이성	28,29, 15,16	1,27, 36,13	1,29, 13,17	15,17, 27	13,1, 26,12	16,40	13,29, 1,40	35	35,13 8,1	35,12	35,19, 1,37	1,28, 13,27	11,13, 1	1,3, 10,32	27,1, 4	35,16	27,26, 18	28,24, 27,1	28,26, 27,1	1,4	27,1, 12,24
33. 조작의 용이성, 단순함	25,2, 13,15	6,13, 1,25	1,17, 13,12		1,17, 13,16	18,16, 15,39	1,16, 35,15	4,18, 31,39	18,13, 34	28,13, 35	2,32, 12	15,34, 29,28	32,35, 30	32,40, 3,28	29,3, 8,25	1,16, 25	26,27, 13	13,17, 1,24	1,13, 24		35,34, 2,10
34. 보수·유지의 용이함	2,27, 35,11	2,27, 35,11	1,28, 10,25	3,18, 31	15,32, 13	16,25	25,2, 35,11	1	34,9	1,11, 10	13	1,13, 2,4	2,35	1,11, 2,9	11,29, 28,27	1	4,10	15,1, 13	13,17, 1,24	1,13, 24	35,34, 2,10
35. 적응성·융통성·다기능성	1,6, 15,8	19,15, 29,16	35,1, 29,2	1,35, 16	35,30, 29,7	15,16	15,35, 29		35,10, 14	15,17, 20	35,16	15,37, 1,8	35,30, 14	35,3, 32,6	13,1, 35	2,16	27,2, 3,35	6,22, 26,1	19,35, 29,13		19,1, 29
36. 장치의 복잡성	26,30, 34,36	2,26, 35,39	1,19, 26,24	26	14,1, 13,16	6,36	34,26, 6	1,16	34,10, 28	26,16	19,1 35	29,13, 28,15	2,22, 17,19	2,13, 28	10,4, 28,15		2,17, 13	24,17, 13	27,2 29,28		20,19, 30,34
37. 검출·측정의 곤란함	27,26, 28,13	6,13, 28,1	16,17, 26,24	26	2,13, 18,17	2,39, 30,16	29,1, 4,16	2,18, 26,31	3, 4, 16,35	36,28, 40,19	35,36 37,32	27,13, 1,39	11,22, 39,30	27, 3, 15,28	19,29, 25,39	25,34, 6,35	3,27, 35,16	2,24, 26	35,38	19,35, 16	19,1, 16,10
38. 자동화의 정도	28,26, 18,35	28,26, 35,10	14,13, 28,17	23	17,14, 13		35,13, 16		28,10	2,35	13,35	15,32	18,1	25,13	6,9		26,2, 19	8,32, 19	2,32, 13		28,2, 27
39. 생산성	35,26, 24,37	28,27 15,3	18,4, 28,38	30,7, 14,26	10,26, 34,31	10,35, 17,7	2,6, 34,10	35,37, 10,2		28,15, 10,36	10,37, 14	14,10, 34,40	35,3 22,39	29,28, 10,18	35,10, 2,18	20,10, 16,38	35,21 28,10	26,17, 19,1	35,10, 38,19	1	35,20, 10

B.6 대립 매트릭스의 내용설명

22 에너지의 낭비	23 물질의 낭비·손실	24 정보의 결여·손실	25 시간의 낭비·손실	26 물질의 양	27 신뢰성	28 측정정밀도	29 제조정밀도	30 물체의 움직이는 외부의 나쁜 요인	31 나쁜 부작용	32 제조의 용이성	33 조작의 용이성·단순함	34 보수·유지의 용이성	35 적응성·융통성·다기능성	36 장치의 복잡함	37 검출·측정의 곤란함	38 자동화의 정도	39 생산성
6,2, 34,19	5,35, 3,31	10,24, 35	10,35, 20,28	3,26, 18,31	3,11 1,27	28,27 35,26	28,35, 26,18	22,21, 18,27	22,35, 31,39	27,28, 1,36	35,3, 2,24	2,27, 28,11	29,5, 15,8	26,30, 36,34	28,29, 26,32	26,35, 18,19	35,3 24,37
18,19, 28,15	5,8, 13,30	10,15, 35	10,20 35,26	19,6, 18,26,	10,28, 8,3	18,26, 28	10,1 35,17	2,19, 22,37	35,22, 1,39	28,1 9	6,13, 1,31	2,27, 28,11	19,15, 29	1,10, 26,39	25,28, 17,15	2,26 35	1,28, 15,35
7,2, 35,39	4,29, 23,10	1,24	15,2, 29	29,35	10,14, 29,40	28,32, 4	10,28, 29,37	1,15, 17,24	17,15	1,29, 17	15,29, 35,4	1,28, 10	14,15 1,16	1,19 26,24	35,1 26,24	17,24 26,16	14,4, 28,29
6,28	10,28, 24,35	24,26	30,29 14		15,29, 28	32,28 3	2,32, 10	1,18		15,17 27	2,25	3	1,35	1,26	26		30,14 7,26
15,17 30,26	10,35 2,39	30,26	26,4	29,30 6,13	29,9	26,28, 32,3	2,32	22,33 28,1	17,2, 18,39	13,1 26,24	15,17, 13,16	15,13, 10,1	15,30	14,1, 13	2,36, 26,18	14,30, 28,23	10,26, 34,2
17,7, 30	10,14 18,39	30,16	10,35, 4,18	2,18, 40,4	32,35, 40,4	26,28, 32,3	2,29, 18,36	27,2, 39,35	22,1 40	40,16	16,4	16	15,16	1,18 36	2,35, 30,18	23	10,15 17,7
7,15, 13,16	36,39, 34,10	2,22	2,6, 34,10	29,30, 7	14,1, 40,11	25,26 28	25,28, 2,16	22,21, 27,35	17,2 40,1	29,1, 40	15,13 30,12	10	15,29	26,1	29,26, 4	35,34, 16,24	10,6 2,34
	10,39 35,34		35,16 32,18	35,3	2,35, 16		35,10, 25	34,39, 19,27	30,18, 35,4	35		1		1,31	2,17, 26		35,37, 10,2
14,20, 19,35	10,13 28,38	13,26		10,19, 29,38	11,35, 27,28	28,32, 1,24	10,28 32,25	1,28, 35,23	2,24, 32,21	35,13, 8,1	32,28, 13,12	34,2 28,27	15,10, 26	10,28, 4,34	3,34, 27,16	10,18	
14,15	8,35, 40,5		10,37, 36	14,29, 18,36	3,35, 13,21	35,10, 23,24	28,29, 37,36	1,35, 40,18	13,3, 36,24	15,37, 18,1	1,28, 3,25	15,1, 11	15,17, 18,20	26,35 10,18	36,37, 10,19	2,23	3,28, 35,37
2,36, 25	10,36, 3,37		37,36, 4	10,14, 36	10,13 19,35	6,28, 25	3,35	22,2 37	2,33, 27,18	1,35 16	11	2	35	19,1 35	2,36, 37	35,24	10,14, 35,37
14	35,29 3,5		14,10 34,17	36,22	10,40 16	28,32 1	32,30 40	22,1 2,35	35,1	1,32 17,28	32,15 26	2,13, 1	1,15, 29	16,29 1,28	15,13 39	15,1 32	17,26 34,10
4,2 39,6	2,14, 30,40		35,27	15,32 35		13	18	35,24, 18,30	35,40, 27,39	35,19	32,35 30	2,35, 10,16	35,30, 34,2	2,35, 22,26	35,22, 39,23	1,8, 35	23,35, 40,3
35	35,28, 31,40		29,3, 28,10	29,10, 27	11,3	3,27, 16	3,27	18,35, 37,1	15,35, 22,2	11,3, 10,32	32,40, 28,2	27,11, 3	15,3 32	2,13, 28	27,3 15,40	15	29,35, 10,14
	28,27 3,18	10	20,10 28,18	3,35, 4,40	11,2 13	3	3,27, 16,40	22,15 33,28	21,39, 16,22	27,1, 4	12,27	29,10, 27	1,35, 13	10,4 29,15	19,29, 39,35	6,10	35,17, 14,19
	27,16 18,38	10	28,20, 10,16	3,35 31	34,37, 6,40	10,26, 4		17,1, 40,33	22	35,10	1	1	2		25,34, 6,35	1	20,10, 16,38
21,17 35,38	21,36, 29,31		35,28, 21,18	3,17, 30,39	19,35, 3,10	32,19, 24	24	22,33, 35,2	22,35, 2,24	26,27	26,27	4,10, 16	2,18, 27	2,17, 16	3,27, 35,31	26,2, 19,16	15,28 35
19,16, 1,6	13,1	1,6	19,1, 26,27	1,19		11,15 32	3,32	15,19	35,19, 32,39	19,35, 28,26	28,26, 19	15,17, 13,16	15,1 19	6,32, 13	32,15	2,26, 10	2,25, 16
12,22 15,24	35,24, 18,15		35,38, 19,18	34,23, 16,18	19,21, 11,27	3,1 21		1,35, 6,27	2,35, 6	28,26 30	19,35	1,15, 17,28	15,17, 13,16	2,29, 27,28	35,38	32,2	12,28, 35
	28,27, 18,31			3,35, 31	10,36, 23			10,2, 22,37	19,22 18	1,4					19,35, 16,25		1,6
10,35, 38	28,27, 18,38	10,19	35,20, 10,16	4,34, 19	19,24, 26,31	32,15, 2	32,2	19,22, 31,2	2,35, 18	26,10, 34	26,35, 10	35,2, 10,34	19,17, 34	20,19, 30,34	19,35, 16	28,2, 17	28,35, 34
	35,27, 2,37	19,10	10,18, 32,7	7,18, 25	11,10, 35	32		21,22 35,2	21,35, 2,22		35,32, 1	2,19		7,23	35,3 15,23	2	28,10, 29,35
35,27, 2,31			15,18, 35,10	6,3, 10,24	10,29, 39,35	16,34, 31,28	35,10, 24,31	33,21, 30,40	10,1, 34,29	15,34, 33	32,28, 2,24	2,35, 34,27	15,10, 2	35,10, 28,24	35,18, 10,13	35,10, 18	28,35, 30,23
19,10			24,26, 28,32	24,28, 35	10,28, 23			22,10, 1	10,21, 22	32	27,22				35,33	35	13,23, 15
10,5, 18,32	35,18, 10,39	24,26, 28,32		35,38, 18,16	10,30, 4	24,34, 28,32	24,26, 28,18	35,18, 34	35,22, 18,39	35,28, 34,4	4,28, 10,34	32,1, 10	35,28	6,29	18,28, 32,10	24,28, 35,30	
7,18, 25	6,3, 10,24	24,28, 35	35,38, 18,16		18,3, 28,40	3,2, 28	33,30	35,33, 29,31	3,35, 40,39	29,1, 35,27	35,29, 10,25	2,32, 10,25	15,3, 29	3,13, 27,10	3,27, 29,18	8,35	13,29, 3,27
10,11, 35	10,35, 29,39	10,28	10,30, 4	21,28, 40,3		32,3, 11,23	11,32, 1	27,35, 2,40	35,2, 40,26		27,17, 40	1,11	13,35, 8,24	13,35, 1	27,40, 28	11,13, 27	1,35, 29,38
26,32, 27	10,16, 31,28		24,34, 28,32	2,6, 32	5,11, 1,23			28,24, 22,26	3,33, 39,10	6,35, 25,18	1,3, 17,34	1,32, 18,11	13,35, 2	27,35, 10,34	26,24, 32,28	28,2, 10,34	10,34, 28,32
13,32, 2	35,31, 10,24		32,26, 28,18	32,30	11,32, 1			26,28, 10,36	4,17, 34,26		1,32, 35,23	25,10		26,2, 18		26,28, 18,23	10,18, 32,39
21,22, 35,2	33,22, 19,40	22,10, 2	35,18, 34	35,33, 29,31	27,24, 2,40	28,33, 23,26	26,28, 10,18			24,35, 2	2,25, 28,39	35,10, 2	35,11 22,31	22,19, 29,40	22,19, 29,40	33,3, 34	22,35, 13,24
21,35, 22,2	10,1, 34	10,21, 29	1,21	3,24, 39,1	24,2, 40,39	3,33, 26	4,17, 34,26							19,1, 31	2,21, 27,1	2	22,35, 18,39
19,35	15,34, 33	32,24, 18,16	35,28, 34,4	35,23 1,24		1,35, 12,18		24,2			2,5, 13,16	35,1, 11,9	2,13, 15	27,26, 1	6,28, 11,1	8,28, 1	35,1, 10,28
2,19, 13	28,32, 2,24	4,10, 27,22	4,28, 10,34	12,35	17,27, 8,40	25,13, 2,34	1,32, 35,23	2,25, 28,39		2,5, 12		12,26, 1,32	15,34, 1,16	32,35, 12,17		1,34, 12,3	15,1 28
15,1 32,19	2,35, 34,27		32,1 10,25	2,28, 10,25	11,10 1,16	10,2 13	25,10	35,10, 2,16		1,35, 11,10	1,12, 26,15		7,1, 4,16	35,1, 13,11		34,35 7,13	1,32, 10
18,15, 1	15,10, 2,13		35,28	3,35, 15	3,13, 8,24	35,5, 1,10		35,11 32,31		1,13, 31	15,34, 1,16	1,16 7,4		15,29, 37,28	1	27,34, 35	35,28, 6,37
10,35, 13,2	30,10, 28,29		6,29	13,3, 27,10	13,35, 1	2,26, 10,34	26,24, 32	22,19, 29,40	19,1	27,26, 1,13	27,9, 26,24	1,13	29,15, 28,37		15,10, 37,28	15,1 24	12,17, 28
35,3 15,19	1,18, 10,24	35,33, 27,22	18,28, 32,9	3,27, 29,18	27,40, 28,8	26,24 32,28		22,19, 29,28	2,21	5,28, 11,29	2,5	12,26	1,15	15,10, 37,18		34,21	35,18
23,28	35,10, 18,5	35,33	24,28, 35,30	35,13	11,27, 32	28,26, 10,34	28,26, 18,23	2,33	2	1,26, 13	1,12, 34,3	1,35, 13	27,4 1,35	15,24, 10	34,27, 25		5,12, 35,26
28,10, 29,35	28,10, 35,23	13,15, 23		35,38	1,35, 10,38	1,10, 34,28	32,1, 18,10	22,35, 13,24	35,22 18,39	35,28, 2,24	1,28, 7,19	1,32, 10,25	1,35, 28,37	12,17, 28,24	35,18, 27,2	5,12, 35,26	

40의 발명의 원리
1. 분해·세분화
2. 분리·추출
3. 성질의 국소화
4. 비대칭화
5. 조합
6. 기능의 다중화
7. 입자구조
8. 카운터 웨이트(균형 추)
9. 사전의 반작용 대책
10. 작용의 사전준비
11. 사전의 보호대책
12. 같은 높이에서의 작업
13. 발상의 전환
14. 직선에서 곡선으로
15. 움직임의 부여
16. 대략적인 이용
17. 다른 차원의 이행
18. 기계적 진동
19. 주기적 작용
20. 유용한 작용의 지속
21. 고속 실행
22. 해로움을 유익함으로 바꿈
23. 피드 백
24. 중개
25. 셀프 서비스
26. 복사의 이용
27. 한번 쓰고 버림
28. 기계 시스템을 다른 시스템으로
29. 공압 또는 액압의 이용
30. 유연한 필름과 박막의 이용
31. 다공질 재료의 이용
32. 색의 변경
33. 균질성(동질재료의 사용)
34. 부품의 제거와 재이용
35. 물체의 물리적·화학적상태의 변경·집중
36. 상 전이
37. 열팽창
38. 강력한 산화작용의 이용
39. 불활성 환경
40. 복합재료의 이용

부록 C 하위기능을 실현하는 물리원리 표 · 에너지와 신호의 변환, 확대, 축소(본문 9.1절 참조)

입력	출력 길이,면적, 체적	속도	가속도	힘, 압력, 기계적에너지	질량, 관성모멘트, 밀도	시간, 주파수	진동음
길이 면적 체적	지레의 원리 쐐기효과 모세관현상 푸아송비 전단수축 유로단면비	연속의 법칙 점성 토리첼리의법칙 운동법칙 회전중심에서의 거리	원심가속도	후크의 법칙 표면장력 전단, 수축 보일 · 마리오트의 법칙 클롱의 법칙 I,II 부력, 중력, 원심압, 중력압, 모세관압력	회전축에서 의 질량의 거리	탄성중력(진자 의길이) 주기	기계적 진동(스피커) 음의 흡수 산만
속도	운동법칙 바이센 베르크효과	지레의 원리 쐐기효과 (기어, 나사) 충돌 유체효과	코리올리의 가속도 원심가속도 자기계 중의 전하	코리올리의 힘 임펄스(스핀, 트러스트), 베르누이의 법칙, 와전류, 점성, 난류, 양력, 마그누스효과		도플러효과 스틱 · 슬립효과 주기적 소용돌이 발생	도플러효과 스틱 · 슬립효과
가속도			지레의 원리 쐐기효과 (기어, 나사) 유체효과	뉴톤의 원리			
힘 압력 기계적 에너지	훅의 법칙 횡수축 비틀림/전단 클롱의 법칙 I,II , 부력 보일·마리오트의 법칙	에너지의 법칙 베르누이의법칙 충격력의 법칙 스핀 음향속도 점성	뉴톤의 원리	유체효과 지레/쐐기 마찰 히스테리시즈 응집효과 응착효과	보일·마리오 트의 법칙	현	스틱 · 슬립효과 충격파
진량 관성 모멘트 밀도		음향속도	뉴톤의 원리	중력 뉴톤의 원리 원심력 에너지보존의 법칙 코리올리의 동력		고유진동	
시간 주파수	운동법칙 정재파 공진	분산		공진에 의한 흡수		맥놀이	분산(주파수에 의한 속도차)
진동음	음향활성작용 (막, 음의 교차)						반사(초음파시험) 전도, 굴절 완전반사 간섭, 흡수
온도 · 열	열팽창 물의 이상팽창	분자의 속도 상승온난기류 음속		열팽창 증기압곡선 표면장력 기체의 상태식 침투압	기체상태식	고유진동(quartz)	thermo phone
전기 저항							
전압 전류 전기계	전자 변형	전자유도효과	전기계 중의 전하	비오 · 사바르 (Biot Savart)의 정리 전기운동효과 히스테리시스 클롱의 법칙 I (존슨 · 라벡크효과) 상대 유전률		조지프슨 효과(Josephson effect)	thermo phone
용량							
자기계 · 유도	자기 변형	전자유도효과 하전류		Biot Savart의 정리 클롱의 법칙 II 아이슈타인 · 하스효과 강자성/상자성과 반자성 히스테리시스			
전자파 (광 · 방 사선)				방사압			

온도·열	전기저항	전압·전류·전기계	용량	자기계·유도	전자파 (광·방사선)
소성의 변형 열전도 방사 대류	스트레인 게이지 도체의 길이와 횡단면 (변압기, 접촉면적, 잠수깊이, 균열의 폭) 전해질의 길이 변화	피에조 효과 극판 간의 거리 충돌 이온 (전극 간의 거리의 변화) 전리(전기의 분리)	극판면적과 극간 거리(바리어 풀 콘덴서) 유전체의 변형 유전체의 두께 유전체 단면적	용수철의 길이 공기막 두께 코일 심의 축방향 변위 동축 원통 코일의 상대 변위	간섭 층의 두께와 길이 흡수 굴절 반투명 프리즘 분산
대류 (α =f (v))	와전류를 통한 복합 저항의 변화	유도원리 전기운동효과 전리		버넷 효과 전하의 회전속도	도플러 효과(적색변위) 흐름에 의한 도플러 상승효과
		트루먼 효과 움직이는 전기 효과(동전효과)			가속기에 의한 전자파 대전(물체가 전기를 띰)
마찰 열역학 제 1 법칙 톰슨·주울 효과 히스테리시스, 대류 난류손실 소성변형	변형 효과 (감압재료, 에나멜, 카본 그리스, 금속, 실버 망간, 카본 저항)	피에조 효과 마찰, 콘덴서 전기운동효과, 전리 바크하우젠 효과 이방성 압력효과 레너드 효과	극판 간의 거리 유전률 = f(p)	투자율(透磁率) Xm = f(p) 전자이방성(인쇄용지 장력 센서) 자기탄성(자기 변형) 효과	광탄성 효과 굴절률 = f(p) (기체) 마찰 (부싯돌)
			유전률 = f(p)	투자율(透磁率) = f(p)	굴절 (슈리렌 사진)
유전적 열상실 와전류 손실	표피 효과 복합저항 (LCR 공진회로)	조지프슨 효과			주파수에 의한 분산
마찰 (초음파용접)					디바이효과(굴절) 흡수(형광막)
용해, 증발 액화, 응고 전도, 방사 대류	도체 반도체 초전도 고온 열전리	Thermo 효과 열방사(열전자 방사) 열전기(피에조 효과) 열잡음효과	큐리 온도	큐리 포인트 (열유속) 투자율 Xm = f(T) (상자성 기체) 마이너스·オクセンフェルド효과	윈의 변위측 프랑크의 강도분포측 스테판·볼츠만의 법칙 액정, 굴절률의 온도감도
		오옴의 저항			
주울의 열 펠티에 효과 아크	배리스터(varistor) 변압기 R= α ² 터널 다이오드 전계효과 트랜지스터	증폭효과,변압기, 2차전기증폭, 열전대, 전도,변환기 정전유도	용량 다이오드 자철의 유도율변화	자기특성곡선 u = f(B)	글로우방전 뢴트겐 발광 전기 루미네센스 황화 아연결정 α 입자발광, 카 효과, 레이저 효과
リーギー 효과 소자열	로렌츠 힘 (평면자장 톰슨 효과) 복합저항 초전도체	로렌츠 힘 (홀 효과) 플라즈마 (MHD) 자기 트랜지스터 (Magnister) 전자유도법칙		포화(자기증폭기) 전자유도 잔류자기(히스테리시스)	페러디 효과 제만 효과 코튼 모튼 효과
	복합저항	하전 보전 법칙			
방사열	절연층 광전효과 (광다이오드) 광서항 결정체이 저항변화 전리(電離)이온	광전효과 광전관 광전지			굴절, 레이저 이중굴절, 편광 간섭, 루미네센스 분산, 전도, 흡수

찾 아 보 기

ㅋ

ㅌ

ㅍ

ㅎ

A

B

C

D

E

F

G

H

I

J

K

M

N

P

S

T

U

V

W

숫자

일어

저자별 담당파트

카와모케이시(공학박사) 1장, 2장, 3장, 6장, 부록A, B 담당

- 1959년 와세다대학 이공학부 기계공학과 졸업
- 1963년 캘리포니아 공과대학 석사과정 기계공학전공수료
- 미츠비시전기(주) 중앙연구소, (주)미츠비시 종합연구소를 거쳐 1993년부터 시바우라 공업대학 시스템공학부 교수

스가마사오(공학박사) 2장, 5장 담당

- 1966년 동경대학 대학원 공학계 연구과 기계공학 전문과정 석사과정수료
- 저서 : 실천 CAD/CAM (1984)
  신판 시스템공학이란 무엇인가 (1986)
- 번역서 : 체계적 어프로치에 의한 공학설계 (1995)

혼 도미히사 3.3절 담당

- 1999년 시바우라 공업대학 대학원 기계공학전공 수료

아가타 히데후미 3.3절 담당

- 1999년 시바우라 공업대학 시스템공학부 기계제어시스템학과 졸업

다나까 마사야스(공학박사) 4장 담당

- 1960년 중앙대학 대학원 상학연구과 석사과정 수료
- 산능 단기대강사, 동경이과대학 이공학부 교수를 거쳐, 스와동경이과대학 경영정보학부교수
- 저서 : 원가 기획의 이론과 실천 (1996)
  원가 기획연구의 과제 (1997)
  이익전략과 VE (2002)

기타구찌히데미 6장담당, 부록 B 담당

- 1974년 오카야마대학 이학부 이학연구과 이론물리 수료

나카가와 토오루(공학박사) 7장 담당

- 1963년 동경대학 이학부 화학과 졸업
- 동경대학 이학부, 후지츠(주) 국제정보 사회과학 연구소, (주)후지츠 연구소를 거쳐 1998년부터 오사카 학원대학 교수
- 저서 : 최소자승법에 의한 실험데이터 해석, 동대출판회
- 감수 : 창조적 문제해결의 극의 (초 발명술 TRIZ 시리즈 5, 사상편), 일경 BP사

야노 히로시(공학박사) 8장 담당

- 공업기술원 계량연구소, 미야기 교육대학, 전기통신대학 교수를 거쳐, 현재 (재) 일본규격협회 참사, (주) 오켄 부사장, 동경전기대학 객원교수
- 품질공학의 적용에 의한 생산시스템 최적화의 연구와 보급활동 중
- 저서 : 품질공학 사례집계측편 (품질공학강좌 제 7권), 편저, 일본규격협회(1990)
  품질공학 입문-기술을 변혁하는 새로운 사고방식-, 일본규격협회(1995)
  품질공학 계산법입문, 일본규격협회(1998)
  역설의 기술개발- 다구찌 메소드에 의한 플렉스블-(공저), 일본규격협회(2002)

이시하마마사오(공학박사) 9장, 부록 C 담당

- 1969년 동경대학 공학부 항공학과 졸업
- 1983년 메서츄세츠 공과대학 고등공학연구소 수료
- 니산자동차 (주) 종합연구소를 거쳐, 1997년부터 카나카와 공과대학 시스템디자인 공학과교수
- 저서 : 엔진의 사전 (진동소음 편), 후지출판 (1998)
  자동차사전 대차림 (진동소음 편), 산에이쇼호 (2003)

| 역자 |　오환섭 - 경희대학교 교수

원시태 - 서울산업대학교 교수

이　원 - 숭실대학교 교수

2009년에 창의적 공학 설계법이라는 제목으로 출간 된 적이 있음.

창의적 제품 설계

2012년 7월 15일 초판 인쇄

2012년 7월 20일 초판 발행

저　　자　카와모케이시 ·스가마사오

역　　자　오환섭·원시태·이 원

발 행 처　도서출판 GS인터비전

편 집 처　도서출판 GS인터비전

인　　쇄　GS인터비전

등록번호　제 313-2011-120호

I S B N　978-89-97231-47-8 (93530)

주　　소　서울 마포구 신수동 448-6

전　　화　02-976-7898, 02-3272-7898. 0707-720-7898

팩　　스　02-6468-7898

홈페이지　gsintervision@co.kr

E-Mail　gsinter7@gmail.com

정 가　20,000원